# Nichtlineare Physik in Aufgaben

Von Dr. rer. nat. habil. Reinhard Mahnke
Universität Rostock

Mit 141 Abbildungen und 58 Aufgaben nebst Lösungen

 B. G. Teubner Stuttgart 1994

Priv.-Doz. Dr. rer. nat. habil. Reinhard Mahnke

Geboren 1952 in Rostock i. Mecklenburg. Von 1971 bis 1976 Studium der Physik an der Universität Rostock. 1980 Dissertation »Zur Komplexität und Evolution biologischer Makromoleküle« bei Prof. Werner Ebeling. 1982/83 Zusatzstudium an der Mathematisch-Physikalischen Fakultät der Universität Riga/Lettland. Habilitation 1990 an der Universität Rostock zum Thema »Zur Evolution in nichtlinearen dynamischen Systemen«. Lehraufträge für Lehrerstudenten und Spezialvorlesungen zu »Nichtlinearen Phänomenen und Selbstorganisation« und zur »Theorie stochastischer Prozesse«.

Arbeitsgebiete: Theorie nichtlinearer dynamischer Systeme, Phasenübergänge, Nukleationstheorie

Die Deutsche Bibliothek – CIP-Einheitsaufnahme

Mahnke, Reinhard:
Nichtlineare Physik in Aufgaben : mit 58 Aufgaben nebst Lösungen / von Reinhard Mahnke. – Stuttgart : Teubner, 1994
  (Teubner-Studienbücher : Physik)
  ISBN-13: 978-3-519-03224-3    e-ISBN-13: 978-3-322-89116-7
  DOI: 10.1007/978-3-322-89116-7

Das Werk einschließlich aller seiner Teile ist urheberrechtlich geschützt. Jede Verwertung außerhalb der engen Grenzen des Urheberrechtsgesetzes ist ohne Zustimmung des Verlages unzulässig und strafbar. Das gilt besonders für Vervielfältigungen, Übersetzungen, Mikroverfilmungen und die Einspeicherung und Verarbeitung in elektronischen Systemen.

© B. G. Teubner Stuttgart 1994

# Vorwort

Die Untersuchung nichtlinearer Systeme, speziell die Chaosforschung, hat in sehr vielen Lebensbereichen zu völlig neuen Ansätzen geführt. Verhaltensweisen komplexer Systeme, die zunächst innerhalb der Physik studiert wurden, werden auf völlig neue Situationen übertragen. Hier sei etwa die Wettervorhersage, Verkehrsplanung, die Wirtschaft und das Management genannt. Physikalische Forschung wird hier in einem starken Maße interdisziplinär wirksam und hat zum Verständnis sehr komplexer Systeme beigetragen. Jedoch müssen die Grundlagen der Anwendbarkeit der nichtlinearen Dynamik für solche Gebiete noch besser untersucht werden. Zweifellos sind die Untersuchungen komplexer Systeme aus vielen Teilchen, etwa Cluster oder mesoskopische Strukturen, für die weitere Forschung in der Physik, der Materialwissenschaft, der Chemie und Biologie von großer Bedeutung. Nichtlineare Systeme werden nicht nur bei der Anwendung physikalischer Phänomene in der Technik, bei der Behandlung der Turbulenz, der Physik der Atmosphäre und anderen eine wichtige Rolle spielen. Auch für allgemeine Fragen der Umwelt, der Medizin und der Gesellschaft werden Ergebnisse der Forschung zu dieser Thematik eine wichtige Auswirkung haben.

Fundierte Kenntnisse der physikalischen Grundlagen sind eine unabdingbare Voraussetzung, um die explosionsartige Entwicklung der Wissenschaftsgebiete Nichtlineare Dynamik, Chaostheorie, Fraktale Strukturen und Synergetik zu verfolgen. Dazu eignen sich neben den entsprechenden Lehrbüchern insbesondere Aufgabensammlungen. Das eigenständige Lösen physikalischer Problemstellungen vertieft die praktischen Fertigkeiten und schult das Verständnis für nichtlineare Phänomene.

Nachdem der Autor seit 1991 bereits zum wiederholten Male an der Mathematisch–Naturwissenschaftlichen Fakultät der Universität Rostock einen

Vorlesungszyklus zum Thema „Nichtlineare Phänomene und Selbstorganisation" (ein darauf basierendes Lehrbuch erschien 1992[1]) gehalten hat, entstand das Bedürfnis, in Übungen und Seminaren die Kenntnisse an Hand konkreter Rechnungen zu vertiefen. Eine Auswahl von Standardaufgaben zur nichtlinearen Physik wird hiermit vorgelegt. Alle Aufgaben sind ausführlich gelöst und unter Verwendung des Computers reichhaltig illustriert. Weiterhin wird jedes Thema einführend erläutert, so daß die Schwerpunkte voneinander unabhängig kapitelweise bearbeitet werden können.

Das Ziel dieses modernen Übungsbuches zur nichtlinearen Physik besteht darin, an Hand grundlegender Themen und Aufgaben, die für das Studium nichtlinearer Prozesse notwendigen Techniken zu trainieren. Es geht damit deutlich über das Niveau traditioneller Aufgabensammlungen zur Physik (siehe u.a. Deus, Stolz, 1994; Schmelzer, Ulbricht, Mahnke, 1994) hinaus.

Zu danken habe ich unzähligen Rostocker Studenten, genannt seien Beate Walter, Torsten Degen, Andreas Selchow, und insbesondere den Mitarbeitern Holger Nobach und Dr. Axel Budde, die eine Reihe wertvoller Abbildungen erstellten. Frau Renate Nareyka, perfekt in LaTeX, war eine große Hilfe bei der technischen Bearbeitung des Manuskripts auf dem Computer.

Rostock, im Juli 1994                    Reinhard Mahnke

---

[1] R. Mahnke, J. Schmelzer, G. Röpke: Nichtlineare Phänomene und Selbstorganisation, Teubner Studienbücher, B.G. Teubner, Stuttgart, 1992

# Inhaltsverzeichnis

| | |
|---|---|
| **Vorwort** | **iii** |
| **1 Die nichtlineare Physik** | **1** |
| 1.1 Nichtlineare Dynamik und Chaosforschung | 1 |
| 1.2 Klassifikation dynamischer Systeme | 6 |
| 1.3 Zwei Beispiele | 15 |
|     1.3.1 Chaos und Herzdynamik | 15 |
|     1.3.2 Neuronale Netzwerke | 19 |
| **2 Das mathematische Pendel** | **25** |
| 2.1 Phasenraumporträt | 27 |
| 2.2 Dynamik der Bewegungstypen | 30 |
| 2.3 Wirkungsintegral | 33 |
| 2.4 Das Doppelpendel | 38 |
| **3 Das Kettenkarussell** | **41** |
| 3.1 Doppelmuldenpotential | 41 |
| 3.2 Bifurkationsdiagramm | 44 |
| 3.3 Bewegungsgleichungen | 47 |
| 3.4 Gepumptes Kettenkarussell | 48 |
| 3.5 Übergang ins Chaos | 52 |
| **4 Feder–Pendel–Systeme** | **57** |
| 4.1 Gekreuzte Federn in der Ebene | 57 |
| 4.2 Gekreuzte Federn | 61 |
| 4.3 Elastisches Pendel | 64 |

## vi Inhaltsverzeichnis

**5 Schwingende Atwood–Maschine**     **71**
- 5.1 SAM–Bewegungsgleichungen ................ 72
- 5.2 Äquipotentiallinien ..................... 74
- 5.3 Unbegrenzte Bewegung ................... 79
- 5.4 Phasenraumdynamik ..................... 83
- 5.5 Integrabilität ......................... 92
- 5.6 Koordinatentransformation ................. 98
- 5.7 Poincaré–Schnitte ...................... 102
- 5.8 Ziglins Theorem ....................... 106
- 5.9 Heterokline Orbits ..................... 109
- 5.10 Zentralfeldnäherung .................... 111

**6 Dynamische Systeme**     **115**
- 6.1 Van der Pol–Oszillator ................... 120
- 6.2 Räuber–Beute–Systeme ................... 123
- 6.3 Der Brüsselator ....................... 126
- 6.4 Das Selkov–Modell ..................... 127
- 6.5 Die Lorenz–Gleichungen .................. 131
- 6.6 Das Rössler–Modell ..................... 135
- 6.7 3–Sorten–Nahrungskette .................. 137

**7 Reaktions–Diffusions–Systeme**     **141**
- 7.1 Diffusion mit ortsabhängigem Diffusionskonstanten ..... 144
- 7.2 Stationarität eindimensionaler Reaktions – Diffusions – Systeme ............................. 152
- 7.3 2–Boxen–Brüsselator .................... 155

**8 Diskrete Abbildungen**     **161**
- 8.1 Die logistische Gleichung .................. 164
- 8.2 Die Spitzdach–Abbildung .................. 177
- 8.3 Die Standard–Abbildung .................. 181
- 8.4 Die Henon–Abbildung ................... 184

**9 Chaotische Streuung und Billardsysteme**     **193**
- 9.1 Chaotische Streuung .................... 196
- 9.2 Stadionbillard ........................ 202
- 9.3 Lennard–Jones–Streuung ................. 205

## 10 Selbstähnlichkeit und Fraktale — 207
- 10.1 Nichtlinearität 3. Grades .................... 212
- 10.2 Koch–Kurve ........................... 216
- 10.3 Affine Abbildungen ...................... 221
- 10.4 DLA–Cluster .......................... 223

## 11 Solitonen — 231
- 11.1 Das mathematische Pendel ................. 234
- 11.2 Periodische und quasiperiodische Bewegungen ........ 238
- 11.3 Das Frenkel–Kontorova–Modell ............... 240
- 11.4 Die Sinus–Gordon–Gleichung ................ 242

## 12 Stochastische Prozesse – Mastergleichungsformalismus — 245
- 12.1 Linearer Clusterzerfall .................... 251
- 12.2 Evolution eines Clusters in einer Box ............ 257
- 12.3 Nukleation und Wachstum eines Clusters ......... 260
- 12.4 Stochastischer Brüsselator .................. 270

## 13 Die bistabile Schlögl–Reaktion — 277
- 13.1 Homogenes Reaktionssystem ................ 278
- 13.2 Zwei-Boxen-Schlögl-Modell ................. 283
- 13.3 Schlögl-Modell mit Diffusion ................ 289
- 13.4 Stochastische Beschreibung ................. 290

## 14 Simulationsstrategien — 297
- 14.1 Zufallswanderer ........................ 299
- 14.2 Reisender Handelsmann ................... 303
- 14.3 Reaktions–Diffusions–Automat ............... 310

## Literaturverzeichnis — 315

## Sachwortverzeichnis — 325

# Kapitel 1

# Die nichtlineare Physik

## 1.1 Nichtlineare Dynamik und Chaosforschung

Nichtlineare Phänomene und die aus Nichtlinearitäten resultierenden Möglichkeiten und Formen der Strukturbildung, der Selbstorganisation und der kooperativen Effekte sind in den letzen 20 – 30 Jahren verstärkt in den Blickpunkt der wissenschaftlichen Analyse gerückt. Die Resultate dieser Analyse sind vielfältig, zum Teil ungewohnt und beeinflussen praktisch alle Wissensbereiche in einem Maße, daß sie darüber hinaus in der breiten Öffentlichkeit auf zunehmendes Interesse stoßen. Als einige Stichwörter in diesem Zusammenhang seien solche Begriffe wie *dissipative Strukturen, Synergetik, Bifurkationstheorie, Chaos in deterministischen Systemen, Fraktale, Spingläser und Mustererkennung* genannt.

Bei der Analyse hat sich herausgestellt, daß zum Teil unabhängig von den Spezifika der untersuchten Systeme – ob in der Physik, Chemie, Biologie oder auch im Bereich der Soziologie – bei Existenz bestimmter Bedingungen qualitativ gleichartige Phänomene zu beobachten sind. Dies gibt die Möglichkeit, ausgehend von relativ einfachen Modellsystemen allgemeine Verhaltensweisen nichtlinearer Systeme zu studieren. Die Resultate können dann zumindest als Denkmöglichkeiten zur Untersuchung komplexer Systeme herangezogen werden und die bisher weitgehend an Verhaltensweisen linearer Systeme geschulte Intuition erweitern.

Die faszinierenden Effekte und Eigenschaften nichtlinearer dynamischer Systeme werden zumeist an einfachen Modellbeispielen studiert und sich darauf aufbauend den realen Systemen in der Natur und Technik genähert.

Das bekannteste Modellbeispiel der nichtlinearen Dynamik ist ein diskreter Rückkopplungsmechanismus vom Typ $x_{n+1} = rx_n(1-x_n)$. Diese sogenannte logistische Gleichung (eine Iteration mit einem Kontrollparameter $r$) wurde erstmalig 1845 vom belgischen Biomathematiker P. F. Verhulst in einer Arbeit zur Populationsdynamik eingeführt. Die Resultate der Analyse dieses einfachen Systems wurde 1978 durch M. Feigenbaum veröffentlicht und zeigen den Übergang von der geordneten Bewegung in das Chaos.

Weitere Beispiele für den Übergang von stabilen zu instabilen Situationen bei Variation eines oder mehrerer Kontrollparameter sowohl in konservativen als auch dissipativen Systemen sind das angeregte Pendel, das 3–Körper–Problem, nichtlineare Wellen, strömende Flüssigkeiten und Gase, chemische Reaktionen, Teilchenbeschleuniger, biologische Modelle der Populationsdynamik wie z.B. das Räuber–Beute–System, astrophysikalische Objekte. So zeigen Ringe des Planeten Saturn mit der Cassini–Lücke die Struktur von stabilen und instabilen Orbits.

Viele Fragen berühren die Zeitreihenanalyse. Kann aus der Kenntnis einer Datenfolge (experimentelle Werte) auf die inneren nichtlinearen dynamischen Gesetzmäßigkeiten (chaotische Dynamik) geschlossen werden? Wir kommen auf diese Frage im Abschnitt 1.3 nochmals zurück.

Physikalische Gesetzmäßigkeiten werden durch mathematische Gleichungen ausgedrückt. Insbesondere wird die zeitliche Entwicklung dynamischer Systeme durch nichtlineare Bewegungsleichungen festgelegt. Die Aussagekraft physikalischer Theorien hat sich sowohl im makroskopischen Bereich außerordentlich bewährt – es sei als klassisches Beispiel auf die Vorhersagbarkeit der Bewegung der Planeten verwiesen –, sie geben aber auch das Verhalten im mikroskopischen Bereich präzise wieder – hier kann auf die Erfolge bei der Beschreibung der Eigenschaften von Molekülen und Festkörpern, der Atomkerne und Elementarteilchen verwiesen werden. Es ergibt sich die Frage, ob sich das Verhalten komplizierter Systeme, einschließlich der belebten Natur, auf der Grundlage der uns bekannten physikalischen Gesetzmäßigkeiten vorhersagen läßt.

Systeme aus vielen Teilchen mit vorgegebenen Wechselwirkungen wurden in letzter Zeit intensiv untersucht. Hierbei wurden eine Reihe neuer, hochinteressanter Ergebnisse erhalten. Für die beachtlichen Erfolge dieser Forschung zur Theorie nichtlinearer, komplexer Systeme war die moderne Rechentechnik von besonderer Bedeutung. Durch die numerische Lösung der Bewegungsleichungen eines Systems aus vielen Teilchen konnten die Bahnkurven der Teilchen berechnet werden (Molekulardynamik). Neue Begriffe wurden eingeführt, um das Verhalten solcher nichtlinearer Systeme zu analysieren und zu beschreiben. Es wurden teilweise auch völlig unerwartete Ergebnisse gefunden, die sowohl die experimentelle physikalische Forschung, aber auch ganz andere Wissenschaftsdisziplinen befruchtet haben.

Ein System zeigt dann ein lineares Verhalten, wenn durch kleine äußere Einwirkungen auch nur kleine Änderungen in den physikalischen Eigenschaften resultieren, wenn Ursache und Wirkung einander proportional sind (starke Kausalität). Wenn die äußere Einwirkung (Kontrollparameter) einen Schwellwert übersteigt, kann das System „umkippen", es verläßt seinen ursprünglichen Zustand und geht in ein neues Regime über. Diese Nichtlinearität äußert sich in dem Auftreten völlig neuer Lösungstypen. Beispielsweise werden für eine Kette gekoppelter, anharmonischer Oszillatoren für kleine Auslenkungen normale Schwingungsmoden erhalten. Neue Lösungstypen (Solitonen) treten bei großen Auslenkungen (Überschlag der Pendelkette) auf; sie werden durch eine spezielle topologische Struktur beschrieben.

Besonders anschaulich ist die Herausbildung von (zeitlichen und räumlichen) Strukturen. So zeigt die Belousov–Zhabotinsky-Reaktion, eine Redox-Reaktion, einen periodischen Farbwechsel und eine räumliche Strukturierung mit Führungszentren und Spiralwellen. Spezielle Lichtquellen (Laser) emittieren, wenn die Anregungsleistung einen Schwellwert übersteigt, anstelle einer inkohärenten Strahlung kohärentes Licht. Räumliche Strukturen unterschiedlicher Symmetrie können entstehen, wenn eine Flüssigkeitsschicht von unten genügend stark erhitzt wird (Benard-Zellen). Bei strömenden Flüssigkeiten kann der Übergang von der laminaren Bewegung zur turbulenten Strömung beobachtet werden, wenn bestimmte Grenzwerte überschritten werden. Strukturbildung läßt sich bei Reaktions–Diffusions-Systemen in der Chemie sowie in biologischen Systemen beobachten, auch in der Medizin (als Beispiel sei der Herzrhythmus genannt) werden selbsterregte, nichtlineare Stoffwechselsysteme untersucht. Sie werden durch einfache nichtlineare, gekoppelte Differentialgleichungen modelliert, die auch zur Beschreibung der Selbstorganisation in verschiedenen anderen Bereichen der Natur eingesetzt werden können.

Kleine Änderungen der Anfangslagen in einem System aus vielen Teilchen führen zu Änderungen der Bahnkurven bei der Bewegung dieser Teilchen. Bleiben die Bahnkurven in der Nähe der urspünglichen, ist das System dynamisch stabil. Entfernen sie sich in einem gewissen Gebiet exponentiell, ist es dynamisch instabil und besitzt einen chaotischen Attraktor. Das unterschiedliche Verhalten der Bahnkurven kann anhand von Poincaré-Abbildungen (Durchstoßpunkte der Trajektorie durch eine spezielle Ebene) dargestellt werden. In Abhängigkeit von Parametern kann zwischen einem periodischen, regulären und einem irregulären, chaotischen Verhalten unterschieden werden.

Bereits für einfache Systeme dreier gekoppelter nichtlinearer Differentialgleichungen (Lorenz–Modell, Rössler–System u.a.) läßt sich der Übergang von einer regulären, periodischen Lösung zu einem irregulären, chaotischem Verhalten bei Änderung vorgegebener Parameter studieren (Feigenbaum-Szenario). Für einfache Systeme harter Scheiben (zweidimensionales Sinai-Billard) konnte streng bewiesen werden, daß chaotische Bewegungsformen vorliegen. Die Nichtvorhersagbarkeit einer Trajektorie über einen großen Zeitabschnitt ist eine Folge des deterministischen Chaos. Die entsprechenden Modelle wurden ursprünglich eingeführt, um das Verhalten der Atmosphäre zu beschreiben. Somit ist auch die Wetterentwicklung – damit auch die Wettervorhersage – ein typisches Beispiel für chaotisches Verhalten. Unter bestimmten Bedingungen der Instabilität kann bereits eine kleine Störung im Lokalen eine große Auswirkung im Globalen nach sich ziehen. Es ist die berühmte Bewegung eines Schmetterlings in Südamerika, das Schlagen seiner Flügel, daß Auswirkungen auf die Wetterentwicklung in Nordeuropa hat.

Im Gegensatz zu klassischen Systemen läßt sich für Quantensysteme die chaotische Bewegung nur schwer definieren. Gegenwärtige Untersuchungen stellen das Quantenchaos in Beziehung zur Verteilung der Energieniveaus eines Quantensystems.

Ein besonders interessantes Gebiet gegenwärtiger Forschung sind die mesoskopischen Systeme und Cluster. Die Untersuchungen von kleinen Systemen, bestehend aus wenigen Teilchen, zeigen den Übergang von einem komplexen, gebundenen Zustand zu einem makroskopischen kondensierten

System mit kollektiven Bewegungsmoden. Hierbei kann es sich bei den gebildeten Aggregaten um Fullerene (Kohlenstoff–Cluster mit bemerkenswerten Eigenschaften), Molekülcluster, metallische Cluster, aber auch um Atomkerne handeln. Das Anregungsspektrum solcher komplexen Systeme kann chaotisches Verhalten zeigen. Insbesondere die Dämpfung von solchen Anregungen zeigt überraschende Effekte. Als Beispiel sei auf die Verteilung der Energie auf verschiedene Freiheitsgrade in komplexen Systemen verwiesen. So ist die Frage von Energietransfer und Energiekonzentration (Aktivierungsenergie) für die Wirkung biologischer Enzyme oder der Photosynthese von entscheidender Bedeutung.

Ein weiteres interessantes Problem ist das Wachstum von Clustern im Nichtgleichgewicht, einschließlich der Herausbildung von fraktalen Strukturen. Auch die Entwicklung sozialer Erscheinungen (Meinungsbildung, Stadtentwicklung, Migration) kann als ein Clusterbildungs– und Wachstumsprozeß interpretiert werden. Das Verhalten solcher komplexer Systeme, die in Wechselwirkung mit der Umgebung stehen, läßt sich durch einen stochastischen Prozeß simulieren. Fluktuationen und Dissipation werden durch einen Zufallsprozeß, einen Rauschterm, erfaßt. Hochangeregte Atome in der Paul–Falle, die elektrische Leitfähigkeit in mesoskopischen Systemen und weitere Fragen sind interessante Forschungsobjekte zum Studium chaotischen Verhaltens in Quantensystemen. Die Dynamik komplexer Systeme ist insbesondere dann von großem theoretischen und experimentellen Interesse, wenn sich starke Korrelationen zwischen den Teilchen herausbilden. Eigenschaften solcher Systeme stehen im Mittelpunkt theoretischer Grundlagenforschung sowohl der subatomaren Physik, als auch der Plasmaphysik und Festkörperphysik. Zu den zahlreichen, zur Zeit noch ungeklärten Fragen auf diesem Gebiet stark korrelierter Systeme gehören u.a. die Hochtemperatursupraleitung und die Lokalisation.

Ein weiteres Beispiel für nichtlineare komplexe Systeme sind die neuronalen Netzwerke (siehe Abschnitt 1.3). Dieses Forschungsgebiet führt Erkenntnisse der Physik, der Informatik, der Mathematik bis hin zur neuronalen Medizin zusammen. Es ist zu erkennen, daß es für die Computerentwicklung, die Kommunikationstechnik und Informationsverarbeitung, aber auch für die Biologie und Medizin von großer Bedeutung ist.

## 1.2 Klassifikation dynamischer Systeme

Entwicklungsprozesse, bei denen der gesamte Ablauf in Vergangenheit und Zukunft eindeutig durch den Zustand zum gegenwärtigen Zeitpunkt bestimmt ist, scheinen einfach und keinerlei Besonderheiten in sich zu bergen. Diese Aussagen, seit Newton und Leibniz in Form der klassischen Mechanik vollendet, wurden Anfang dieses Jahrhunderts durch Poincaré revidiert. Er nahm vorweg, was heute, bei der massenhaften Verbreitung von Computern, bis ins Bewußtsein nicht nur von Spezialisten, sondern auch einer breiten Öffentlichkeit dringt: die Resultate der *Theorie nichtlinearer dynamischer Systeme*. Beim Studium nichtlinearer Vorgänge treten das Vorhersehbare und das Unvorhersehbare als Einheit hervor, bekannt sind diese Erscheinungen unter dem Begriff „Deterministisches Chaos".

Einige Meilensteine auf dem Weg dorthin seien an dieser Stelle nochmals genannt:

1. Eduard Lorenz zeigt, daß sein einfaches Modell aus drei gekoppelten nichtlinearen Differentialgleichungen zu irregulären Trajektorien fähig ist (Lorenz, 1963).

2. Das berühmte Henon–Heiles–Modell entwickelt sich zu einem viel diskutierten Beispiel für numerische und theoretische Studien dynamischer Systeme (Henon, Heiles, 1964).

3. Neben den klassischen Attraktoren (Fixpunkte, Grenzzyklen, ... ) wird die Existenz von seltsamen Attraktoren (strange attractor) nachgewiesen (Ruelle, Takens, 1971).

4. Nichtlineare dynamische Systeme mit vielen Variablen werden zur Modellierung in der Ökologie, Soziologie, den Wirtschaftswissenschaften und weiteren Gebieten eingesetzt, beispielsweise sei die Dynamik von Populationen angeführt (May, 1976).

5. Periodenverdopplungen und Bifurkationen werden in diskreten dynamischen Systemen untersucht. Die logistische Abbildung liefert das berühmte Feigenbaum–Diagramm (Feigenbaum, 1978); im Jahre 1980 folgt Benoit Mandelbrot mit den „Apfelmännchen" und zeigt dessen fraktale Strukturen auf (Mandelbrot, 1982).

Systeme von Differentialgleichungen 1. Ordnung spielen eine fundamentale Rolle bei der Beschreibung von dynamischen Prozessen. Die mathematische

## 1.2 Klassifikation dynamischer Systeme

Theorie zur Behandlung von gewöhnlichen Differentialgleichungssystemen ist seit dem vorigen Jahrhundert gut ausgearbeitet; ihre Eckpfeiler sind die Existenz- und Eindeutigkeitssätze. Sie sichern, daß die Lösung eines Differentialgleichungssystems existiert und eindeutig bestimmt ist, falls die Werte der unabhängigen Variablen zu einem beliebig vorgegebenen Zeitpunkt bekannt sind. Neben der mathematischen Literatur zur Theorie dynamischer Systeme sind besonders für den Physiker die von Vladimir Arnold zu diesem Thema verfaßten Monographien und Lehrbücher, beispielsweise die deutsche Übersetzung (Arnold, 1979), hervorzuheben.

Die unerwartet stürmische Entwicklung zur klassischen Dynamik relativ einfacher Systeme mit wenigen Freiheitsgraden ist in einer kaum überschaubaren großen Anzahl von Artikeln in Fachzeitschriften und Monographien dargestellt. Einen guten Überblick und Einstieg in die Theorie konservativer und dissipativer nichtlinearer dynamischer Systeme geben u.a. (Anishchenko, 1987; Arnold, 1980; Ebeling, Feistel, 1982; Ebeling, Engel, Feistel, 1990; Guckenheimer, Holmes, 1983; Jetschke, 1989; Kunik, Steeb, 1986; Lichtenberg, Lieberman, 1983; Schuster, 1984; Steeb, 1994). Zur Theorie der schwingungsfähigen Systeme verweisen wir zusätzlich auf den „aktuellen Klassiker" (Andronov, Witt, Chaikin, 1965, 1969). Neue Lehrbücher zur theoretischen Mechanik, die das dynamische System in den Mittelpunkt stellen und darauf aufbauend nicht nur die wenigen integrablen Beispiele untersuchen, fehlen in der Regel noch. Eine bemerkenswerte Ausnahme ist das Lehrbuch von Scheck (1988) mit dem Untertitel „Von der Newtonschen Mechanik zum deterministischen Chaos" einschließlich der Aufgaben und Lösungen (Scheck, Schöpf, 1989).

Im folgenden wollen wir kurz den Begriff des dynamischen Systems einführen und eine Klassifikation dynamischer Systeme nach unterschiedlichen Kriterien vorstellen. Anschließend werden allgemeine Resultate zur Evolution in Hamiltonschen Systemen zusammengefaßt.

Ein (physikalisches) System sei durch einen Satz von unabhängigen Variablen $x_i$ ($i = 1, 2, \ldots, n$) bestimmt. Diese Größen $x_i$ spannen einen Zustandsraum $X$ auf. Der Zustand des Systems ist zu jedem Zeitpunkt $t$ durch die Angabe der Werte der Variablen $x_i(t)$ eindeutig bestimmt

$$x(t) = (x_1(t), x_2(t), \ldots, x_n(t)) \quad \text{Zustandsvektor} \tag{1.1}$$

und repräsentiert einen Punkt im Zustandsraum.

## 1 Die nichtlineare Physik

Die Bewegung des Zustandes wird mittels einer Evolutionsgleichung festgelegt, insbesondere gilt für ein dynamisches System, daß das Bewegungsgesetz durch einen Satz von gewöhnlichen Differentialgleichungen 1. Ordnung definiert ist.

Sei $x(t)$ ein $n$–dimensionaler Zustandsvektor, so ist ein dynamisches System gegeben durch Bewegungsgleichungen vom Typ gewöhnlicher Differentialgleichungen 1. Ordnung der Art

$$\frac{d}{dt}x(t) = v[\,x(t)\,] \quad \text{Bewegungsgleichungen} . \tag{1.2}$$

Das dynamische System ist somit eine Abbildung vom Zustand $x_0 \equiv x(t_0)$ zum Zeitpunkt $t_0$ (Anfangswert) in den Zustand $x(t)$ zum Zeitpunkt $t$, d.h. eine Abbildung $x(t) = T^t x_0$. Die Bewegung im Zustandsraum heißt Bahnkurve, Orbit oder Trajektorie und ist durch die rechten Seiten der Bewegungsgleichungen, d.h. durch den Geschwindigkeitsvektor $v(x)$, eindeutig bestimmt. Die Lösung des dynamischen Systems bestimmen heißt also, die Menge aller Trajektorien

$$x(t) = F(t; t_0, x_0) \quad \text{Trajektorie} \tag{1.3}$$

für alle möglichen Anfangszustände $x_0$ zu jedem Zeitpunkt $t$ zu kennen. Dabei interessiert es nicht so sehr, eine spezielle Trajektorie (gehörig zum Anfangswert $x_0$) zu kennen, sondern das qualitative und möglichst auch das quantitative Verhalten aller Trajektorien, d.h. den Fluß im Zustandsraum vollständig zu analysieren. Die Topologie der Zustandsraums studieren heißt also, auf die folgenden Fragen einzugehen:

- Existieren ausgezeichnete Punkte (singuläre Zustände, Fixpunkte) im Zustandsraum?
- Wie verhält sich der Fluß in der Nähe dieser Punkte?
- Ist der Fluß kontrahierend bzw. expandierend oder nicht?

Die Klassifikation dynamischer Systeme kann nach verschiedenen Kriterien erfolgen. Wir schlagen nun die folgende Variante vor, wobei die fett markierten Eigenschaften in den nachfolgenden Kapiteln im Mittelpunkt stehen werden.

a) **Lineare / nichtlineare** dynamische Systeme

Ist die Geschwindigkeit $v(x)$ eine lineare Funktion in $x$, d.h.

$$\dot{x} = Ax \quad ; \quad x(t = t_0) = x_0 , \tag{1.4}$$

so ist die allgemeine Lösung bekannt und lautet

$$x(t) = x_0 \exp(At) . \tag{1.5}$$

Es gilt das Superpositionsprinzip (Kap. 10). Zu beachten ist aber, daß schon die einfachsten realen Systeme (man denke beispielsweise an das mathematische Pendel, siehe Kapitel 2) nichtlinear sind.

b) **Endlich- / unendlich-dimensionale** dynamische Systeme

Ist der Zustandsraum endlich-dimensional ($n < \infty$), so sind die Dynamiken mit $n = 1$ und $n = 2$ bekannt und im Prinzip stets analytisch lösbar, interessant wird es für die Situationen mit $n \geq 3$.

Falls die Zahl der unabhängigen Variablen sehr groß ($n \to \infty$) wird, so verliert das dynamische System in der Definition (1.1, 1.2) seinen Sinn und es sind dann andere Evolutionsgleichungen (partielle Differentialgleichungen) zu verwenden. Für Reaktions-Diffusions-Systeme (Kap. 7) ist die dynamische Bewegungsgleichung für die orts- und zeitabhängige Konzentration $c(r, t)$ vom Typ

$$\frac{\partial c}{\partial t} = f[\, c(r,t)\,] + \frac{\partial^2 c}{\partial^2 r} . \tag{1.6}$$

c) **Deterministische / stochastische** dynamische Systeme

Wirken auf das System keine äußeren Einflüsse, die ein Schwanken der Kontrollparameter veranlassen könnten, und ist auch keine innere Rauschquelle im System vorhanden, so existiert bei dieser deterministischen Beschreibung eine eindeutige reguläre oder chaotische Bahn (siehe Abb. 1.1).

Ist andernfalls Rauschen von Bedeutung, so führt dies zu einer stochastischen Beschreibung von dynamischen Systemen (Röpke, 1987; Malchow, Schimansky-Geier, 1985). Die Abbildung 1.2 zeigt als Skizze

10  1  Die nichtlineare Physik

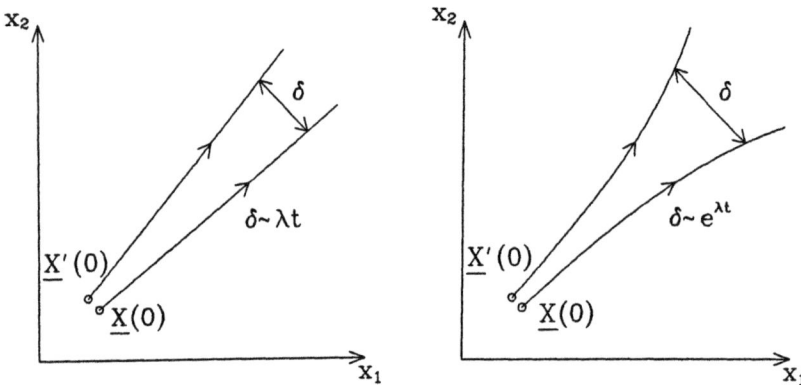

Abb. 1.1: Eindeutige Bahnkurven einer deterministischen Beschreibung bei starker Kausalität (links) und schwacher Kausalität (rechts).

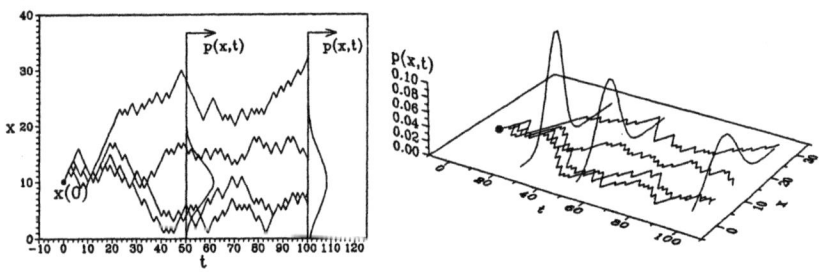

Abb. 1.2: Mehrdeutige Bahnkurven einer stochastischen Beschreibung mit der zeitlichen Entwicklung einer Wahrscheinlichkeitsverteilung $p(x,t)$.

mehrere Realisierungen desselben dynamischen Prozesses mit einer sich herausbildenden Verteilung $p(x,t)$.

Stochastische dynamische Systeme werden entweder durch Evolutionsgleichungen vom Langevin-Typ mit einer stochastischen Kraft oder Rauschquelle $\Gamma(t)$

$$\frac{d}{dt}x(t) = v[\,x(t)\,] + \Gamma(t) \tag{1.7}$$

oder durch eine Bilanzgleichung im Wahrscheinlichkeitsraum, die Mastergleichung

$$\frac{\partial p(x,t)}{\partial t} = \sum_{x'} \left[ w(x,x')p(x',t) - w(x',x)p(x,t) \right] \tag{1.8}$$

beschrieben. $w(x',x)$ heißt Übergangswahrscheinlichkeit vom Zustand $x$ nach $x'$.

d) **Autonome** / nichtautonome dynamische Systeme

Liegt noch zusätzlich eine explizite Zeitabhängigkeit (neben der üblichen impliziten) vor, so handelt es sich um ein nichtautonomes dynamisches System

$$\frac{d}{dt}x(t) = v[\,x(t)\,,\,t\,]\,. \tag{1.9}$$

Die Autonomie läßt sich aber wieder herstellen, in dem der Zustandsraum um eine Dimension ($x_{n+1} = t$) erweitert und eine neue Zeit $u$ eingeführt wird

$$\frac{dx_i}{du} = v_i(x_1, x_2, \ldots, x_{n+1}) \quad \text{für} \quad i = 1, 2, \ldots, n+1\,. \tag{1.10}$$

Damit ist die Rückführung auf ein autonomes dynamisches System gegeben. In kompakter Schreibweise entspricht (1.10) den Bewegungsgleichungen (1.2).

## e) Kontinuierliche / diskrete dynamische Systeme

Aus den gewöhnlichen Differentialgleichungen 1. Ordnung werden Differenzengleichungen, wenn die Zeit diskretisiert wird, u. z.

$$t \to t_0, t_1, \ldots, t_i, \ldots \quad ; \quad t_i = t_0 + i\Delta t \quad (1.11)$$

$$\dot{x} = v(x) \to x(t + \Delta t) = x(t) + v(x(t))\Delta t + O(\Delta t^2) \,. \quad (1.12)$$

Fixieren wir den Zeitschritt zu eins ($\Delta t = 1$), so folgt aus (1.12) die Iterationsgleichung

$$x(t+1) = x(t) + v(x(t)) \equiv \tilde{v}(x(t)) \,. \quad (1.13)$$

Wir erhalten somit als Evolutionsgleichung für das diskrete dynamische System eine Abbildung $\tilde{v}$ der Art

$$x_{t+1} = f(\,x_t\,) \,. \quad (1.14)$$

Bekanntestes Beispiel ist die logistische Abbildung mit einer quadratischen Nichtlinearität

im Reellen: $\quad x_{i+1} = rx_i(1 - x_i) \quad$ P. F. Verhulst (1845)
Feigenbaum–Diagramm

im Komplexen: $\quad z_{i+1} = z_i^2 + c \quad$ B. Mandelbrot (1980)
Apfelmännchen–Bild

Zu diesen Abbildungen und weiteren nichtlinearen Modellen ein– und mehrdimensionaler diskreter dynamischer Systeme existiert umfangreiche Literatur (Schuster, 1984). Diese Iterationen dienen häufig als Prototypen für das Studium des deterministischen Chaos und der Selbstähnlichkeit.

## f) Konservative / dissipative dynamische Systeme

Diese Unterscheidung ist von großem inhaltlichen Interesse, da die unterschiedlichen (physikalischen) Systeme in zwei große Gruppen zerlegt werden können. Eine verbale Formulierung lautet wie folgt.

Gibt es im Zustandraum einen kontrahierenden oder expandierenden Fluß, dann handelt es sich um ein dissipatives dynamisches System. In solchen Systemen existieren Attraktoren (anziehende singuläre Punkte, stabile Grenzzyklen, höherdimensionale anziehende

1.2 Klassifikation dynamischer Systeme 13

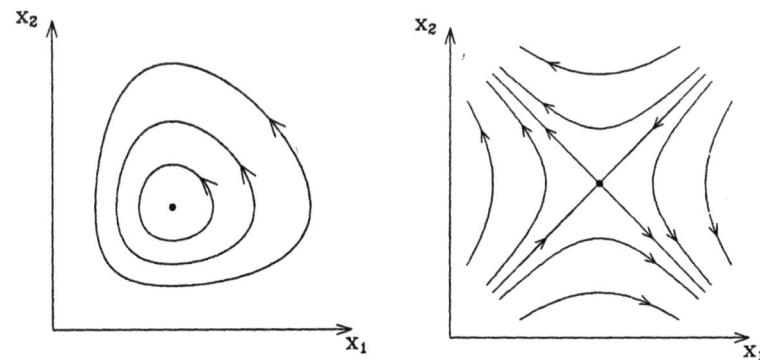

Abb. 1.3: Elliptischer (links) und hyperbolischer Fixpunkt (rechts) in konservativer Systemen.

Tori, seltsame Attraktoren) und Repeller (abstoßende singuläre Punkte, instabile Grenzzyklen, höherdimensionale instabile Mannigfaltigkeiten).

Herrscht dagegen im Zustandsraum eine konstante Zustandsraumdichte, dann handelt es sich um ein konservatives System. Damit ist aus Auftreten von Quellen (Repellern) und Senken (Attraktoren) unmöglich, es gibt höchstens elliptische und hyperbolische Fixpunkte (Wirbel, Sattel, siehe Abb. 1.3) und semistabile Grenzzyklen bzw. Tori.

Eine wichtige Klasse der konservativen dynamischen Systeme sind die Hamiltonschen Systeme. Der Zustandsraum heißt in diesem Fall Phasenraum $x = (q, p)$, gebildet aus den generalisierten Orten $q$ und den Impulsen $p$. Er hat die Dimension $n = 2f$, wobei $f$ die Zahl der Freiheitsgrade des Systems ist. Die Evolutionsgleichungen des dynamischen Systems (1.2) sind die Hamiltonschen Bewegungsgleichungen

$$\frac{dq}{dt} = \frac{\partial H}{\partial p} \qquad (1.15)$$

$$\frac{dp}{dt} = -\frac{\partial H}{\partial q} \qquad (1.16)$$

## 1 Die nichtlineare Physik

mit der nichtlinearen Hamilton–Funktion

$$H = H(q,p) \equiv H(q_1, q_2, \ldots, q_f, p_1, p_2, \ldots, p_f) \, . \tag{1.17}$$

Die Gleichungen (1.15, 1.16) repräsentieren $2f$ gekoppelte nichtlineare Differentialgleichungen 1. Ordnung. Es gilt das Liouville–Theorem über den inkompressiblen Fluß im Phasenraum (Arnold, 1980; Landau, Lifschitz, 1981; Scheck, 1988)

$$\text{div } v = \text{div}\,(\dot q, \dot p) = \sum_i \left( \frac{\partial^2 H}{\partial q_i \partial p_i} - \frac{\partial^2 H}{\partial p_i \partial q_i} \right) = 0 \, . \tag{1.18}$$

Hiermit schließen wir unsere Klassifikation ab und stellen abschließend die Frage: Gibt es eine konstruktive Methode, so daß ein dynamisches System mit beliebigen Differentialgleichungen 1. Ordnung in Hamiltonscher Form geschrieben werden kann? Mit anderen Worten: Unter welchen Voraussetzungen lassen sich die allgemeinen Evolutionsgleichungen (1.2) in die kanonische Form (1.15, 1.16) überführen?

Unter Verwendung der Poisson–Klammern $\{\cdot,\cdot\}$ lautet die Fragestellung, unter welchen Bedingungen

$$\dot x = v(x) = \begin{pmatrix} \dot q \\ \dot p \end{pmatrix} = \begin{pmatrix} \partial H/\partial p \\ \partial H/\partial q \end{pmatrix} = \begin{pmatrix} \{H, q\} \\ \{H, p\} \end{pmatrix} \stackrel{?}{=} \{H, x\} \tag{1.19}$$

bzw. in Komponentenschreibweise

$$\dot x_i = v_i(x_1, \ldots, x_n) \stackrel{?}{=} \{H(x_1, \ldots, x_n), x_i\} = \sum_j \{x_i, x_j\} \frac{\partial H}{\partial x_j} \tag{1.20}$$

möglich ist. Dabei wird die Poisson–Klammer wie üblich als ein linearer antisymmetrischer Operator mit der Eigenschaft der Jacobi–Identität (Lie-Gruppeneigenschaft) verstanden. Es gilt

$$\{A, B\} = \sum_i \sum_j \{x_i, x_j\} \frac{\partial A}{\partial x_j} \frac{\partial B}{\partial x_i} \tag{1.21}$$

mit $P_{ij}(x_1, \ldots, x_n) = \{x_i, x_j\}$ als Poisson–Tensor.

Die Aufgabenstellung lautet somit, ob ein gegebenes Vektorfeld $v(x)$ als

$$v_i(x) = \sum_j P_{ij}(x) \frac{\partial H}{\partial x_j} \tag{1.22}$$

geschrieben werden kann. In (Abarbanel, Rouhi, 1987) wird eine konstruktive Methode beschrieben, die es gestattet, für lokale Bereiche des Zustandsraumes die Hamilton–Funktion $H(x)$ des Feldes $v(x)$ zu konstruieren, beispielsweise für den gedämpften harmonischen Oszillator.

## 1.3 Zwei Beispiele

### 1.3.1 Chaos und Herzdynamik

Der plötzliche Herztod, der in Deutschland jährlich ca. 100 000 Menschen unerwartet und ohne spürbare Vorzeichen trifft, ist eine der häufigsten Todesursachen. Die Zellen des Herzmuskels, die normalerweise unter dem Diktat besonderer Schrittmacher–Zellen (Sinusknoten) koordiniert und taktweise arbeiten, geraten unvermittelt aus ihrem rhythmischen Gleichschritt. Es kommt zum Kammerflimmern, die Pumpwirkung des Herzens hört auf und der Blutkreislauf bricht schlagartig zusammen. Die Diagnostik erfolgt in der Medizin durch die Analyse von Elektrokardiogrammen (EKG), in denen die Aktionspotentiale während einer vom Sinusknoten ausgelösten Herzreaktion aufgezeichnet werden. Die gute Leitfähigkeit der Körperflüssigkeiten ermöglicht es, Potentialschwankungen an der Körperoberfläche zu registrieren, deren Ursache in der Herzmuskulatur zu suchen ist. Die diagnostische Aussagekraft von Langzeit–EKGs (siehe Abb. 1.4) in Hinblick auf das Risiko des plötzlichen Herztodes wird durch die Zusammenarbeit von Medizinern (Kardiologen) und „nichtlinearen" Physikern bedeutend erhöht. Sowohl H. G. Schuster (siehe u.a. die Dissertation von W. Liebert, 1991) als auch G. E. Morfill (Zentrum für nichtlineare Dynamik in der Kardiologie in München) und weitere (Analyse von Babyschreien nach H. Herzel und J. Kurths) verwenden Muster–Erkennungs–Verfahren aus der nichtlinearen Dynamik mit dem Ziel der Rekonstruktion und Charakterisierung seltsamer Attraktoren aus skalaren chaotischen Zeitreihen.

In der naturwissenschaftlich–experimentellen Praxis werden Informationen über Prozesse zumeist aus aufgenommenen skalaren Meßreihen, den Meßwerten, gewonnen. Aus einer zu diskreten Zeitpunkten $i \cdot \delta t$ aufgenommenen skalaren Zeitreihe

$$\{ x_i \}_{i=1}^{N} = \{ x(i \cdot \delta t) \}_{i=1}^{N} \tag{1.23}$$

soll nun auf die Art des Attraktors und damit auf die innere Dynamik geschlossen werden. Insbesondere seltsame Attraktoren können eine derartig

16  1  Die nichtlineare Physik

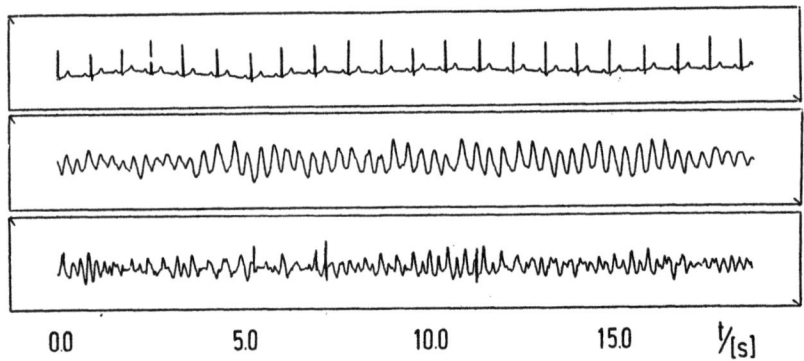

Abb. 1.4: Charakteristische Abschnitte von Langzeit–EKGs verschiedener Probanden. Oben: Gesunder Erwachsender; Mitte: Herzkranker mit Kammerflattern; Unten: Herzkranker mit Kammmerflimmern (nach Liebert, 1991).

verwickelte geometrisch–topologische Struktur besitzen, die aus der ineinander verwobenen Trajektorie der chaotischen Dynamik entsteht, daß die Dimensionalität des euklidischen Raumes, in dem Attraktor ohne Selbstüberschneidung der Trajektorie dargestellt werden kann, größer ist, als die Dimension $d$ der Mannigfaltigkeit, innerhalb derer die Systemdynamik abläuft. Mathematisch gesichert ist die Existenz einer Einbettung einer glatten Mannigfaltigkeit der Dimension $d$ in einen $(2d+1)$-dimensionalen euklidischen Raum. Chaotische Dynamiken bilden im Langzeitverhalten seltsame Attraktoren, die nicht mit glatten Mannigfaltigkeiten beschreibbar sind. Die Rekonstruktion eines Attraktors aus einer skalaren Zeitreihe gelingt im Grenzübergang $N \to \infty$ stets, wenn für die Einbettungsdimension $m$ gilt

$$m > 2\,D_K + 1, \tag{1.24}$$

wobei $D_K$ die Kapazität des Attraktors ist. $D_K$ ist ein Dimensionsmaß, bei dem die Wachstumsrate der Anzahl von $\epsilon$-Kugeln bestimmt wird, die benötigt werden, um den Attraktor zu überdecken, wenn $\epsilon \to 0$ geht. In den meisten Fällen hat $D_K$ etwa denselben Wert wie die Hausdorff-Dimension $D_H$.

1.3 Zwei Beispiele   17

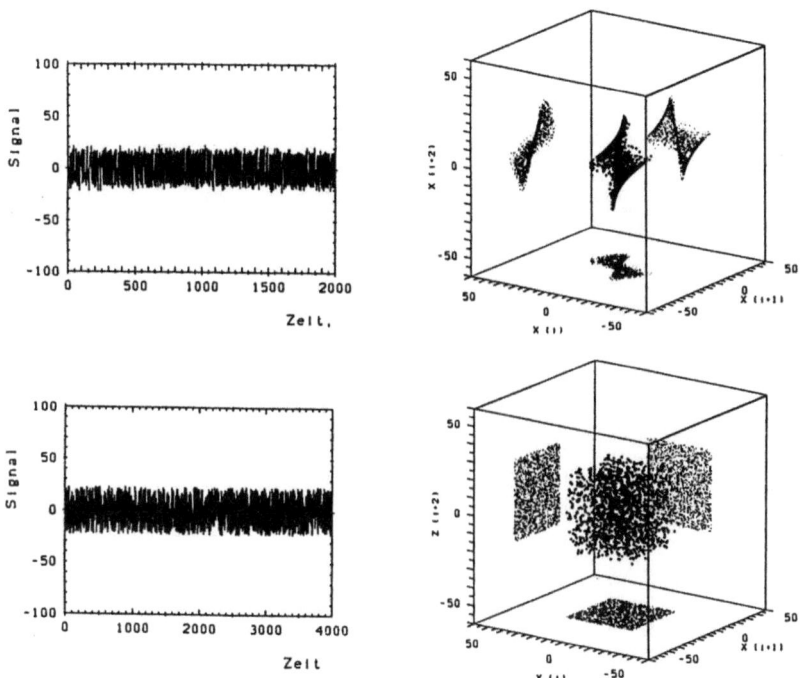

Abb. 1.5: Vergleich zweier künstlich vom Computer generierter Zeitreihen (links) und deren dreidimensionaler Rekonstruktion (rechts) im Zustandsraum. Während die obere Zeitreihe aus einer chaotischen Dynamik resultiert, ist das untere Signal eine reine Zufallsserie mit Gleichverteilung ohne innere Dynamik (nach MPG/Morfill, 1993).

18  1  Die nichtlineare Physik

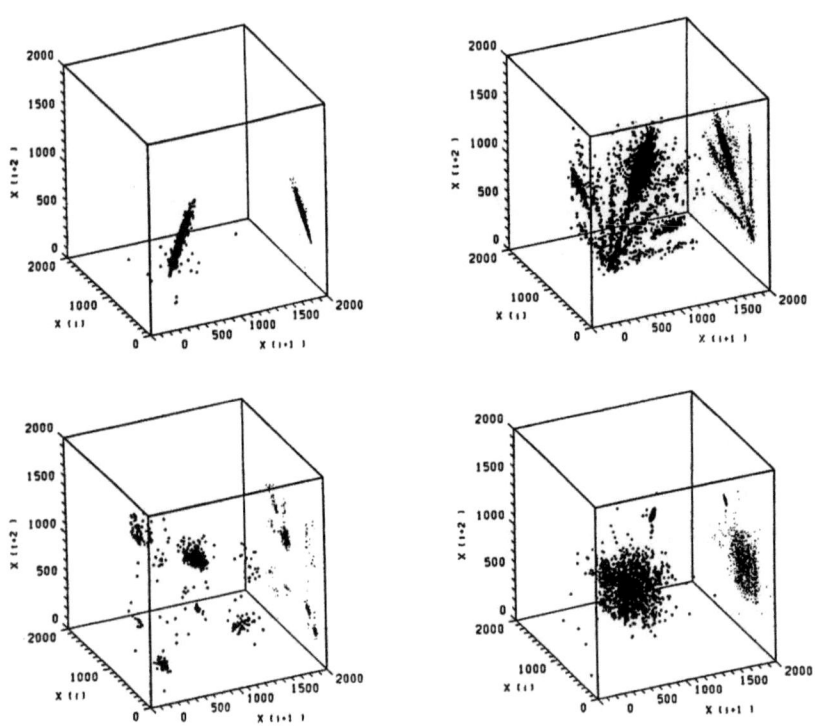

Abb. 1.6: Dreidimensionale Phasenraum–Darstellung des Herzrythmus, gewonnen aus Elektrokardiogrammen von Patienten unterschiedlicher Konstitution. Links oben: Patient mit gesundem Herz; Rechts oben: Patient mit Herzrhythmus–Störungen; Links unten: Patient, der später an plötzlichem Herztod verstarb; Rechts unten: Patient mit Vorhof–Flimmern (nach MPG/Morfill, 1993, 1994)

## 1.3.2 Neuronale Netzwerke

Ein biologisches neuronales Netz wie das menschliche Gehirn besteht aus etwa $10^{11}$ Neuronen (Nervenzellen), wobei jedes Neuron über typischerweise $10^4$ Synapsen verschaltet ist. Damit gibt es im Gehirn etwa $10^{15}$ Verbindungen, wobei die Signale (elektrische Potentialänderungen, die durch chemische Vorgänge verursacht werden) mit Zeitkonstanten von etwa 10 ms relativ langsam weitergeleitet werden. Die Taktzeiten eines Digitalrechners betragen heute schon weniger als 10 ns; die Informationsübertragung erfolgt mit einigen Megabytes/s. Die dazu vergleichsweise geringe Geschwindigkeit der chemischen Technologie biologischer neuronaler Netze wird durch ihre starke Parallelität kompensiert (Männer, Lange, 1994).

Im Gegensatz zu einem konventionellen Rechner, der mit Hilfe eines Programms (Algorithmus) Daten verarbeitet und diese unter Adressen abspeichert, besitzt unser Gehirn einen assoziativen Speicher. Es ist in der Lage, eine unvollständige Information zu ergänzen (sich zu erinnern) und damit eine Rekonstruktion von gespeicherten Mustern aus Teilinformationen zu bewerkstelligen (Wiedererkennungsfähigkeit). Weiterhin kann durch Änderungen in den synaptischen Verbindungen (in ihrer Stärke und Anzahl) die Verschaltung der Neuronen modifiziert werden; das Gehirn wird trainiert, es ist in der Lage zu lernen (Lernfähigkeit). Dieser Prozeß dauert beim Menschen mindestens 10 bis 20 Jahre; hört aber eigentlich niemals auf.

Ein Neuron als ein Element mit $n$ Eingaben und einer Ausgabe bezeichnet man als Perceptron. Ein Multilayer–Percepton besteht aus mindestens drei Schichten von Neuronen. Benachbarte Schichten sind vollständig verknüpft, innerhalb einer Schicht gibt es jedoch keine Verbindungen. Das Multilayer–Percepton–Konzept mit der Schichtstruktur und der gerichteten Weiterleitung in Vorwärtsrichtung wird als Werkzeug für Anwendungen bereits erfolgreich eingesetzt. Die Frage, welche Architektur (Anzahl und Größe der Schichten) für welche Aufgabe optimal ist, kann zur Zeit für das Multilayer–Percepton noch nicht beantwortet werden. Hierzu ist das Modell zu kompliziert. Im Gegensatz dazu ist das Hopfield–Modell ein extrem einfaches Modell eines neuronalen Netzes und steht zudem in engem Zusammenhang mit den Ising–Modellen der statistischen Physik des Nichtgleichgewichts (Röpke, 1987; Mezard, Parisi, Virasoro, 1987; Horner, 1988).

20   1   Die nichtlineare Physik

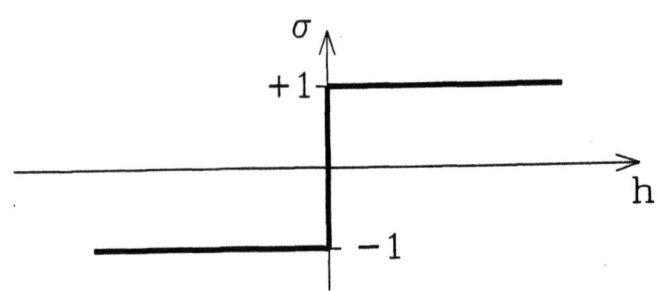

Abb. 1.7: Darstellung der Feuerrate als Funktion der Erregung.

Das binäre Hopfield–Modell besteht aus $i = 1, 2, \ldots, N$ Neuronen, die sich in zwei möglichen Zuständen befinden können, und zwar im erregten Zustand $\sigma_i = +1$ (Neuron feuert) oder im Ruhezustand $\sigma_i = -1$ (Neuron feuert nicht). Jedes Neuron $i$ ist mit jedem anderen Neuron $j$ durch Synapsen $J_{ij}$ verschaltet. Die Kopplungen $J_{ij}$ innerhalb der symmetrischen synaptischen Matrix beschreiben die Stärke oder Effizienz derjenigen Synapsen am Ende der Nervenfaser des $j$-ten Neurons, die an der $i$-ten Zelle sitzen. Erregende und hemmende Synapsen werden durch positive beziehungsweise negative $J_{ij}$ charakterisiert. Die Erregung $h_i$ ist ein synaptisches Potential, wobei $h_i > 0$ bedeutet, das der Wert größer als die Schwelle (hier Schwellwert gleich Null) ist und $h_i < 0$, daß es niedriger ist. Erregte Synapsen bewirken also eine Erhöhung des Potentials, während hemmende das Gegenteil zur Folge haben. Übersteigt das Potential die Schwelle, beginnt das Neuron Pulse auszusenden, es feuert (Abb. 1.7). Die aktuelle Erregung (Potentialwert zum Zeitpunkt $t$) ergibt sich durch eine mit den Synapsenwerten gewichtete Summation der anderen Neuronenzustände $\sigma_j(t)$ aus

$$h_i(t) = \sum_{j=1}^{N} J_{ij} \sigma_j(t) \,. \tag{1.25}$$

Die Gleichung (1.25) ist eine lineare Abbildung des Raums der Zustände $\{\sigma\}$ auf den Raum der lokalen Felder $\{h\}$.

Das Hopfield–Modell besteht aus zwei Phasen. Zuerst werden in einer Lernphase $p$ Muster (Neuronenzustände) $\xi_i^\mu = \pm 1$ ($\mu = 1, 2, \ldots, p$) gelernt. Diese Zustände entsprechen lokalen Minima der Energie $E$. Die Energie ergibt sich wie bei einem Ising–System aus

$$E = -\frac{1}{2} \sum_i \sum_j J_{ij} \sigma_i \sigma_j \ . \tag{1.26}$$

Die meist verwendete Lernregel besagt, daß die synaptische Kopplung zwischen zwei Neuronen in gleichen Zuständen verstärkt und die Kopplung zwischen zwei Neuronen in unterschiedlichen Zuständen geschwächt werden sollen. Nachdem alle $p$ von einander unabhängigen Muster gelernt und die synaptische Matrix $J$ mit den Elementen

$$J_{ij} = \frac{1}{N} \sum_{\mu=1}^{p} \xi_i^\mu \xi_j^\mu \tag{1.27}$$

gespeichert wurde, ist die Lern- bzw. Trainingsphase beendet. Gleichung (1.27) wird als Hebb–Lernregel bezeichnet.

Dann beginnt die Test- oder Auswertephase. Ausgangspunkt ist eine von den gelernten Mustern $\xi_i^\mu$ unterschiedliche (verrauschte, unvollständige oder ganz andersartige) Startkonfiguration $\sigma_i(0)$. Das Netzwerk ist in keinem der Energieminima; das Ziel der Rekonstruktion als Wiedererkennungs- und Erinnerungsprozeß besteht darin, in ein (das richtige) Minimum zu gelangen. Die Dynamik des Prozesses besteht nach Hopfield darin, daß zufällig ein Neuron $i$ ausgewählt wird und durch Invertieren des Zustandes (Feuern $\sigma_i = +1$ gegen Nichtfeuern $\sigma_i = -1$ oder umgekehrt) versucht wird, den augenblicklichen Zustand des Netzes dem ähnlichsten trainierten Muster noch ähnlicher zu machen. Hopfield schlug vor, das zufällig herausgegriffene Neuron entsprechend

$$\sigma_i(t+1) = \text{sign}\,(h_i(t)) \tag{1.28}$$

zu verändern. Dieser Algorithmus ist eine diskrete nichtlineare Dynamik, die aus den Feldern (der Erregung $h(t)$) den neuen Zustand $\sigma(t+1)$ bestimmt. Der Prozeß der Veränderung des Neuronenzustandes entspricht dem des Spinumklappens beim Ising-Modell. Die lokalen Änderungen entsprechend (1.28) führen dazu, daß das Netz ausgehend vom Startzustand $\sigma(0)$ ein gelernte Muster $\xi^\mu$ rekonstruiert und damit im Verlaufe der Zeit wiedererkennt $\sigma(t \to \infty) = \xi^\mu$. Über die Größe der Einzugsgebiete von Mustern und den zeitlichen Verlauf des Erkennens gibt es in der Literatur viele konkrete Beispiele, siehe dazu auch die Abbildung 1.8.

## 22    1   Die nichtlineare Physik

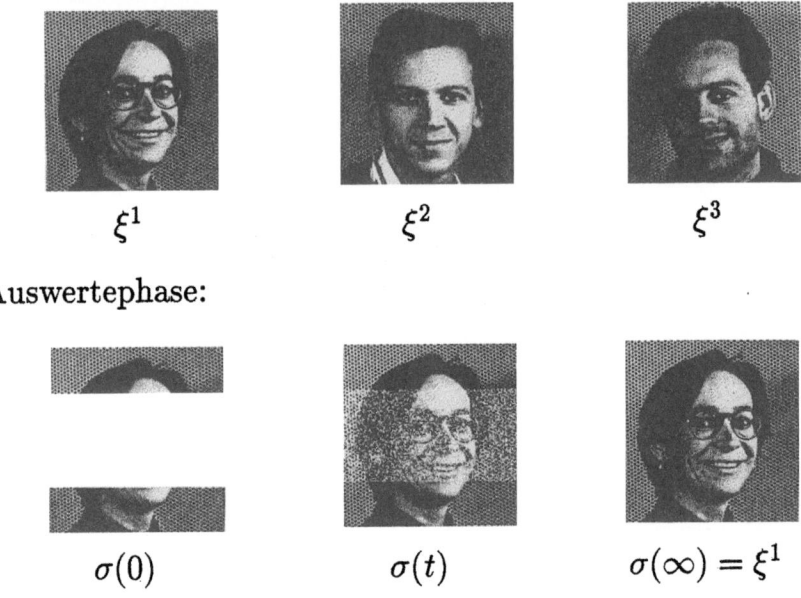

**Abb. 1.8:** Ein Beispiel für Mustererkennung. Das Hopfield–Netz aus $256 \cdot 265 = 65\,536$ Neuronen und ca. $4 \cdot 10^9$ Synapsen wurde mit den drei Mustern (Gesichtern) der oberen Reihe trainiert. Die untere Reihe zeigt die Rekonstruktion eines um 50% zerstörten Bildes. Im Verlaufe des Wiedererkennungsprozesses wurden etwa $10^4$ Neuronen umgeklappt (nach Männer, Lange, 1994).

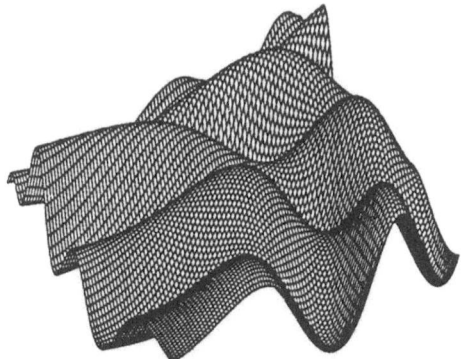

Abb. 1.9: Darstellung einer zerklüfteten Energielandschaft über einer $x-y$ - Ebene als Beispiel einer Energiefläche mit vielen lokalen Exstrema.

Die meisten Erkenntnisse über neuronale Netze werden durch Simulationen gewonnen, nur weniges läßt sich analytisch berechnen, indem die Methoden der Statistischen Physik, insbesondere die Theorie der ungeordneten Festkörper, angewendet werden. So konnte gezeigt werden, daß in einem Hopfield-Modell aus $N$ Neuronen (Spins) maximal $p \approx 0.14\,N$ Muster gespeichert werden können. Werden mehr Muster gespeichert, ist die Wiedererkennung nicht mehr gewährleistet. Die Energiefunktion hat zu viele lokale Minima, so daß die stochastische Suche nicht zum richtigen Ziel führt.

Wie so oft in der nichtlinearen Physik haben wir es auch bei den neuronalen Netzen (siehe für einen schnellen Einstieg u.a. Männer, Lange, 1994; Horner, 1988, für eine ausführliche Einführung u.a. Kohonen, 1989; Hertz, Krogh, Palmer, 1991 oder die Orginalarbeiten von Hebb, 1949; Hopfield, 1982) mit einem komplexen Optimierungsproblem zu tun, in dem verschiedene fast gleich gute Lösungen, d.h. fast gleich tiefe Energieminima, existieren (siehe Abb. 1.9). Dies tritt sowohl beim Entwurf hochintegrierter Schaltungen, bei der Optimierung von Tragflügeln, Düsen usw., bei der Minimierung von Transportwegen (Problem des reisenden Handelsmanns, siehe Kap. 14) als auch bei ganz allgemeinen Evolutionsmodellen auf.

# Kapitel 2

# Das mathematische Pendel

Die Theorie nichtlinearer dynamischer Systeme (siehe Kapitel 1) umfaßt unter anderem die klassische theoretische Mechanik. Moderne Lehrbücher der Mechanik stellen die kompakte Formulierung des Fachgebietes durch den Lagrange– und den Hamilton–Formalismus (kanonische Mechanik) in den Mittelpunkt (Scheck, 1988; Honerkamp, Römer, 1986; Stauffer, Stanley, 1990). Diese Formalismen sind auf Systeme mit beliebiger Teilchenzahl bzw. beliebiger Zahl von Freiheitsgraden $f$ anwendbar, jedoch ist in der Regel nur der Spezialfall linearer Systeme analytisch auswertbar. Für nichtlineare Systeme lassen sich die Bewegungsgleichungen im allgemeinen nicht geschlossen lösen.

Bezeichnen wir mit $\underline{q} = (q_1, q_2, \ldots, q_f)$ die generalisierten Orte und mit $\underline{p} = (p_1, p_2, \ldots, p_f)$ die generalisierten Impulse, so spannen diese Variablen den $2f$–dimensionalen Phasenraum (Zustandraum) auf, in dem das dynamische System lebt. Ausgehend von einem wohl definierten Anfangszustand $\underline{q}(t=0) = \underline{q}_0$, $\underline{p}(t=0) = \underline{p}_0$ kann die Evolution des mechanischen Systems anhand der Trajektorie (Bahnkurve) verfolgt werden, die sich als Lösung der kanonischen Bewegungsgleichungen

$$\dot{q}_i \equiv \frac{dq_i}{dt} = \frac{\partial H}{\partial p_i} \quad ; \quad \dot{p}_i \equiv \frac{dp_i}{dt} = -\frac{\partial H}{\partial q_i} \quad \text{für} \quad i = 1, \ldots, f \quad (2.1)$$

ergibt. Dabei ist

$$H(\underline{q}, \underline{p}) = \sum_{i=1}^{f} \dot{q}_i p_i - L(\underline{q}, \dot{\underline{q}}) \quad (2.2)$$

die Hamilton–Funktion des Systems, wobei $L = T - V$ die Lagrange–Funktion und $p_i = \partial L/\partial \dot{q}_i$ die Impulse sind. Das Schema zur Lösung von Aufgaben der klassischen Mechanik umfaßt folgende Schritte:

1. Konstruktion der Hamilton–Funktion $H = H(q,p)$
2. Einsetzen in die Bewegungsgleichungen (2.1) und
3. Lösung des (im allgemeinen nichtlinearen gekoppelten) Differentialgleichungssystems unter Berücksichtigung der Anfangsbedingungen.

Das Spektrum von Resultaten reicht von den bekannten elementaren Bewegungen (freies Teichen, harmonischer Oszillator) über „im Prinzip" integrable Bewegungen mit einem Freiheitsgrad $f = 1$ (mathematisches Pendel, Kettenkarussell), mehrdimensionale gekoppelte Feder–Pendel–Systeme (gekreuzte Federn, Pedelkette und vieles andere) bis hin zum deterministischen Chaos in konservativen und dissipativen Systemen.

Betrachten wir einleitend das eindimensionale lineare Problem. Die Bewegungsgleichungen für konservative mechanische Systeme mit einem Freiheitsgrad lassen sich bekannterweise aus der Lagrange–Funktion

$$L(q,\dot{q}) = T - V \tag{2.3}$$

oder aus der Hamilton–Funktion

$$H(q,p) = T + V \tag{2.4}$$

gewinnen. Hierbei seien $T$ die kinetische Energie und $V(q)$ die potentielle Energie des Systems. Für nichtlineare Systeme ist das Potential $V$ eine beliebige Funktion von $q$ und kann im allgemeinen mehrere Minima haben, die stationären Zuständen entsprechen (Abb. 2.1). Das Potential $V(q)$ läßt sich an dem relativen Minimum $q_0$ entwickeln und für kleine Auslenkungen durch einen quadratischen Ausdruck

$$V(q) = a + b(q - q_0)^2 \tag{2.5}$$

mit

$$a = V(q_0) \quad ; \quad b = V''(q_0)/2 \tag{2.6}$$

approximieren (harmonische Näherung). Als Beispiel sei der eindimensionale harmonische Oszillator genannt. Für große Auslenkungen werden Abweichungen vom linearen Verhalten spürbar (Anharmonizität). Die Lösun-

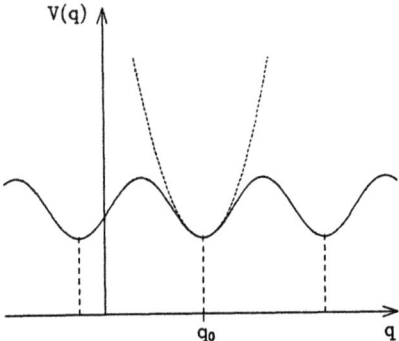

Abb. 2.1: Potential $V(q)$ eines nichtlinearen Systems und harmonische Näherung (punktierte Kurve).

gen für das mehrdimensionale lineare Oszillatorproblem sind gut bekannt und können in geschlossener Form angegeben werden. Viele Probleme lassen sich in harmonischer Näherung behandeln, wobei in der Regel mehrere Freiheitsgrade auftreten. Dann werden die Bewegungsgleichungen durch die Einführung von Normalmoden entkoppelt, wie das z.B. bei der Behandlung von Kristallgitterschwingungen in der elastischen linearen Näherung geschieht.

## 2.1 Phasenraumporträt

AUFGABE:

Verschaffen Sie sich einen Überblick über das Phasenraumporträt des mathematischen Pendels, das von den beiden Variablen Winkel $\alpha$ und Drehimpuls $p_\alpha$ aufgespannt wird. Berechnen Sie analytisch, und auch zum Vergleich numerisch durch Lösen der Bewegungsgleichungen, die Trajektorien $p_\alpha = p_\alpha(\alpha; E)$ und klassifizieren Sie diese in Abhängigkeit von der Energie $E$.

LÖSUNG:

In diesem Abschnitt soll das Standardbeispiel für nichtlineare Systeme, das mathematische Pendel bei beliebigen Auslenkungen (Abb. 2.2), untersucht werden. Dieses mechanische System ist durch einen Freiheitsgrad (Winkel

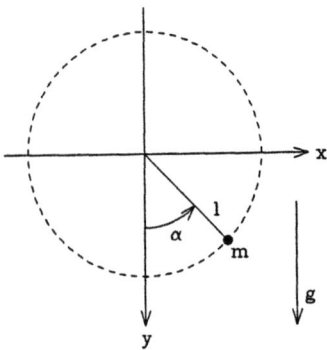

Abb. 2.2: Skizze eines mathematische Pendels.

$\alpha$) charakterisiert und wird wie folgt im Lagrange–Formalismus (Lagrange–Funktion, Bewegungsgleichung)

$$L(\alpha,\dot\alpha) = \frac{m}{2}l^2\dot\alpha^2 - mgl(1-\cos\alpha) \tag{2.7}$$

$$\ddot\alpha = -\omega^2\sin\alpha \tag{2.8}$$

oder im Hamilton–Formalismus (Hamilton–Funktion, Bewegungsgleichungen)

$$H(\alpha,p_\alpha) = \frac{p_\alpha^2}{2ml^2} + mgl(1-\cos\alpha) = E \tag{2.9}$$

$$\dot\alpha = \frac{p_\alpha}{ml^2} \tag{2.10}$$

$$\dot p_\alpha = -mgl\sin\alpha \tag{2.11}$$

beschrieben, wobei $\omega^2 = g/l$ die Kopplungsstärke an das Gravitationsfeld ausdrückt und für kleine Auslenkungen des Pendels die Bedeutung der Kreisfrequenz der Pendelschwingung hat. Das erste Integral der Bewegung (Erhaltungsgröße) ist die Gesamtenergie $E$. Es gilt (vergleiche 2.7)

$$E = \frac{m}{2}l^2\dot\alpha^2 + mgl(1-\cos\alpha) \tag{2.12}$$

bzw. der Ausdruck (2.9). Aus dem Energieerhaltungssatz folgt für die Trajektorie

$$E = ml^2\left(\frac{\dot\alpha^2}{2} + \omega^2(1-\cos\alpha)\right), \tag{2.13}$$

bei Benutzung von $\sin^2 x = \frac{1}{2}(1 - \cos 2x)$; $2x = \alpha$

$$E = ml^2 \left( \frac{\dot{\alpha}^2}{2} + 2\omega^2 \sin^2 \frac{\alpha}{2} \right) . \tag{2.14}$$

Nach Einführung einer neuen Energieskala

$$\varepsilon^2 = \frac{E}{2ml^2} \tag{2.15}$$

erhalten wir aus (2.14) mittels

$$\varepsilon^2 = \frac{\dot{\alpha}^2}{4} + \omega^2 \sin^2 \frac{\alpha}{2} \tag{2.16}$$

die Trajektorie

$$\dot{\alpha}(\alpha; \varepsilon) = \pm 2\varepsilon \sqrt{1 - \frac{\omega^2}{\varepsilon^2} \sin^2 \frac{\alpha}{2}} . \tag{2.17}$$

Offensichtlich existiert ein dimensionsloser Kontrollparameter (dimensionslose Energie)

$$a^2 \equiv \frac{\varepsilon^2}{\omega^2} = \frac{E}{2mgl} \geq 0 . \tag{2.18}$$

Damit lautet die Trajektoriengleichung (2.17) für die Winkelgeschwindigkeit

$$\dot{\alpha}(\alpha; a) = \pm 2\omega a \sqrt{1 - \frac{1}{a^2} \sin^2 \frac{\alpha}{2}} , \tag{2.19}$$

bzw. in der Impulsschreibweise $p_\alpha = ml^2 \dot{\alpha}$

$$p_\alpha(\alpha; a) = \pm 2ml^2 \omega a \sqrt{1 - \frac{1}{a^2} \sin^2 \frac{\alpha}{2}} . \tag{2.20}$$

Die Abbildung 2.3 zeigt das Trajektorienbild für das mathematische Pendel als numerische Lösung der kanonischen Bewegungsgleichungen (2.10 und 2.11) für verschiedene skalierte Energiewerte. Die Separatrix hat den Energiewert $E = 2mgl$ bzw. mit (2.18) den Wert $a = 1$. Fassen wir die Resultate aus der Analyse des Phasenraumporträts für das mathematische Pendel zusammen:

1. $E_{min} = 0$ bzw. $a = 0$
   Pendel in der Gleichgewichtslage
   $\{\alpha(t) = \alpha(0) = 0 , \; p_\alpha(t) = p_\alpha(0) = 0\}$

# 2 Das mathematische Pendel

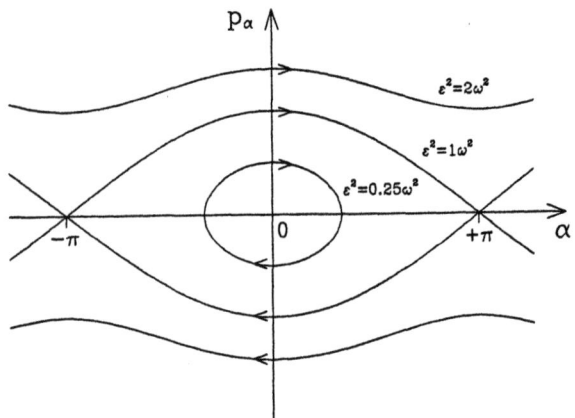

Abb. 2.3: Phasenraumporträt des mathematischen Pendels. In Abhängigkeit der dimensionslosen Energie sind die Ruhelage ($\varepsilon^2 = 0$; $(0,0)$ elliptischer Fixpunkt), die Libration ($0 < \varepsilon^2 < \omega^2$), die Bewegung entlang der Separatrix ($\varepsilon^2 = \omega^2$, $(\pm\pi, 0)$ hyperbolische Fixpunkte) und die Rotation ($\varepsilon^2 > \omega^2$) dargestellt (Nobach, Mahnke, 1994).

2. $E_{min} < E < E_{sx}$ bzw. $0 < a < 1$
   „Bindungszustand", stets geschlossene Trajektorien, Libration um den Gleichgewichtszustand, Schwingungsregime

3. $E = E_{sx} = 2mgl$ bzw. $a = 1$
   Separatrix, Grenzkurve trennt geschlossene Orbits von offenen Bahnkurven, Kriechbewegung, erreicht asymptotisch für $t \to \infty$ den Sattelpunkt $(\pm\pi, 0)$

4. $E > E_{sx}$ bzw. $a > 1$
   „Streuzustand", offene Trajektorien, Rotationsregime.

## 2.2 Dynamik der Bewegungstypen

AUFGABE:

Diskutieren Sie die Weg–Zeit–Gesetze $\alpha = \alpha(t)$ für den Librations– und den Rotationsfall. Berechnen Sie analytisch die Dynamik für den Grenzfall zwischen beiden Bewegungstypen (Separatrix zwischen geschlossenen und

## 2.2 Dynamik der Bewegungstypen

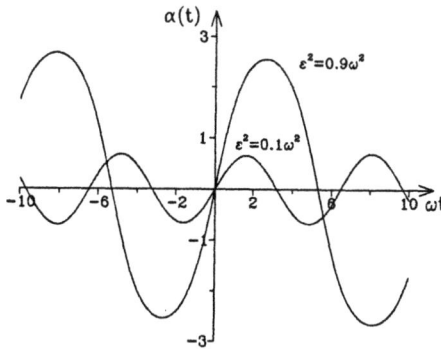

Abb. 2.4: Mathematisches Pendel im Schwingungsregime, $\varepsilon < \omega$ (Nobach, Mahnke, 1994).

offenen Orbits).

LÖSUNG:

Das mathematische Pendel ist ein integrables System. Das Zeitverhalten $\alpha(t)$ folgt mittels Einsetzen von (2.20) in die Bewegungsgleichung (2.10). Nach Trennung der Variablen erhalten wir unter Verwendung des Halbwinkels $\beta = \alpha/2$ das Integral

$$\pm \omega t(\alpha) = \int \frac{d\beta}{\sqrt{a^2 - \sin^2\beta}} \,. \tag{2.21}$$

Die expliziten Lösungstypen des Integrals (2.21) sollen hier kurz skizziert werden.

Entsprechend dem Wert des Kontrollparameters $a$ (2.18) bzw. der Energie $\varepsilon$ (2.15) können drei Fälle unterschieden werden. Für kleine Energiewerte $a < 1$ bzw. $\varepsilon < \omega$ erhalten wir anharmonische oszillatorische Lösungen. Das Librationsverhalten des mathematischen Pendels ist in der Abbildung 2.4 als Winkel-Zeit-Funktion dargestellt. Analytische Lösungen lassen sich für diesen Fall unter Verwendung der Jacobischen Elliptischen Funktion angeben. Dieses anharmonische Verhalten geht für kleine Auslenkungen bzw. verschwindender Energie $\varepsilon \to 0$ in die harmonische Schwingung über. Die Auswertung von (2.21) für $0 < a < 1$ liefert die in Abb. 2.4 dargestellten Kurven.

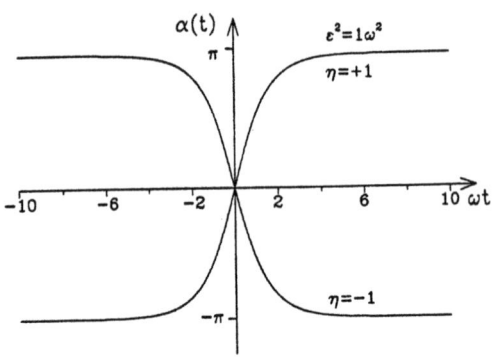

Abb. 2.5: Kink- ($\eta = +1$) und Antikink- ($\eta = -1$) Lösung des mathematischen Pendels, $\varepsilon = \omega$ (Nobach, Mahnke, 1994).

Untersuchen wir als zweiten Fall die Bewegung entlang der Separatrix (siehe Phasenraumporträt, Abb. 2.3). In diesem Grenzfall zwischen Schwingungs- und Rotationsregime ist $\varepsilon = \omega$ bzw. $a = 1$, somit vereinfacht sich (2.20) zu

$$p_{sx}(\alpha = \alpha_{sx}, a = 1) = \pm 2ml^2\omega\sqrt{1 - \sin^2\frac{\alpha_{sx}}{2}} \qquad (2.22)$$

$$p_{sx} = \pm 2ml^2\sqrt{\frac{g}{l}}\cos\frac{\alpha_{sx}}{2}. \qquad (2.23)$$

Gleichung (2.23), in die Bewegungsgleichung (2.10) eingesetzt, liefert das Winkel-Zeit-Gesetz

$$\dot{\alpha}_{sx} = \frac{p_{sx}}{ml^2} = \pm 2\omega\cos\frac{\alpha_{sx}}{2} \qquad (2.24)$$

$$\pm 2\omega dt = \int\frac{d\alpha_{sx}}{\cos(\alpha_{sx}/2)} = 2\ln\tan\left(\frac{\alpha_{sx}}{4} + \frac{\pi}{4}\right) \qquad (2.25)$$

$$\alpha_{sx}(t) = 4\arctan\left[\exp\left(\pm\omega t\right)\right] - \pi, \qquad (2.26)$$

welches als Kink-Lösung (Schwelle, Stufe) bzw. als Antikink-Lösung zu verstehen ist (Abb. 2.5).

Für den dritten Grenzfall ($a > 1$ bzw. $\varepsilon > \omega$, Rotationsfall) sind die Lösungstypen monotone Funktionen ohne Umkehrpunkte, und haben die Gestalt einer Treppe (Abb. 2.6). Das Pendel schlägt über und führt un-

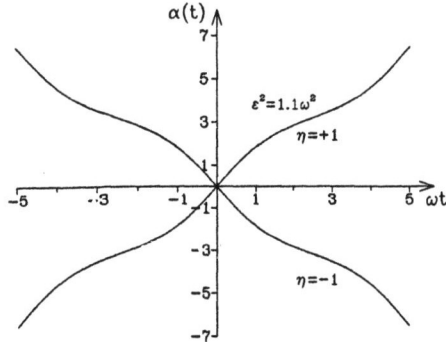

Abb. 2.6: Das Rotationsregime des mathematischen Pendels, $\varepsilon > \omega$ (Nobach, Mahnke, 1994).

gleichförmige Rotationen aus. Erst in der Grenze $\varepsilon \to \infty$ rotiert das mathematische Pendel gleichförmig.

## 2.3 Wirkungsintegral

AUFGABE:

Berechnen Sie das Wirkungsintegral $J$ für die zuvor diskutierten Bewegungstypen. Ermitteln Sie im Schwingungsfall ($a \leq 1$) die Periodendauer $T$ mittels einer Reihenentwicklung (insbesondere auch die harmonische Näherung) und vergleichen Sie mit dem exakten Resultat.

LÖSUNG:

Abschließend soll für das mathematische Pendel das Wirkungsintegral berechnet werden, das allgemein wie folgt definiert ist:

$$J(E) = \frac{1}{2\pi} \oint p_\alpha d\alpha \, . \tag{2.27}$$

In Abhängigkeit vom Energiekontrollparameter $a$ (2.18) läßt sich die Größe $J$ durch Elliptische Integrale ausdrücken. Seien

$$F_1(\alpha, k) = \int_0^\alpha \frac{dx}{\sqrt{1 - k^2 \sin^2 x}} \, , \tag{2.28}$$

## 2 Das mathematische Pendel

$$F_2(\alpha, k) = \int_0^\alpha \sqrt{1 - k^2 \sin^2 x}\, dx \tag{2.29}$$

die Elliptischen Integrale 1. und 2. Art, so gilt für das Wirkungsintegral im Fall der Libration ($a < 1$)

$$J(a) = 4\frac{1}{2\pi} \int_0^{\alpha_{max}} p_\alpha\, d\alpha = \frac{2}{\pi} 2ml^2\omega a \int_0^{\alpha_{max}} \sqrt{1 - \frac{1}{a^2}\sin^2\frac{\alpha}{2}}\, d\alpha\,, \tag{2.30}$$

andernfalls im Rotationsregime ($a > 1$)

$$J(a) = 2\frac{1}{2\pi} \int_{-\pi}^{+\pi} p_\alpha\, d\alpha = \frac{1}{\pi} 2ml^2\omega a \int_0^{2\pi} \sqrt{1 - \frac{1}{a^2}\sin^2\frac{\alpha}{2}}\, d\alpha\,. \tag{2.31}$$

Für die letztgenannte Situation erhalten wir

$$\begin{aligned} J(a) &= \frac{1}{\pi} \int_0^{2\pi} p_\alpha\, d\alpha \\ &= \frac{1}{\pi} 4ml^2\omega a \int_0^{\pi} \sqrt{1 - \frac{1}{a^2}\sin^2\beta}\, d\beta \\ &= \frac{4}{\pi} ml^2\omega a F_2(\pi, 1/a) \\ &= \frac{4}{\pi} ml^2\omega a 2 F_2(\pi/2, 1/a) \\ &= \frac{8}{\pi} ml^2\omega a F_2(\pi/2, 1/a)\,. \end{aligned} \tag{2.32}$$

Im Grenzfall $a = 1$ (Separatrix) lautet das Resultat

$$J(a = 1) = \frac{8}{\pi} ml^2\omega\,. \tag{2.33}$$

Für kleine Energien ($\varepsilon < \omega$ bzw. $a < 1$) gilt im Wirkungsintegral $0 \le \alpha \le \alpha_{max}$ mit $p(\alpha_{max}) = 0$. Aus $E = mgl(1 - \cos\alpha_{max})$ erhalten wir für den Halbwinkel

$$\beta_{max} \equiv \alpha_{max}/2 = \arcsin a\,. \tag{2.34}$$

## 2.3 Wirkungsintegral

Unter Verwendung der Formel für ein Modul $k > 1$ mit $\sin\alpha_1 = k\sin\alpha$

$$F_2(\alpha, k) = \frac{1}{k}\left[k^2 F_2(\alpha_1, 1/k) + (1-k^2)F_1(\alpha_1, 1/k)\right] \quad (2.35)$$

gilt im Librationsregime

$$\begin{aligned}
J(a) &= \frac{2}{\pi}\int_0^{\alpha_{max}} p_\alpha \, d\alpha \\
&= \frac{4}{\pi} 2ml^2\omega a \int_0^{\beta_{max}} \sqrt{1 - \frac{1}{a^2}\sin^2\beta}\, d\beta \\
&= \frac{8}{\pi} ml^2 \omega a F_2(\beta_{max}, 1/a) \\
&= \frac{8}{\pi} ml^2 \omega a a \left[\frac{1}{a^2} F_2(\beta_1, a) + (1 - \frac{1}{a^2} F_1(\beta_1, a)\right] \\
&= \frac{8}{\pi} ml^2 \omega \left[F_2(\beta_1, a) - (1-a^2)F_1(\beta_1, a)\right]. \quad (2.36)
\end{aligned}$$

Wegen

$$\sin\beta_1 = k\sin\beta_{max} = \frac{1}{a}\sin\beta_{max} = 1 \implies \beta_1 = \frac{\pi}{2} \quad (2.37)$$

erhalten wir somit

$$J(a < 1) = \frac{8}{\pi} ml^2\omega \left[F_2(\pi/2, a) - (1-a^2)F_1(\pi/2, a)\right]. \quad (2.38)$$

Zusammenfassend lautet das Resultat für das Wirkungsintegral (2.27)

$$J(a) = \frac{8}{\pi} ml^2\omega \begin{cases} F_2(\pi/2, a) - (1-a^2)F_1(\pi/2, a) & : \quad a < 1 \\ 1 & : \quad a = 1 \\ aF_2(\pi/2, 1/a) & : \quad a > 1 \end{cases} \quad (2.39)$$

Wenden wir uns nun der im Vergleich zum Wirkungsintegral $J$ anschaulichen Größe $T$, der Schwingungsdauer eines mathematischen Pendels, zu. Bei Kenntnis der Hamilton–Funktion $H(\alpha, p_\alpha)$ (2.9) erhalten wir aus den Bewegungsgleichungen für die Zeit $t(\alpha)$ den Ausdruck

$$t - t_0 = \int_{\alpha_0}^{\alpha} \frac{d\alpha}{\partial H/\partial p_\alpha} = ml^2 \int_{\alpha_0}^{\alpha} \frac{d\alpha}{p_\alpha(\alpha; E)}. \quad (2.40)$$

## 2 Das mathematische Pendel

Unter Berücksichtigung der Bedingung $\alpha_0 = 0$ für den Zeitpunkt $t_0 = 0$ gilt für die Berechnung der Schwingungsdauer $T$ die Gleichung

$$\frac{T}{4} = ml^2 \int_0^{\alpha_{max}} \frac{d\alpha}{p_\alpha(\alpha; a)}, \qquad (2.41)$$

wobei der Impuls wegen der Energieerhaltung eine nichtlineare Funktion des Winkels ist (siehe 2.20). Die maximale Auslenkung $\alpha_{max}$ ist mit der dimensionslosen Energie $a^2$ (2.18) verknüpft. Am Umkehrpunkt gilt $p_\alpha(\alpha_{max}) = 0$, somit folgt aus (2.20) der Ausdruck $\alpha_{max} = 2\arcsin a$ (2.34). Ebenso wie das Wirkungsintegral ist die Schwingungsdauer $T(a)$ eine Funktion der Energie $a$ bzw. der maximalen Auslenkung $\alpha_{max}$. Die Zeitdauer für eine Schwingung nimmt mit anwachsender Energie bzw. Auslenkung zu und divergiert im aperiodischen Grenzfall $a = 1$ oder $\alpha_{max} = \pi$ gegen Unendlich.

Betrachten wir jetzt die einfachste Näherung, die lineare Physik. In diesem Fall ist die rücktreibende Kraft proportional zur Auslenkung und damit das Potential harmonisch ($\sim \alpha^2/2$), siehe Abb. 2.1. Für diesen Grenzfall lautet die Hamilton–Funktion

$$H_0(\alpha, p_\alpha) = \frac{p_\alpha^2}{2ml^2} + ml^2 w^2 \frac{\alpha^2}{2} = E \qquad (2.42)$$

und damit folgt für die Schwingungsdauer

$$\frac{T_0}{4} = \frac{1}{2\omega} \int_0^{\alpha_{max}} \frac{d\alpha}{\sqrt{a^2 - (\alpha/2)^2}} \qquad (2.43)$$

das bekannte Resultat

$$T_0 = \frac{2\pi}{\omega} = 2\pi\sqrt{\frac{l}{g}}. \qquad (2.44)$$

Die Abbildung 2.7 zeigt, daß das Ergebnis einer konstanten Schwingungsdauer $T_0$ (2.44) näherungsweise für sehr kleine Auslenkungen ($\alpha_{max} < 5°$) zwar gültig ist, sich aber qualitativ und quantitativ von der exakten Lösung $T(a)$ unterscheidet. Somit ist die Nichtlinearität keine kleine Störung im Vergleich zur linearen Näherung, sondern kann nur als unendliche Reihe

## 2.3 Wirkungsintegral

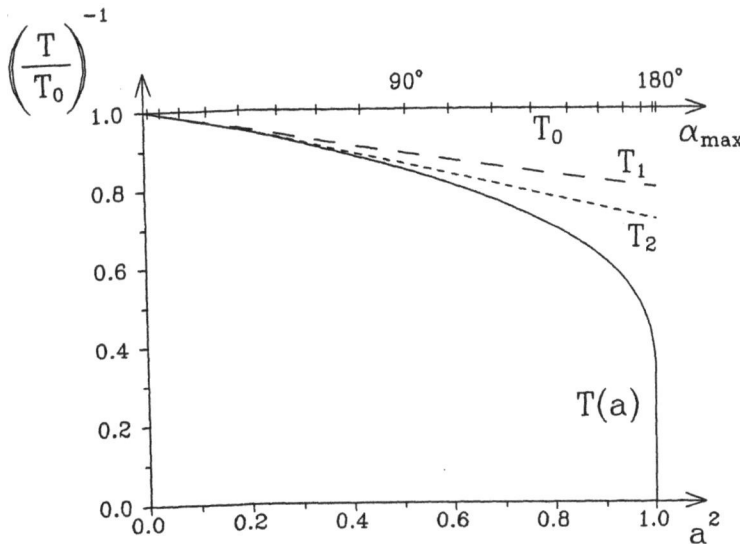

Abb. 2.7: Darstellung der inversen Schwingungsdauer $T$ (dimensionslos als $T_0/T$) eines mathematischen Pendels als Funktion der Energie $E$ (dimensionslos als $a^2$) in verschiedenen Näherungen. Das exakte Resultat $T(a)$ (dicke Kurve) divergiert im aperiodischen Grenzfall $T \to \infty$ für $a \to 1$ (Nobach, Mahnke, 1994).

behandelt werden. Wir erhalten für die Schwingungsdauer eine unendliche Reihe der Form

$$T = T_0 \left[ 1 + \frac{1}{4}a^2 + \frac{9}{64}a^4 + \ldots \right] . \tag{2.45}$$

Wegen (2.34) $a^2 = \sin^2(\alpha_{max}/2)$ folgt als niedrigstes Glied der Störungsrechnung das verbesserte Resultat

$$T_1 = T_0 \left[ 1 + \frac{1}{4}\sin^2 \frac{\alpha_{max}}{2} \right] . \tag{2.46}$$

Die verschiedenen Näherungen $T_0, T_1, T_2$ entsprechend (2.45) sind in der Abbildung 2.7 zusammen mit dem exakten Resultat $T(a)$ dargestellt.

38    2  Das mathematische Pendel

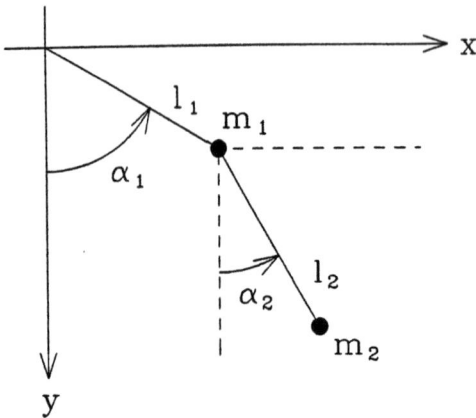

**Abb. 2.8:** Das Modell des ebenen Doppelpendels. Die unabhängigen Variablen sind die Winkel $\alpha_1$ und $\alpha_2$ und die kanonisch konjugierten Impulse $p_1$ und $p_2$. Parameter sind die Pendellängen $l_1$ und $l_2$ und die schwingenden Massen $m_1$ und $m_2$.

## 2.4  Das Doppelpendel

AUFGABE:

Erweitern Sie das Modell des mathematischen Pendels (Masse $m_1$, Pendellänge $l_1$) zu einem ebenen Doppelpendel, in dem Sie ein weiteres Pendel (Masse $m_2$, Länge $l_2$) an $m_1$ hinzunehmen (siehe Abb. 2.8). Konstruieren Sie die Hamilton–Funktion, schreiben Sie die kanonischen Gleichungen auf und lösen dieses Differentialgleichungssystem numerisch für verschiedene Massenverhältnisse $\mu = m_2/m_1$ (Kontrollparameter) und Anfangsbedingungen (Gesamtenergie).

LÖSUNG:

Ein interessantes nichtlineares schwingungsfähiges System mit zwei Freiheitsgraden ist das Doppelpendel, wie es in der Abbildung 2.8 dargestellt ist. Üblicherweise (im Blickwinkel der linearen Physik) wird das ebene Doppelpendel im Lagrange–Formalismus für kleine Auslenkungen analytisch gelöst (Landau, Lifschitz, 1981). Im Sinne der Theorie dynamischer

## 2.4 Das Doppelpendel

Systeme ist es notwendig, die Hamiltonschen Gleichungen (2.1) aufzustellen. Die Herleitung der Hamilton–Funktion $H(\alpha_1, \alpha_2, p_1, p_2)$ als Summe der kinetischen und potentiellen Energien erfordert einige Schreibarbeit. Die Methodik der Konstruktion von $H$ wird ausführlich anhand der Schwingenden Atwood–Maschine (siehe Abschnitt 5) erläutert. Unser Resultat (ohne Beschränkung auf kleine Auslenkungen) hat folgendes Aussehen:

$$H(\alpha_1, \alpha_2, p_1, p_2) = \frac{1}{1 + \mu \sin^2(\alpha_1 - \alpha_2)} \left[ \frac{p_1^2}{2m_1 l_1^2} + (1 + \mu) \frac{p_2^2}{2\mu m_1 l_2^2} - \frac{p_1 p_2}{m_1 l_1 l_2} \cos(\alpha_1 - \alpha_2) \right]$$
$$- m_1(1 + \mu) g l_1 \cos \alpha_1 - \mu m_1 g l_2 \cos \alpha_2 \,. \quad (2.47)$$

Hier bedeutet $\mu$ das Massenverhältnis der beiden schwingenden Massen $\mu = m_2/m_1$; die anderen Bezeichnungen sind der Abbildung 2.8 zu entnehmen.

Die kanonischen Gleichungen (2.1) haben jetzt unter Verwendung der soeben gewonnenen Hamilton–Funktion die folgende Form:

$$\dot{\alpha}_1 = \frac{1}{1 + \mu \sin^2(\alpha_1 - \alpha_2)} \left[ \frac{p_1}{m_1 l_1^2} - \frac{p_2}{m_1 l_1 l_2} \cos(\alpha_1 - \alpha_2) \right] \quad (2.48)$$

$$\dot{\alpha}_2 = \frac{1}{1 + \mu \sin^2(\alpha_1 - \alpha_2)} \left[ \frac{(1+\mu)p_2}{\mu m_1 l_2^2} - \frac{p_1}{m_1 l_1 l_2} \cos(\alpha_1 - \alpha_2) \right] (2.49)$$

$$\dot{p}_1 = -\frac{\sin(\alpha_1 - \alpha_2)}{1 + \mu \sin^2(\alpha_1 - \alpha_2)} \frac{p_1 p_2}{m_1 l_1 l_2^2} \left[ 1 + \frac{2\mu \cos^2(\alpha_1 - \alpha_2)}{1 + \mu \sin^2(\alpha_1 - \alpha_2)} \right]$$
$$- (1 + \mu) m_1 g l_1 \sin \alpha_1 \quad (2.50)$$

$$\dot{p}_2 = \frac{\sin(\alpha_1 - \alpha_2)}{1 + \mu \sin^2(\alpha_1 - \alpha_2)} \frac{p_1 p_2}{m_1 l_1 l_2^2} \left[ 1 + \frac{2\mu \cos^2(\alpha_1 - \alpha_2)}{1 + \mu \sin^2(\alpha_1 - \alpha_2)} \right]$$
$$- (1 + \mu) m_1 g l_1 \sin \alpha \,. \quad (2.51)$$

Diese stark nichtlinearen gekoppelten Bewegungsgleichungen (2.48 – 2.51) können nun auf numerischem Wege integriert werden (siehe Kapitel 11 für ein Runge–Kutta–Integrationsprogramm). Es sind viele überraschende Resultate (periodische, quasiperiodische und chaotische Bewegungsformen)

## 2 Das mathematische Pendel

einschließlich Computer-Animation (Richter, Scholz, 1985) bekannt.

Bei kleinen Werten der Gesamtenergie $H(\alpha_1(0), \alpha_2(0), p_1(0), p_2(0)) = E$ (2.47) führen die Pendel Schwingungen um ihre Ruhelage aus, so daß das Doppelpendel als Superposition zweier mathematischer Pendel verstanden werden kann. Bei mittleren Energien beobachten wir das komplizierte Wechselspiel zwischen Schwingungen und Rotationen. Dies ist der interessante Bereich für die Darstellung auf dem Computer. Im Grenzfall großer Energien treten vorwiegend Rotationen auf, da die Schwerkraft im Vergleich zur Zentrifugalkraft vernachlässigbar klein ist, so daß die Drehimpulse (fast, d.h. näherungsweise) Konstanten der Bewegung sind.

Eine interessante Variante des Doppelpendelsystems ist die Verwendung eines asymmetrischen Potentials anstelle des symmetrischen Gravitationspotentials. Die Bewegung der Massenpunkte könnte beispielsweise in einem Toda-Potential des Typs

$$V(\alpha) = \frac{a}{b} \exp(-b\alpha) + a\alpha + V_0 ,\qquad(2.52)$$

oder speziell mit $a = b = -1$

$$V(\alpha) = e^{\alpha} - \alpha - 1 ,\qquad(2.53)$$

erfolgen. Dieses Doppel-Toda-Pendel kann dann wiederum fortgesetzt werden zu einer Pendelkette, eventuell mit (harmonischer) Wechselwirkung nächster Nachbarn und periodischen Randbedingungen. In solchen Ketten und Ringen von Oszillatoren kann die Ausbreitung von Wellen und die Dynamik von Solitonenbewegungen untersucht werden, in der Hoffnung, verlustarme Energiespeicher zu entwickeln (Geist, Lauterborn, 1986; Blaschke, Sonnenburg, Röpke, 1986; Ebeling, Romanovsky, 1985; Ebeling, Jenssen, 1988).

# Kapitel 3

# Das Kettenkarussell

Das Kettenkarussell, bekannt von jedem Jahrmarkt, ist in idealisierter Form ein einfaches mechanisches System mit einem Freiheitsgrad. Das idealisierte Modell des Kettenkarussels, bestehend aus einem ebenen mathematischen Pendel (Kette mit einem Sitz und einem Menschen der Masse $m$), dessen Aufhängung im Abstand $a$ (Auslegerarm) um die Symmetrieachse mit der Kreisfrequenz $\omega$ rotiert, ist in der Abbildung 3.1 dargestellt. Für die folgenden Aufgaben wird empfohlen, die genannten dimensionslosen Kontrollparameter zu verwenden:

$$\omega_0^2 = g/l \quad \text{Frequenz des Pendels} \tag{3.1}$$

$$A = a/l \quad \text{dimensionslose Auslegerlänge} \tag{3.2}$$

$$\Omega = \omega^2/\omega_0^2 \quad \text{dimensionslose Drehfrequenz des Karussells} \tag{3.3}$$

## 3.1 Doppelmuldenpotential

AUFGABE:

Ermitteln Sie die resultierende rücktreibende Kraft (unter Vernachlässigung der Corioliskraft) und bestimmen Sie daraus die potentielle Energie $V(\alpha)$. Zeichnen und diskutieren Sie das Potential für verschiedene Werte der Kontrollparameter. Wählen Sie verschiedene Drehfrequenzen, z.B. $\Omega = 0; 0.5; 1; 2$ bei verschwindender Auslegerlänge ($A = 0$) und bei kurzem ($A < 1$) bzw. langem ($A > 1$) Ausleger.

## 3 Das Kettenkarussell

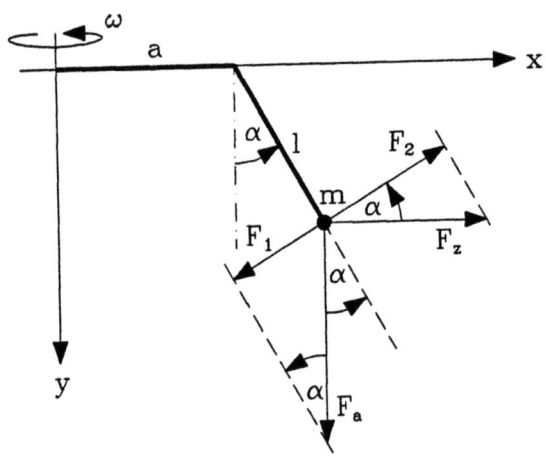

Abb. 3.1: Skizze des Kettenkarussells.

LÖSUNG:

Bei Vernachlässigung der Corioliskraft wirken im mitbewegten (rotierenden) Bezugssystem zwei Kraftkomponenten in bzw. entgegen der Bewegungsrichtung (siehe Abb. 3.1), und zwar

$$F_1(\alpha) = F_G \sin\alpha \quad \text{(Schwerkraftkomponente)} \tag{3.4}$$
$$F_2(\alpha) = F_Z \cos\alpha \quad \text{(Zentrifugalkraftkomponente)}. \tag{3.5}$$

Mit den bekannten Ausdrücken für die Schwerkraft $F_G$ und die Zentrifugalkraft $F_Z$ folgt somit für die resultierende rücktreibende Kraft

$$F_R(\alpha) = -F_1 + F_2 = -mg\sin\alpha + m\omega^2(a + l\sin\alpha)\cos\alpha \tag{3.6}$$

bzw. mit den dimensionslosen Parametern (3.1 – 3.3)

$$F_R(\alpha) = ml\omega_0^2 \left[-\sin\alpha + \Omega(A + \sin\alpha)\cos\alpha\right]. \tag{3.7}$$

Die Ermittlung des Potentials erfolgt über die bekannte Relation

$$V(\alpha) = -\int F_R \, ds = -\int F_R(\alpha)\, l\, d\alpha \tag{3.8}$$

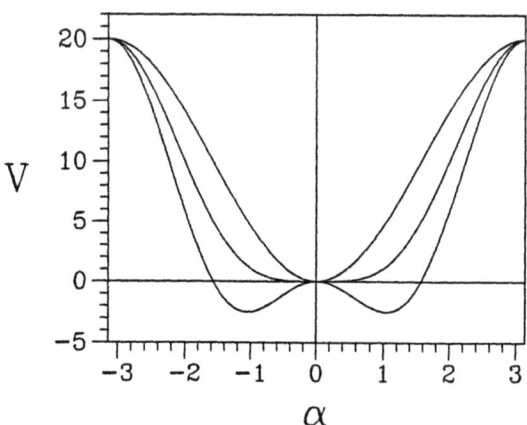

Abb. 3.2: Potential des konservativen Kettenkarussells ohne Ausleger ($A = 0$) bei unterschiedlichen Rotationsfrequenzen ($\Omega = 0; 1; 2$) (Nobach, Mahnke, 1994).

und führt nach Ausführung der Integration und Normierung mit Hilfe von $V(\alpha = 0) = 0$ auf das Resultat

$$V(\alpha) = ml^2\omega_0^2 \left[ \left(1 - \cos\alpha\right) - \Omega \left(A + \frac{1}{2}\sin\alpha\right) \sin\alpha \right] . \tag{3.9}$$

Diese nichtlineare potentielle Energie geht für $\Omega = 0$ (ruhendes Karussell) in das gewöhnliche Potential eines mathematischen Pendels über. Nur im Spezialfall $A = 0$ (kein Ausleger) ist das Potential symmetrisch, im allgemeinen ist es asymmetrisch mit einem Minimum (monostabil) oder zwei Minima (bistabil). Die Abbildung 3.2 zeigt das Potential $\{V(\alpha) \mid -\pi \leq \alpha \leq +\pi\}$ (3.9) für verschiedene Werte der Kontrollparameter $A$ und $\Omega$. Eine detaillierte Analyse des Potentials $V(\alpha)$ (3.9) liefert zusammenfassend folgendes Resultat:

1. Monostabilität (ein Minimum): $0 \leq A < 1$ und $0 \leq \Omega < \Omega_{cr}(A)$

2. Bistabilität (zwei Minima): $0 \leq A < 1$ und $\Omega > \Omega_{cr}(A)$

3. Monostabilität (ein Minimum): $A \geq 1$ und $0 \leq \Omega < \infty$ .

## 3.2 Bifurkationsdiagramm

AUFGABE:

Untersuchen Sie das Bifurkationsdiagramm in der Ebene der Kontrollparameter $A$ und $\Omega$, indem Sie die Faltenlinie $\Omega_{cr}(A)$ als Trennlinie zwischen monostabilem und bistabilem Verhalten berechnen. Stellen Sie für verschiedene Auslegerlängen $A$ die stationären Winkel $\alpha_{st}$ über der Drehfrequenz $\Omega$ dar.

LÖSUNG:

Die stationären bzw. Gleichgewichtswinkel $\alpha_{st}$ folgen aus der Kraft bzw. dem Potential mittels

$$F_R(\alpha)|_{\alpha=\alpha_{st}} = -\frac{dV}{d\alpha}\bigg|_{\alpha=\alpha_{st}} = 0 \, . \tag{3.10}$$

Die Lösung ist eine transzendente Gleichung der Form

$$\sin \alpha_{st} = \Omega(A + \sin \alpha_{st}) \cos \alpha_{st} \, , \tag{3.11}$$

die im allgemeinen nur numerisch gelöst werden kann.

Ist kein Ausleger vorhanden (symmetrischer Fall: $A = 0$), so findet beim Parameterwert $\Omega_{cr} = 1$ eine symmetrische Heugabelbifurkation statt (Abb. 3.3), d.h. für kleine Kreisfrequenzen $\Omega < \Omega_{cr}$ gibt es eine stabile Lösung $\alpha_{st}^{(1)} = 0$, die für $\Omega > \Omega_{cr}$ instabil wird. Zusätzlich entstehen oberhalb der kritischen Kreisfrequenz $\Omega_{cr}$ zwei neue symmetrische stabile Lösungen $\alpha_{st}^{(2)} = \pm \arccos(1/\Omega)$. Fällt der Aufhängepunkt der schwingenden Masse nicht mit der Drehachse zusammen ($A > 0$), so entsteht eine starke Asymmetrie im Modell, d.h. das bistabile Potential (3.9), (Abb. 3.2) ist nicht mehr symmetrisch. Für Karussells mit Ausleger ($A > 0$) (allgemeiner Fall) können wir die transzendente Gleichung (3.11) als Funktion $\Omega = \Omega(\alpha_{st})$ darstellen. Wir erhalten

$$\Omega = \frac{\sin \alpha_{st}}{\cos \alpha_{st} \, (A + \sin \alpha_{st})} \, . \tag{3.12}$$

Für $A > 0$ existieren oberhalb eines kritischen Parameterwertes $\Omega_{cr} > 1$ drei stationäre Lösungen, wobei zwei stabil sind und eine instabil ist, siehe Abbildung 3.4. In Abhängigkeit von $A$ (Auslegerlänge) existiert eine kri-

## 3.2 Bifurkationsdiagramm

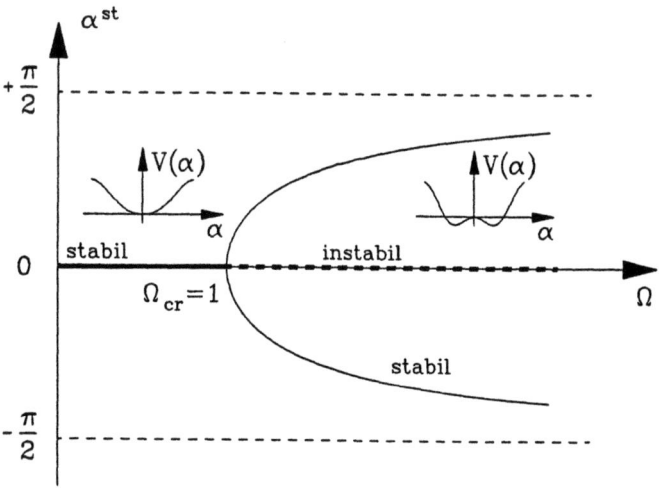

Abb. 3.3: Symmetrische Heugabelbifurkation beim konservativen Kettenkarussell (Mahnke, Schmelzer, Röpke, 1992).

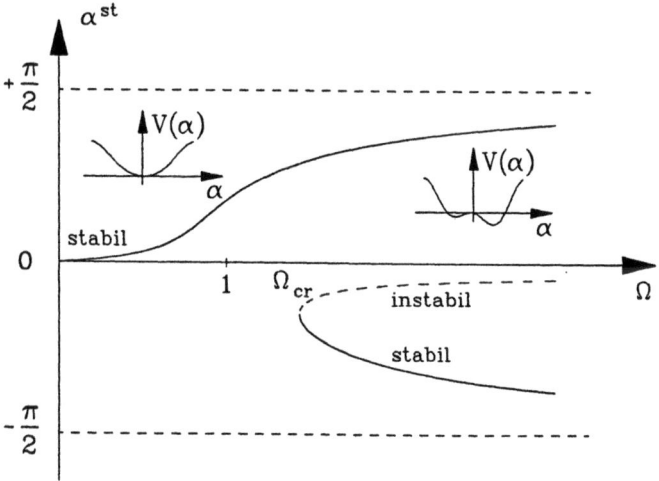

Abb. 3.4: Darstellung der Funktion $\alpha_{st} = \alpha_{st}(\Omega)$ im asymmetrischen Fall (Mahnke, Schmelzer, Röpke, 1992).

tische Drehfrequenz $\Omega_{cr}$, bei der sich die Anzahl der Gleichgewichtswinkel $\alpha_{st}$ ändert. Ist $\Omega < \Omega_{cr}$ dann hat diese Funktion nur einen Ast, andernfalls drei Lösungen. Somit hat die transzendente Gleichung genau eine Wurzel für $\Omega < \Omega_{cr}$ und drei Wurzeln für $\Omega > \Omega_{cr}$. Um die Abhängigkeit des Wertes $\Omega_{cr}$ als Funktion von $A$ zu erhalten, leiten wir den Ausdruck $\Omega = \Omega(\alpha_{st})$ (3.12) nach $\alpha_{st}$ ab:

$$\frac{d\Omega}{d\alpha_{st}} = \frac{A + \sin^3 \alpha_{st}}{(A + \sin \alpha_{st})^2 \cos^2 \alpha_{st}} \tag{3.13}$$

Für den kritischen Wert (Extremum) muß wegen $d\Omega/d\alpha_{st}|_{\Omega=\Omega_{cr}} = 0$ gelten:

$$A + \sin^3 \alpha_{stcr} = 0 \,. \tag{3.14}$$

Als Lösung dieser Gleichung finden wir nur eine reelle Wurzel, und zwar

$$\alpha_{stcr} = \arcsin\left(-\sqrt[3]{A}\right) \,. \tag{3.15}$$

Setzen wir dieses Resultat in die transzendente Gleichung (3.12) ein und berücksichtigen, daß $\cos \alpha = \sqrt{1 - \sin^2 \alpha}$ ist, so erhalten wir

$$\Omega_{cr}(A) = \frac{-A^{1/3}}{\left(A - A^{1/3}\right)\left(1 - A^{2/3}\right)^{1/2}} \tag{3.16}$$

und damit die folgende Gleichung der Faltenlinie $\Omega_{cr}(A)$ als Begrenzungskurve des Bistabilitätsgebietes

$$\Omega_{cr}(A) = \left(1 - A^{2/3}\right)^{-3/2} \,. \tag{3.17}$$

Diese Funktion haben wir als Grenzkurve mit einem Spitzenpunkt bei $\Omega_{cr} = 1$ in die $A - \Omega$ - Parameterebene eingezeichnet (Abb. 3.5). Die Parameterebene wird durch (3.17) in zwei Gebiete geteilt. Die Abbildung 3.5 zeigt, daß nur für kurze Auslegerlängen $A < 1$ zwei stabile stationäre Winkel existieren können. In diesem Fall ist das System für $\Omega < \Omega_{cr}$ monostabil und andernfalls bistabil. Hat das Kettenkarussell einen verglichen mit der Kette längeren Ausleger $A \equiv a/l \geq 1$, so ist das System für alle Drehfrequenzen $\Omega$ monostabil.

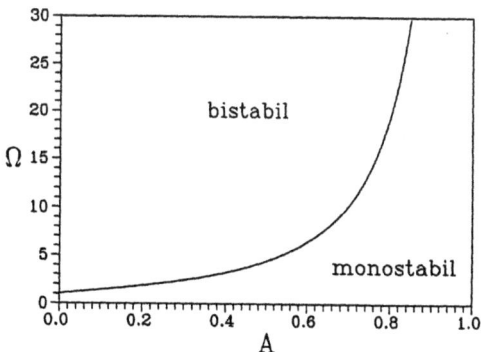

Abb. 3.5: Faltenlinie als Grenzkurve in der Parameterebene des konservativen Kettenkarussells.

## 3.3 Bewegungsgleichungen

AUFGABE:

Geben Sie für das konservative Kettenkarussell die Hamilton-Funktion und die entsprechenden kanonischen Bewegungsgleichungen an.

LÖSUNG:

Die kinetische Energie der Schwingung ist

$$T(\dot\alpha) = \frac{ml^2\dot\alpha^2}{2}, \qquad (3.18)$$

während die potentielle Energie (3.9) bereits aus der Aufgabe Doppelmuldenpotential (Abschnitt 3.1) bekannt ist. Unter Verwendung des Drehimpulses $p_\alpha$ anstelle der Geschwindigkeit $\dot\alpha$ lautet somit die Hamilton-Funktion

$$H(\alpha, p_\alpha) = \frac{1}{2ml^2}p_\alpha^2 + V(\alpha) \qquad (3.19)$$

mit dem Potential (3.9)

$$V(\alpha) = ml^2\omega_0^2\left[\left(1 - \cos\alpha\right) - \Omega\left(A + \frac{1}{2}\sin\alpha\right)\sin\alpha\right]. \qquad (3.20)$$

## 3 Das Kettenkarussell

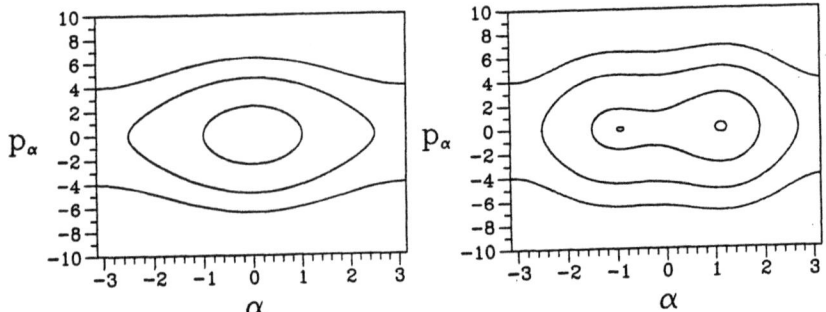

Abb. 3.6: Phasenraumporträts des konservativen Kettenkarussells ohne Ausleger $A = 0$ (links) und mit einem Auslegerarm der Länge $A = 0.13$ (rechts).

Wir erhalten für die kanonischen Bewegungsgleichungen die Formeln

$$\dot{\alpha} = \frac{\partial H}{\partial p_\alpha} = \frac{p_\alpha}{ml^2} \qquad (3.21)$$

$$\dot{p}_\alpha = -\frac{\partial H}{\partial \alpha} = ml^2\omega_0^2[-\sin\alpha + \Omega(A + \sin\alpha)\cos\alpha] . \qquad (3.22)$$

Der Zeitmaßstab der Bewegung ist durch $\omega_0^2$ determiniert. Die Fixpunkte $(p_\alpha = 0, \alpha_{st})$ sind aus der transzendenten Gleichung (3.11) bekannt. Das Phasenraumporträt ist leicht numerisch zu gewinnen und in der Abbildung 3.6 dargestellt.

## 3.4 Gepumptes Kettenkarussell

AUFGABE:

Erweitern Sie das Modell des Kettenkarussells unter Einbeziehung von Reibung und äußerer Anregung. Stellen Sie für den symmetrischen Fall ($A = 0$) unter Verwendung einfacher Ansätze für den Reibungsterm $F_{Reibung} \sim -d\alpha/dt$ und einer periodischen äußeren Anregung des Typs $F_{Anregung} \sim \sin(\omega_A t)$ die Bewegungsgleichungen auf. Führen Sie eine Diskussion der Dynamik dieses gepumpten dissipativen Systems durch. Schreiben Sie ein Runge–Kutta–Integrationsprogramm, welches Ihnen numerisch die Zeitentwicklung der Variablen $\alpha(t)$, $p_\alpha(t)$ bzw. die Trajektorie $p_\alpha = p_\alpha(\alpha)$ für verschiedene Kontrollparameterwerte liefert.

LÖSUNG:

Zusätzlich zu den in der Aufgabe Doppelmuldenpotential (Abschnitt 3.1) diskutierten Kräften (3.4) und (3.5) sind jetzt die Reibungskraft

$$F_{Reibung} = -\hat{\varrho}\,\dot{\alpha} \tag{3.23}$$

und die periodische äußere Anregung

$$F_{Anregung} = \hat{f}\sin(\omega_A t) \tag{3.24}$$

zu berücksichtigen. Die Newtonsche Bewegungsgleichung lautet mit $A = 0$ somit

$$m\ddot{s} = F_R + F_{Reibung} + F_{Anregung} \tag{3.25}$$
$$ml\ddot{\alpha} = -mg\sin\alpha + m\omega^2 l\sin\alpha\cos\alpha - \hat{\varrho}\dot{\alpha} + \hat{f}\sin(\omega_A t) \tag{3.26}$$
$$\ddot{\alpha} = -\frac{g}{l}\sin\alpha + \omega^2\sin\alpha\cos\alpha - \frac{\hat{\varrho}}{ml}\dot{\alpha} + \frac{\hat{f}}{ml}\sin(\omega_A t) \tag{3.27}$$
$$\ddot{\alpha} = -\omega_0^2\sin\alpha + \Omega\omega_0^2\sin\alpha\cos\alpha - \varrho\dot{\alpha} + f\sin(\omega_A t)\,, \tag{3.28}$$

wobei neben den bekannten (3.1 – 3.3) drei neue Kontrollparameter $\varrho = \hat{\varrho}/(ml)$; $f = \hat{f}/(ml)$ hinzugekommen sind, und zwar

$$\varrho = \text{Reibungskoeffizient} \tag{3.29}$$
$$\omega_A = \text{Frequenz des eingeprägten äußeren Antriebs} \tag{3.30}$$
$$f = \text{Anregungsamplitude (Kopplungsstärke)}\,. \tag{3.31}$$

Unter Verwendung des Drehimpulses $p_\alpha = ml^2\dot{\alpha}$ und der Bezeichnung $u = \omega_A t$ lauten die Bewegungsgleichungen des dynamische Systems:

$$\dot{\alpha} = \frac{p_\alpha}{ml^2} \tag{3.32}$$
$$\dot{p}_\alpha = ml^2\omega_0^2[-\sin\alpha + \Omega\sin\alpha\cos\alpha] - \varrho p_\alpha + ml^2 f\sin u \tag{3.33}$$
$$\dot{u} = \omega_A\,. \tag{3.34}$$

Dieses gekoppelte Gleichungssystem ist einerseits eine Erweiterung der Hamiltonschen Gleichungen (3.21), (3.22) und andererseits eine Einschränkung auf den symmetrischen Fall ($A = 0$) eines Karussells ohne Ausleger.

Bei Einbeziehung von Reibungskräften und äußerer Anregung (gepumptes

# 3 Das Kettenkarussell

dissipatives System) läßt sich der Übergang vom regulären zum chaotischen Systemverhalten demonstrieren. Variieren wir nur die äußere Anregungsamplitude $f$ (Ankopplungsstärke an die Umgebung) und halten alle übrigen Parameter konstant, so erhalten wir in Übereinstimmung mit der allgemeinen Theorie dynamischer Systeme folgendes Resultat:

$$f = 0 \text{ (System von Umgebung isoliert)} : \text{stabiler Punktattraktor} \quad (3.35)$$

$$f \geq 0 \text{ (schwache Kopplung)} : \text{Grenzzyklus} \quad (3.36)$$

$$f \gg 0 \text{ (starke Kopplung)} : \text{stochastischer Torus – Attraktor} . \quad (3.37)$$

Bei sehr kleiner Anregungsamplitude bleibt die Schwingung auf eine Potentialmulde beschränkt. Ist der Anregungsparameter groß genug, so treten zufällige Übergänge zwischen beiden Potentialminima des bistabilen Potentials auf. Das stochastische Überschwappen der Schwingung führt auf ein typisches chaotisches Pendel mit starker Sensibilität gegenüber winzigen Störungen.

Die Abbildungen (3.7 – 3.9) zeigen verschiedene numerische Realisierungen des Chaoskarussells. Die Rechnungen wurden mit Hilfe eines Runge–Kutta–Verfahrens 4. Ordnung ausgeführt. Alle Parameter wie die Stärke der äußeren Kraft $f$, die Anregungsfrequenz $\omega_A$, der Reibungskoeffizient $\varrho$, die Umdrehungsfrequenz $\Omega$ und die Schwingungsfrequenz $\omega_0$ sind im Computerprogramm frei wählbar. Die graphische Form der Ergebnisse, gewonnen aus numerischen Lösungen des Gleichungssystems (3.32 – 3.34), zeigen die Bewegung innerhalb der Potentialmulden (oberer Teil der Abbildungen) und in der $\alpha - p_\alpha$ Phasenraumebene (unterer Teil).

Die Abbildungen (3.7 – 3.9) zeigen verschiedene Situationen:

1. Symmetrisches konservatives Kettenkarussell ohne Rotation, entspricht einem reinen mathematischen Pendel (Abb. 3.7 oben)
   $\omega_0 = 1$, $A = 0$, $\Omega = 0$, $\varrho = 0$, $f = 0$, $\omega_A = 0$

2. Konservatives Kettenkarussell mit Rotation (Abb. 3.7 unten)
   $\omega_0 = 1$, $A = 0$, $\Omega = 10$, $\varrho = 0$, $f = 0$, $\omega_A = 0$

3. Dissipatives Kettenkarussell (Abb. 3.8)
   $\omega_0 = 1$, $A = 0.1$, $\Omega = 6$, $\varrho = 0.1$, $f = 0$, $\omega_A = 0$

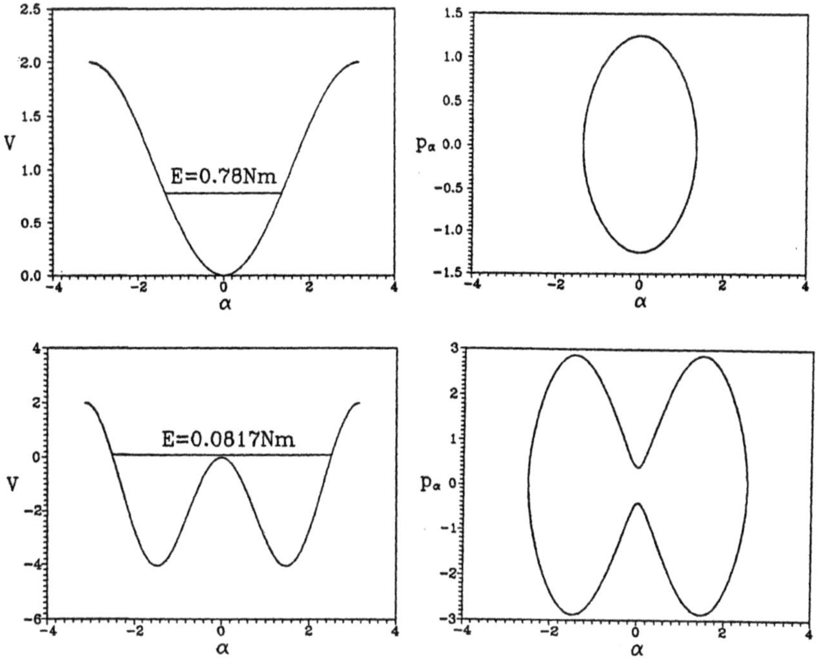

3.4 Gepumptes Kettenkarussell 51

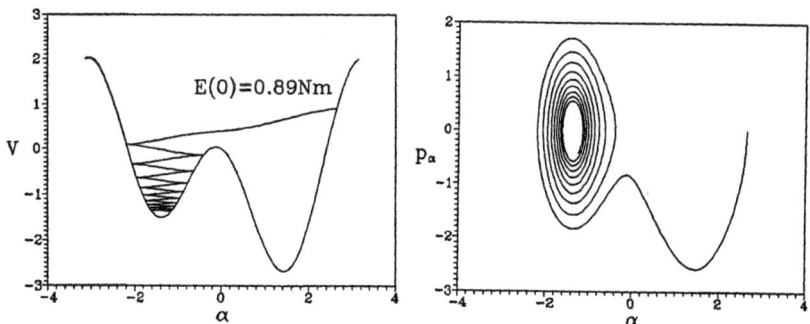

Abb. 3.7: Trajektorien konstanter Energie im monostabilen (oben) und bistabilen (unten) Regime (Nobach, Mahnke, 1994.

Abb. 3.8: Phasendiagramm mit Punktattraktor. Durch Dissipation wird den System mechanische Energie entzogen (Nobach, Mahnke, 1994).

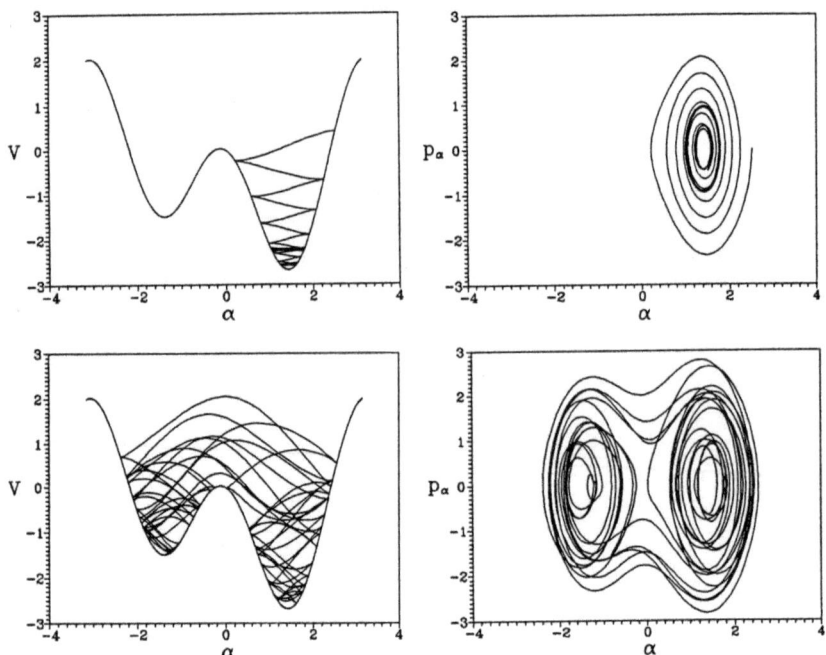

Abb. 3.9: Angeregtes Kettenkarussell mit Grenzzyklus (oben) und stochastischem Torus–Attraktor (unten) (Nobach, Mahnke, 1994).

4. Angeregtes Kettenkarussell mit geringer Kopplungsstärke (Abb. 3.9 oben)
   $\omega_0 = 1$, $A = 0.1$, $\Omega = 6$, $\varrho = 0.1$, $f = 0.15$, $\omega_A = 2$

5. Chaotisches Kettenkarussell (Abb. 3.9 unten)
   $\omega_0 = 1$, $A = 0.1$, $\Omega = 6$, $\varrho = 0.1$, $f = 1$, $\omega_A = 2$

## 3.5 Übergang ins Chaos

AUFGABE:

Überprüfen Sie beim Kettenkarussell den Übergang ins Chaos anhand des Feigenbaumszenarios (siehe auch Kapitel 8). Tragen Sie die Schwingungsminima im Langzeitregime über dem variierenden Parameter $f$ (Anregungsamplitude) auf (Feigenbaumdiagramm). Wählen Sie verschiedene Ausschnittsvergrößerungen, so z.B. zuerst $0.5 < f < 2$, dann $0.7 < f < 0.8$ usw. Bestimmen Sie die Verhältnisse der Abstände zwischen zwei benachbarten Verzweigungspunkten $(f_{n+1} - f_n)/(f_{n+2} - f_{n+1})$ für wachsende Bifurkationszahlen $n$. Mit welcher Genauigkeit erhalten Sie (als Grenzwert) die universelle Feigenbaum–Konstante $\delta = 4.6692016091\ldots$?

LÖSUNG:

Einen Überblick über die Folge der Periodenverdopplungen enthält das Feigenbaumdiagramm. Im Jahre 1978 wurde erstmalig durch M. Feigenbaum das Verhalten des Systems „Logistische Abbildung" für lange Zeiten als Funktion eines Kontrollparameters dargestellt. Die Berechnung des Langzeitverhaltens des Systems erfordert die Kenntnis der Fixpunkte, ihr Stabilitätsverhalten, das Entstehen periodischer Lösungen und ihre Periodenverdopplung. Analytische Rechnungen wie bei der Logistischen Abbildung sind sehr aufwendig und nur selten durchführbar.

Die Abbildungen (3.10) und (3.11) zeigen die von U. Backhaus und H. J. Schlichting 1987 mit einem speziellen Parametersatz erhaltenen Resultate. Der Übergang vom regulären zum chaotischen Verhalten wird hier anhand der Variation der Anregungsamplitude $f$ demonstriert. Nach dem Start des Systems bei einem festen Wert der Anregung ist zuerst das (für diese Aufgabenstellung nicht relevante) typische Einschwingverhalten zu beobachten. Sind die Anfangsbedingungen dann vom System vergessen worden, wird das Endverhalten, d.h. der oder die stationären Auslenkwinkel $\alpha_{st}$, angenommen. Bei niedrigen Werten des Kontrollparameters $f$ zeigt das Karussell stets ein reguläres Endverhalten. Es tritt ein Grenzzyklus auf, vergleichen Sie dazu die Abbildung (3.9), linker Teil. Vergrößert man $f$, so tritt eine Aufspaltung auf, d.h. das System pendelt gewissermaßen zwischen mehreren Endzuständen hin und her. Dem entspricht im Phasenraum eine einfache Aufspaltung des Grenzzyklus. Diese Periodenverdopplung setzt sich nun bei weiterer Vergrößerung von $f$ in immer kürzer werdenden Abständen fort (Abb. 3.11). Der Weg ins Chaos ist vorgezeichnet.

Die Abbildung 3.10 zeigt nun, wie nach einem breiten chaotischen Band ein reguläres Übergangsverhalten in Form eines 3er Zyklus auftritt. Diesem „Fenster im Chaos" schließen sich weitere chaotische und reguläre Bereiche an, bis sich schließlich das Chaos allmählich über einen inversen Feigen-

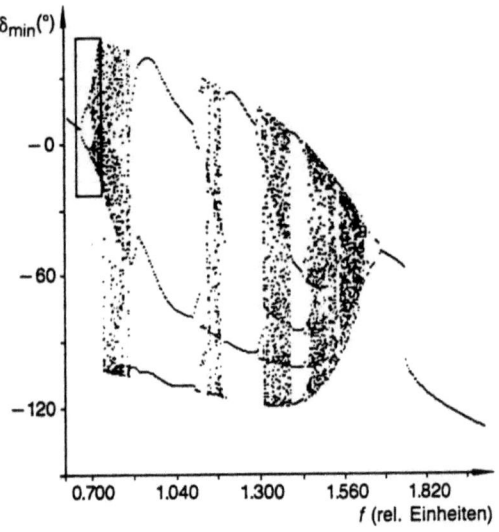

Abb. 3.10: Feigenbaumdiagramm des Kettenkarussells für einen großen Parameterbereich (nach Backhaus, Schlichting, 1987).

3.5 Übergang ins Chaos 55

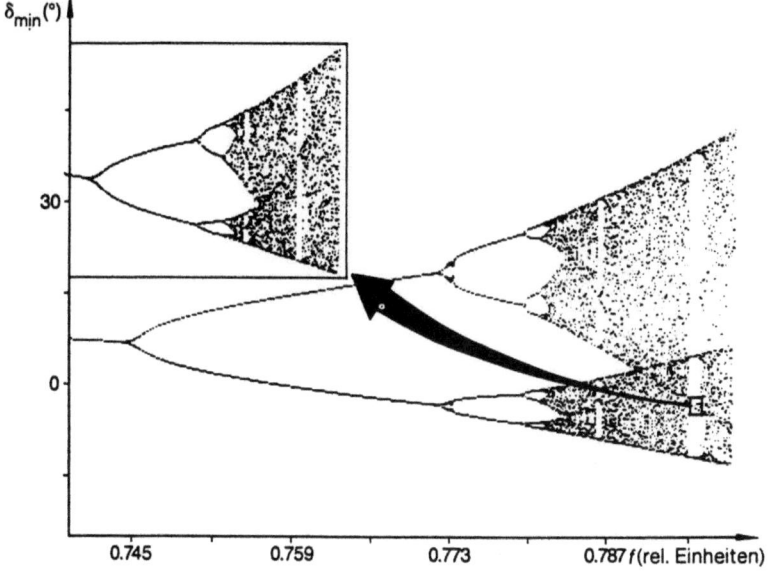

Abb. 3.11: Feigenbaumdiagramm des Kettenkarussells für einen kleinen Parameterbereich mit einer Ausschnittsvergrößerung (nach Backhaus, Schlichting, 1987).

baum zu regulärem Verhalten zurückentwickelt. Dies entspricht im Bilde des Potentials (Abb. 3.9 rechts) eine Schwingung über beide Mulden hinweg. Ist die Anregungsamplitude groß genug, erfolgt eine Schwingung über beide Minima derart, daß das Pendel vom vorhandenen Maximum nichts mehr merkt.

Das so erzeugte Feigenbaumdiagramm ist weit über das hier untersuchte Modell des angeregten Kettenkarussells hinaus von universeller Bedeutung. Die bei verschiedenen Systemen erhaltenen Feigenbäume stimmen nicht nur qualitativ, sondern auch quantitativ überein. Die Verhältnisse der Abstände zwischen zwei aufeinanderfolgenden Verzweigungspunkten streben stets dem selben Grenzwert, der universellen Feigenbaumkonstanten

$$\delta = \lim_{n \to \infty} \frac{\lambda_{n+1} - \lambda_n}{\lambda_{n+2} - \lambda_{n+1}} = 4.6692\ldots \qquad (3.38)$$

zu.

Backhaus und Schlichting konnten, da die Folge sehr schnell konvergiert, aufgrund weniger Verzweigungen (wobei $\lambda$ gleich $f$ gesetzt wurde) die Konstante zu $\delta = 4.23$ bestimmen. Das entspricht einer Genauigkeit von etwa 9 %.

# Kapitel 4

# Feder–Pendel–Systeme

Nach der ausführlichen Analyse des mathematischen Pendels (Kapitel 2) und des Kettenkarussells (Kapitel 3) wollen wir jetzt weitere konservative Systeme der nichtlinearen Mechanik behandeln. Das Interesse an praktikablen nichtlinearen Systemen mit zwei Freiheitsgraden ist nach wie vor groß, da einerseits die bekannten Standardbeispiele (wie beispielsweise das Doppelpendel) unter Einsatz des Computers neu analysiert werden können und andererseits weitere zum Studium geeignete Systeme auf ihre theoretische und experimentelle Aussagekraft zu überprüfen sind. Üblicherweise wird die Komplexität des dynamischen Verhaltens sowohl durch die numerische Integration der Hamiltonschen Gleichungen für typische Kontrollparameterwerte und Anfangsbedingungen als auch durch entsprechende Experimente illustriert (Briggs, 1987). Diese Einheit von Real- und Computerexperiment ist anzustreben; für die folgenden Beispiele der Abschnitte 4 - 6 sollten interaktive Programmsysteme und einfache Experimente erarbeitet werden.

## 4.1 Gekreuzte Federn in der Ebene

AUFGABE:

Vier identische Federn (Federkonstante $k$, Länge $l$) sind kreuzweise an einer Masse $m$ befestigt. Wenn sich die Masse im Koordinatenursprung befindet, seien die horizontalen Federn ($x$-Achse) entspannt und die vertikalen Federn ($y$-Achse) auf den Bruchteil $q$ ihrer Ausgangslänge $l$ zusammengedrückt. Die Masse $m$ möge sich zunächst nur längs der $x$-Achse bewegen können.

# 58  4  Feder-Pendel-Systeme

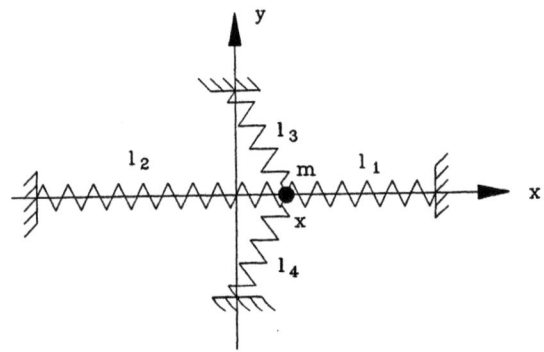

Abb. 4.1: Schematische Darstellung zweier gekreuzter Federn in der Ebene.

a) Bestimmen Sie die potentielle Energie der Masse $m$ als Funktion der horizontalen Auslenkung $x$.

b) An welchen Stellen $(x_{st}, y_{st} = 0)$ besitzt das System Gleichgewichtslagen?

c) Untersuchen Sie in Abhängigkeit von $q$ die Stabilität dieser Gleichgewichtszustände.

LÖSUNG:

Es handelt sich um ein eindimensionales konservatives mechanisches System mit einem harmonischen Federpotential $V(x) \sim x^2$, das durch die vertikalen Federn (Kontrollparameter $q$) modifiziert wird. Die Bezeichnungen zur Lösung der Aufgaben sind aus der Abbildung 4.1 ersichtlich.

a) Mit den Bezeichnungen $l_i$ für die aktuelle Federlänge bei Auslenkungen der Masse $m$ um $x$ entlang der Horizontalen gilt:

$$\left. \begin{array}{l} l_1 = l - x \\ l_2 = l + x \end{array} \right\} \quad \text{horizontale Federn} \tag{4.1}$$

$$l_3 = l_4 = \sqrt{(ql)^2 + x^2} \quad \text{vertikale Federn}. \tag{4.2}$$

## 4.1 Gekreuzte Federn in der Ebene

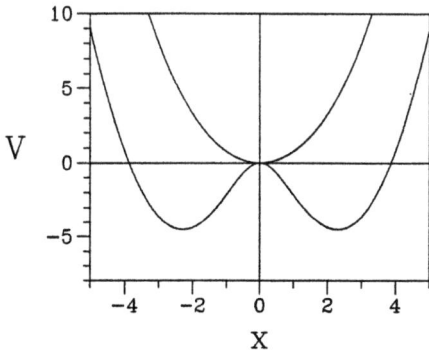

Abb. 4.2: Darstellung des Federpotentials für $q = 0.8$ (ein Minimum) und $q = 0.2$ (Doppelmulde).

Die potentielle Energie einer Hooke'schen Feder berechnet sich aus dem Quadrat der Differenz der Federlänge $l_i$ mit der Länge der entspannten Feder nach

$$V_i(x) = \frac{k}{2}(l_i - l)^2 \, . \tag{4.3}$$

Für die gesamte potentielle Energie ist die Summe über alle vier Federn zu bilden. Wir erhalten

$$V(x) = \frac{k}{2}x^2 + \frac{k}{2}x^2 + 2\frac{k}{2}\left(\sqrt{(ql)^2 + x^2} - l\right)^2 \tag{4.4}$$

bzw. nach Normierung auf $V(x = 0) = 0$

$$V(x) = kx^2 + k\left(\sqrt{(ql)^2 + x^2} - l\right)^2 - kl^2(1-q)^2 \, . \tag{4.5}$$

Die Abbildung 4.2 zeigt die potentielle Energie $V(x)$ (4.5) in Abhängigkeit vom Kontrollparameter $q$, insbesondere ist für kleine $q$ das Doppelmuldenpotential von Interesse.

b) Die Gleichgewichtslagen entsprechen Extrema der potentiellen Energie. Aus

$$\left.\frac{dV}{dx}\right|_{x=x_{st}} = 0 \tag{4.6}$$

60  4  Feder-Pendel-Systeme

folgt

$$2k x_{st}\left(2 - \frac{l}{\sqrt{(ql)^2 + x_{st}^2}}\right) = 0.  \tag{4.7}$$

Die erste Nullstelle ist der Koordinatenursprung, d.h.

$$x_{st}^{(0)} = 0.  \tag{4.8}$$

Zwei weitere Nullstellen folgen aus

$$2 - \frac{l}{\sqrt{(ql)^2 + x_{st}^2}} = 0,  \tag{4.9}$$

d.h. die quadratische Gleichung

$$x_{st}^2 + (ql)^2 - \frac{l^2}{4} = 0  \tag{4.10}$$

liefert die Lösungen

$$x_{st}^{(1),(2)} = \pm l\sqrt{\frac{1}{4} - q^2}.  \tag{4.11}$$

c) Die Stabilitätsanalyse erfolgt mit Hilfe der 2. Ableitung $V''(x)$. Es gilt

$$\frac{d^2V}{dx^2} = 2k\left(2 - \frac{l}{\sqrt{(ql)^2 + x^2}} + \frac{lx^2}{((ql)^2 + x^2)^{3/2}}\right).  \tag{4.12}$$

Für die Nullösung $x_{st}^{(0)}$ (4.8) ergibt sich

$$\left.\frac{d^2V}{dx^2}\right|_{x_{st}^{(0)}} = 2k\left(2 - \frac{1}{q}\right) > 0 \quad \text{für} \quad q > \frac{1}{2}.  \tag{4.13}$$

Für die symmetrische Lösung $x_{st}^{(1),(2)}$ (4.11) erhalten wir

$$\left.\frac{d^2V}{dx^2}\right|_{x_{st}^{(1),(2)}} = 16k\left(\frac{1}{4} - q^2\right) > 0 \quad \text{für} \quad q < \frac{1}{2}.  \tag{4.14}$$

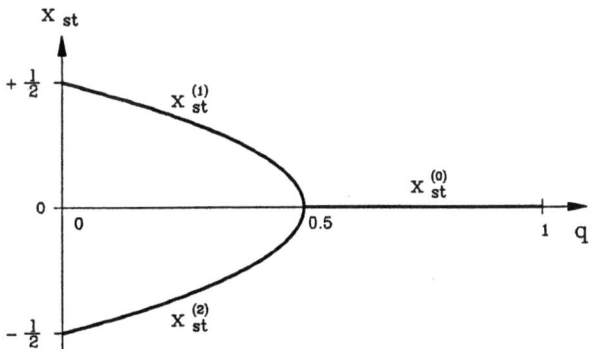

**Abb. 4.3:** Typische Heugabelbifurkation der stationären Lösungen (Nobach, Mahnke, 1994).

Ist der Kontrollparameter größer als $0.5$ ($q > \frac{1}{2}$), so verschwinden die Lösungen $x_{st}^{(1),(2)}$, da der Wurzelausdruck nicht mehr reell ist. Zusammenfassend (siehe Abb. 4.3) gilt:

$$0 \leq q < \frac{1}{2} \quad : \quad \text{2 stabile symmetrische Lösungen} \tag{4.15}$$

$$\text{bei } x_{st}^{(1),(2)} \neq 0$$

$$\text{1 instabile Lösung bei } x_{st}^{(0)} = 0$$

$$q = \frac{1}{2} \quad : \quad \text{kritischer Übergang mit Dreifachlösung} \tag{4.16}$$

$$x_{st}^{(0)} = x_{st}^{(1)} = x_{st}^{(2)} = 0$$

$$\frac{1}{2} < q \leq 1 \quad : \quad \text{1 stabile Lösung bei } x_{st}^{(0)} = 0 \tag{4.17}$$

## 4.2 Gekreuzte Federn

AUFGABE:

Vier Federn gleicher Länge $l$, aber mit im allgemeinen unterschiedlichen Federkonstanten $k_i$, ($i = 1, 2, 3, 4$), sind in einer $x - y$ - Ebene kreuzweise an einer Masse $m$ befestigt. Sind alle vier Federn entspannt, so befindet

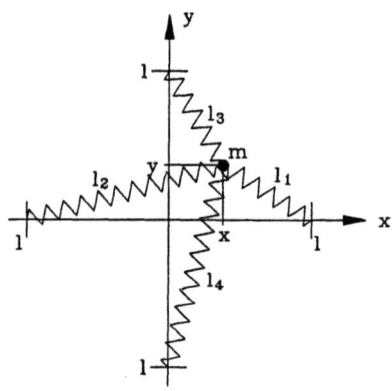

Abb. 4.4: Schematische Darstellung der gekreuzten Federn.

sich die Masse $m$ im Koordinatenursprung im Gleichgewicht.

a) Bestimmen Sie potentielle und kinetische Energie dieses konservativen mechanischen Systems.

b) Geben Sie die Bewegungsgleichungen an.

c) Verallgemeinern Sie die Ergebnisse auf den räumlichen Fall.

LÖSUNG:

Bestimmen Sie zuerst die aktuellen Federlängen $l_i$ aus der angegebenen Skizze (Abb. 4.4) und ermitteln Sie die Auslenkungen $\Delta l_i = l_i - l$ für das harmonische Federpotential

$$V_i = \frac{k_i}{2} (\Delta l_i)^2 \ . \tag{4.18}$$

Für die gesamte potentielle Energie $V(x,y)$ gilt

$$V(x,y) = \frac{1}{2} \sum_{i=1}^{4} k_i (l_i - l)^2 \ , \tag{4.19}$$

wobei die Auslenkungen $l_i$ graphisch leicht zu ermitteln sind (siehe dazu Abbildung 4.4):

$$l_1^2 = y^2 + (l-x)^2 \tag{4.20}$$
$$l_2^2 = y^2 + (l+x)^2 \tag{4.21}$$
$$l_3^2 = x^2 + (l-y)^2 \tag{4.22}$$
$$l_4^2 = x^2 + (l+y)^2 . \tag{4.23}$$

Somit erhält man

$$\begin{aligned}V(x,y) = &\;\frac{k_1}{2}\left(\sqrt{y^2+(l-x)^2}-l\right)^2 \\ &+ \frac{k_2}{2}\left(\sqrt{y^2+(l+x)^2}-l\right)^2 \\ &+ \frac{k_3}{2}\left(\sqrt{x^2+(l-y)^2}-l\right)^2 \\ &+ \frac{k_4}{2}\left(\sqrt{x^2+(l+y)^2}-l\right)^2 ,\end{aligned} \tag{4.24}$$

während die kinetische Energie gegeben ist durch

$$T(\dot{x},\dot{y}) = \frac{m}{2}(\dot{x}^2+\dot{y}^2) . \tag{4.25}$$

b) Die Newtonschen Bewegungsgleichungen für die Masse $m$ lauten

$$m\ddot{x} = -\frac{\partial V}{\partial x} \quad \text{bzw.} \quad m\ddot{y} = -\frac{\partial V}{\partial y} \tag{4.26}$$

mit

$$\begin{aligned}\frac{\partial V}{\partial x} = &\; -k_1(l-x)\left[1-\frac{l}{\sqrt{y^2+(l-x)^2}}\right] \\ &+ k_2(l+x)\left[1-\frac{l}{\sqrt{y^2+(l-x)^2}}\right] \\ &+ k_3 x\left[1-\frac{l}{\sqrt{x^2+(l-y)^2}}\right] + k_4 x\left[1-\frac{l}{\sqrt{x^2+(l+y)^2}}\right]\end{aligned} \tag{4.27}$$

bzw.

$$\frac{\partial V}{\partial y} = k_1 y\left[1-\frac{l}{\sqrt{y^2+(l-x)^2}}\right] + k_2 y\left[1-\frac{l}{\sqrt{y^2+(l+x)^2}}\right]$$

$$- k_3(l-y)\left[1 - \frac{l}{\sqrt{x^2 + (l-y)^2}}\right]$$

$$+ k_4(l+y)\left[1 - \frac{l}{\sqrt{x^2 + (l+y)^2}}\right] \tag{4.28}$$

und sind numerisch zu lösen.

c) Zur Verallgemeinerung auf den dreidimensionalen Fall verwenden wir die Koordinaten $x_i$ ($i = 1, 2, \ldots, n$), wobei $x_1 = x$ - Koordinate, $x_2 = y$ - Koordinate und $x_3 = z$ - Koordinate sind. Die Bewegungsgleichungen lassen sich kompakt in die Form bringen

$$m\ddot{x}_i = -\sum_{j=1}^{2n} \frac{\partial V_j}{\partial x_i} \quad i = 1, 2, \cdots, n \,, \tag{4.29}$$

wobei $n = 3$ die räumliche Dimensionalität kennzeichnet. Für das Potential der $2n$ Federn gilt

$$V_j(x_1, \cdots, x_n) = \frac{k_j}{2}(l_j - l)^2 \tag{4.30}$$

mit den Auslenkungen $l_j$

$$l_1 = \sqrt{(l-x_1)^2 + (x_2+x_3)^2} \tag{4.31}$$
$$l_2 = \sqrt{(l+x_1)^2 + (x_2+x_3)^2} \tag{4.32}$$
$$l_3 = \sqrt{(l-x_2)^2 + (x_1+x_3)^2} \tag{4.33}$$
$$l_4 = \sqrt{(l+x_2)^2 + (x_1+x_3)^2} \tag{4.34}$$
$$l_5 = \sqrt{(l-x_3)^2 + (x_1+x_2)^2} \tag{4.35}$$
$$l_6 = \sqrt{(l+x_3)^2 + (x_1+x_2)^2} \,. \tag{4.36}$$

## 4.3 Elastisches Pendel

AUFGABE:

Betrachten Sie das Modell eines elastischen Pendels, in dem Sie eine Hooksche Feder im einem Schwerefeld schwingen lassen. Bestimmen für dieses System aus zwei Freiheitsgraden (Abstand $r$, Winkel $\alpha$) mit drei Parametern (Masse $m$, Federkonstante $k$, Gleichgewichtslänge $r_0$) die Äquipotentiallinien in Abhängigkeit der Energie $E$, den Phasenraumfluß aus den

## 4.3 Elastisches Pendel

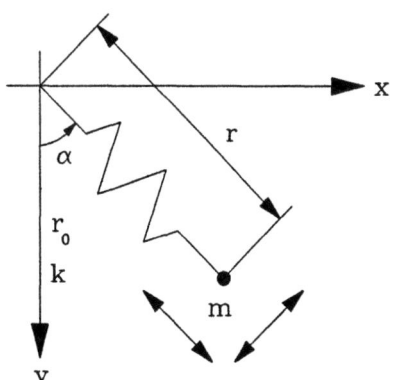

Abb. 4.5: Das Modell eines elastischen Pendels mit zwei Freiheitsgraden.

kanonischen Bewegungsgleichungen und die stationären Lösungen.

LÖSUNG:

Wir betrachten eine relativ einfache mechanische Vorrichtung mit zwei Freiheitsgraden (Abb. 4.5; $f = 2$: Abstand $r$, Winkel $\alpha$). Dieses elastische Pendel ist die Verknüpfung zweier bekannter Situationen: eines Federschwingers und eines mathematischen Pendels. Die Feder wird durch ihre Federkonstante $k$ und ihre Gleichgewichtslänge $r_0$ (im ungedehnten Zustand, ohne Masse) beschrieben und besitzt wie in den vorangegangenen Aufgaben Hooksche Eigenschaften (rücktreibende Kraft und Dehnung sind proportional). Das Pendel ist weiterhin durch die Masse $m$ charakterisiert und bewegt sich im Schwerefeld der Erde (Erdbeschleunigung $g$). Die kinetische und potentielle Energie lauten in Polarkoordinaten

$$T = \frac{m}{2}\dot{r}^2 + \frac{m}{2}r^2\dot{\alpha}^2 \tag{4.37}$$

$$V = \frac{k}{2}(r - r_0)^2 - mgr\cos\alpha + V_0 \tag{4.38}$$

Das Potential $V(r, \alpha)$ (4.38) setzt sich aus der potentiellen Energie eines harmonischen Oszillators, dem Gravitationspotential und einer Normierungskonstanten $V_0$ zusammen. Als dimensionsloser Kontrollparameter spielt das Verhältnis von Schwerkraft zu Federkraft

$$\mu = \frac{mg}{kr_0} \tag{4.39}$$

## 4 Feder-Pendel-Systeme

die entscheidende Rolle. Ein entsprechender Parameter für die Schwingende Atwood-Maschine (siehe Abschnitt 5) wird in (5.1) definiert werden.

Wir normieren das Potential (4.38) des elastischen Pendels so, daß das System in der unteren Gleichgewichtslage (Abb. 4.6: Punkt $P_1$) den Potentialwert Null besitzt, d.h. aus

$$\left.\frac{\partial V}{\partial r}\right|_{\alpha=0} = k(r - r_0) - mg = 0 \tag{4.40}$$

folgt

$$r_1 = r_0 + \frac{mg}{k} \tag{4.41}$$

und somit

$$V(r = r_1, \alpha = 0) = 0 \implies V_0 = mgr_0\left(1 + \frac{\mu}{2}\right) \tag{4.42}$$

als Normierungskonstante.

Nach Einführung generalisierter Impulse (radialer und Drehimpuls $p_r, p_\alpha$) lautet wegen (4.37, 4.38, 4.42) die Hamilton-Funktion des elastischen Pendels

$$\begin{aligned} H(r,\alpha,p_r,p_\alpha) &= \frac{p_r^2}{2m} + \frac{p_\alpha^2}{2mr^2} \\ &+ \frac{k}{2}(r-r_0)^2 - mgr\cos\alpha + mg\left(r_0 + \frac{mg}{2k}\right). \end{aligned} \tag{4.43}$$

Der Phasenraum ist vierdimensional $x = (r, \alpha, p_r, p_\alpha)$, läßt sich aber wegen der nicht explizit zeitabhängigen Hamilton-Funktion (4.43) um eine Dimension verringern. Es gilt Energieerhaltung

$$H(x(t)) = H(x(0)) = E. \tag{4.44}$$

Die Hamiltonschen Bewegungsgleichungen (2.1) lauten für das elastische Pendel

$$\dot{r} = \frac{\partial H}{\partial p_r} = \frac{p_r}{m} \tag{4.45}$$

$$\dot{\alpha} = \frac{\partial H}{\partial p_\alpha} = \frac{p_\alpha}{mr^2} \tag{4.46}$$

$$\dot{p}_r = -\frac{\partial H}{\partial r} = \frac{p_\alpha^2}{mr^3} - k(r - r_0) + mg\cos\alpha \tag{4.47}$$

$$\dot{p}_\alpha = -\frac{\partial H}{\partial \alpha} = -mgr\sin\alpha. \tag{4.48}$$

## 4.3 Elastisches Pendel

Diese vier gekoppelten nichtlinearen Differentialgleichungen erster Ordnung (4.45 – 4.48) sind die Grundlage zur Bestimmung des Flusses im Phasenraum bzw. zur numerischen Berechnung von Trajektorien (Bahnkurven) oder Weg–Zeit–Gesetzen $q(t) = (r(t), \alpha(t))$ mit Hilfe des Computers.

Die Gleichungen zur Bestimmung der Fixpunkte (stationäre Zustände) folgen aus (4.45 – 4.48) zu

$$0 = \frac{p_r}{m} \tag{4.49}$$

$$0 = \frac{p_\alpha}{mr^2} \tag{4.50}$$

$$0 = \frac{p_\alpha^2}{mr^3} - k(r - r_0) + mgr\cos\alpha \tag{4.51}$$

$$0 = -mgr\sin\alpha . \tag{4.52}$$

Dieses algebraische Gleichungssystem liefert für das elastische Pendel zwei stationäre Zustände (Abb. 4.6)

$$P_1 : \quad r^{(1)} = r_0(1+\mu); \, \alpha^{(1)} = 0; \, p_r^{(1)} = 0; \, p_\alpha^{(1)} = 0 \tag{4.53}$$

$$P_2 : \quad r^{(2)} = r_0(1-\mu); \, \alpha^{(2)} = 0; \, p_r^{(2)} = 0; \, p_\alpha^{(2)} = 0 , \tag{4.54}$$

wobei $P_1$ vom Wirbeltyp (elliptischer Fixpunkt) und $P_2$ vom Satteltyp (hyperbolischer Fixpunkt) ist.

Zur Systematisierung der Dynamik des elastischen Pendels ist neben den Fixpunkten (4.53, 4.54) das Potentialgebirge von entscheidender Bedeutung. In der Abbildung 4.7 ist das Potentialgebirge $V(r,\alpha)$ (4.38) durch mehrere Niveaulinien gleicher potentieller Energie dargestellt worden. Die Äquipotentiallinien

$$V(r,\alpha) = \frac{k}{2}(r - r_0)^2 - mgr\cos\alpha + mg\left(r_0 + \frac{mg}{2k}\right) = E = \text{const} \tag{4.55}$$

liefern für jeden Winkel $\alpha$ und Konstante $E$ die Umkehrpunkte $r_{min}(\alpha, E)$ und $r_{max}(\alpha, E)$. Die Minima der potentiellen Energie (die „Talsohle" $r_{ext}$) liegen wegen

$$\frac{\partial V}{\partial r} = k(r - r_0) - mgr\cos\alpha = 0 \tag{4.56}$$

auf der Kurve

$$r_{ext} = r_0 + \frac{mg}{k}\cos\alpha , \tag{4.57}$$

68    4  Feder–Pendel–Systeme

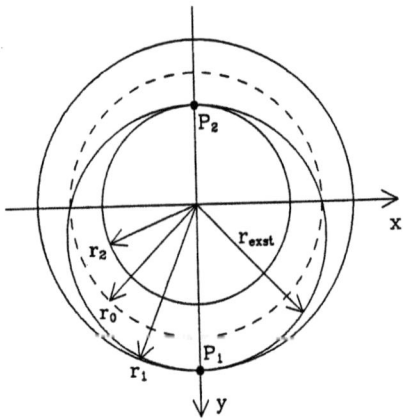

Abb. 4.6: Darstellung der Gleichgewichtslagen des elastischen Pendels ($P_1$ – elliptischer Fixpunkt, $P_2$ – hyperbolischer Fixpunkt) einschließlich Minimumskurve (Nobach, Mahnke, 1994).

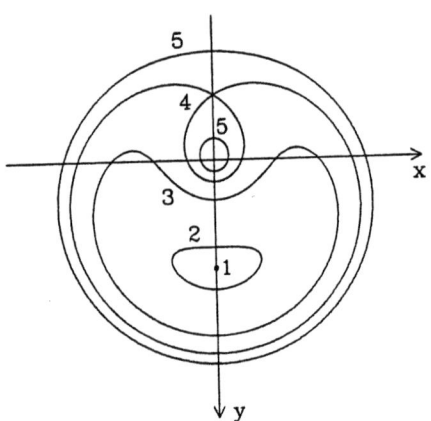

Abb. 4.7: Äquipotentiallinien (nummeriert von 1 bis 5) als Schnitte durch das Potentialgebirge des elastischen Pendels für verschiedene Werte der Energie $E$ (Nobach, Mahnke, 1994).

die die Punkte $P_1$ und $P_2$ verbindet (Abb. 4.6). Die Bewegung des Massenpunktes erfolgt als ein Auf- und Abrollen auf der Oberfläche des durch (4.55) gegebenen Potentialgebirges. Qualitativ verschiedene Situationen sind aus der Abbildung 4.7 ablesbar. Rotationen treten erst für Energien, die größer als ein gewisser Grenzwert, der Separatrixenergie

$$E_{sx} = 2mgr_0 \qquad (4.58)$$

sind, auf. Ansonsten (für kleine Energiewerte $E < E_{sx}$) finden wir Vibrationen, denen Federschwingungen überlagert sind. Die Abbildung 4.8 zeigt solch eine Situation.

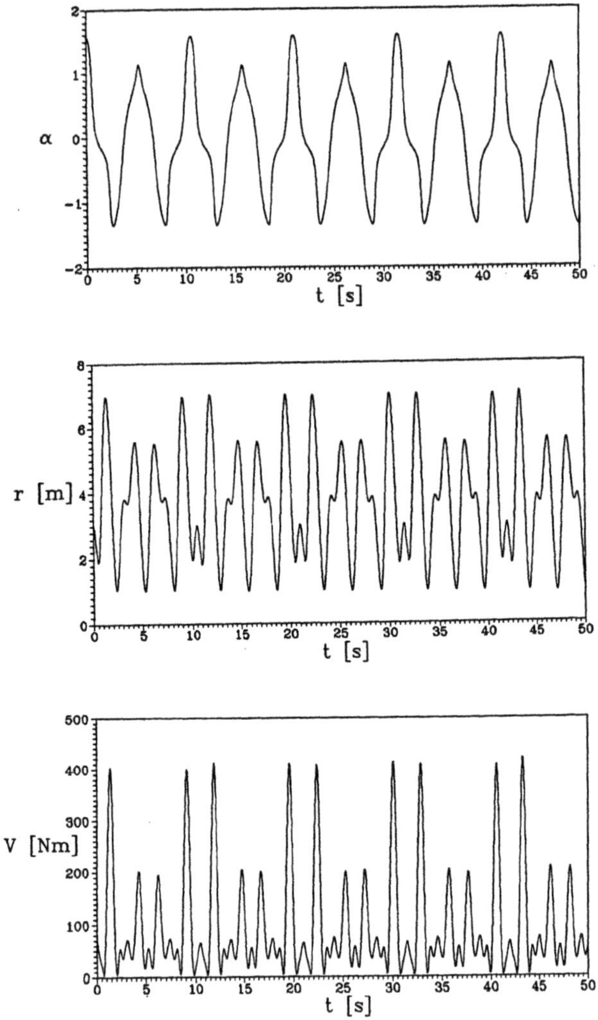

70    4 Feder–Pendel-Systeme

**Abb. 4.8:** Winkel $\alpha$ (oben), Abstand $r$ (Mitte) und potentielle Energie $V(r,\alpha)$ (unten) als Funktion der Zeit $t$ für ein elastisches Pendel mit dem Parameter $\mu = 1/4$ und Anfangswerten zur Energie $E = 45$ Nm (Nobach, Mahnke, 1994).

# Kapitel 5

# Schwingende Atwood–Maschine

Wir betrachten in diesem Abschnitt eine einfache mechanische Vorrichtung mit zwei Freiheitsgraden (Abb. 5.1). Dieses Modell ist eine Erweiterung der gewöhnlichen Atwoodschen Fallmaschine, wobei nun eines der Gewichte (Masse $m$) in einer Ebene schwingen kann und das Gegengewicht (Masse $M$) über reibungsfreie Rollen und einen masselosen Faden mit der anderen Masse verbunden ist. Nach Tuffillaro et al. (1984), der diese Erweiterung der Fallmaschine vorschlug, bezeichnen wir dieses mechanische System als „Schwingende Atwood–Maschine", abgekürzt SAM. Dieses realistische nichtlineare System ist hervorragend geeignet, anschaulich die Vielfalt von unterschiedlichen Bewegungstypen in Hamiltonschen Systemen zu zeigen. Es beinhaltet sowohl bekannte Standardsituationen der theoretischen Mechanik (analytische Lösungen) als auch überraschende analytische und numerische Resultate im Sinne der Theorie dynamischer Systeme.

Ein einfaches Demonstrationsmodell, welches der Autor (Mahnke, Budde, Röpke, 1988) baute und in dem natürlicherweise die dissipativen Kräfte nicht vollständig zu eliminieren waren, zeigte verschiedene Bewegungstypen (u.a. Loopings, Rotation, Wurf) in guter experimenteller Übereinstimmung mit den computerberechneten Trajektorien.

Für die folgenden Aufgaben wird empfohlen, das Massenverhältnis $\mu$ des nichtschwingenden zum schwingenden Körper als dimensionslosen Kontroll-

## 5 Schwingende Atwood-Maschine

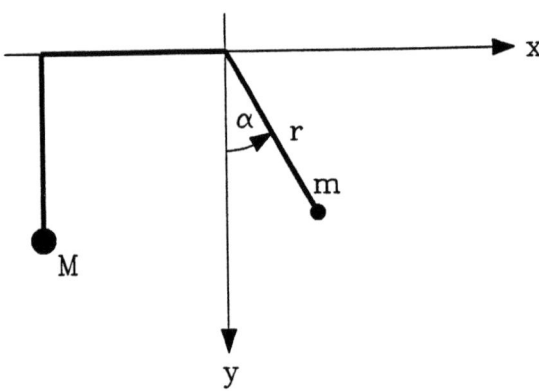

Abb. 5.1: Das Modell der Schwingenden Atwood-Maschine (SAM) mit zwei Freiheitsgraden.

parameter

$$\mu = \frac{Mg}{mg} = \frac{M}{m} \geq 0 \tag{5.1}$$

zu verwenden.

### 5.1 SAM-Bewegungsgleichungen

AUFGABE:

Leiten Sie auf der Basis des Hamilton-Formalismus die kanonischen Bewegungsgleichungen für das Modell der Schwingenden Atwood-Maschine her.

LÖSUNG:

Bei Verwendung üblicher Bezeichnungen (vergleiche dazu das Koordinatensystem in der Abbildung 5.1) repräsentieren

$$q = (r, \alpha) \quad \text{und} \quad \dot{q} = (\dot{r}, \dot{\alpha}) \tag{5.2}$$

die generalisierten Orte und Geschwindigkeiten. Die kinetische Energie $T$ der schwingenden Masse $m$ und der Gegenmasse $M$ ist im reibungsfreien

Grenzfall gegeben durch

$$T(r,\dot{r},\dot{\alpha}) = T_M + T_m = \frac{M}{2}\dot{r}^2 + \frac{m}{2}(\dot{r}^2 + r^2\dot{\alpha}^2) \,. \tag{5.3}$$

Unter Benutzung von $\mu = M/m$ (5.1) folgt

$$T_\mu(r,\dot{r},\dot{\alpha}) = \frac{m}{2}(1+\mu)\dot{r}^2 + \frac{m}{2}r^2\dot{\alpha}^2 \,. \tag{5.4}$$

Für das Potential gilt (bis auf eine willkürliche Konstante aufgrund der konstanten Fadenlänge)

$$V_\mu(r,\alpha) = Mgr - mgr\cos\alpha = mgr(\mu - \cos\alpha) \,, \tag{5.5}$$

wobei $g$ die Schwerebeschleunigung ist. Die Lagrange–Funktion $L_\mu = L_\mu(\dot{r},\dot{\alpha},r,\alpha) = T_\mu - V_\mu$ für das betrachtete Pendel mit variabler Länge im Schwerefeld der Erde lautet

$$L_\mu = \frac{m}{2}(1+\mu)\dot{r}^2 + \frac{m}{2}r^2\dot{\alpha}^2 - mgr(\mu - \cos\alpha) \,. \tag{5.6}$$

Im Sinne der Newtonschen Beschreibung folgen hieraus zwei gekoppelte nichtlineare Bewegungsgleichungen

$$(1+\mu)\ddot{r} - r\dot{\alpha}^2 = g(\cos\alpha - \mu) \tag{5.7}$$
$$r^2\ddot{\alpha} + 2r\dot{r}\dot{\alpha} = -gr\sin\alpha \,. \tag{5.8}$$

Laut Aufgabenstellung arbeiten wir aber nicht mit radialer und Winkelgeschwindigkeit, sondern verwenden kanonisch konjugierte Impulse (Radial- und Winkelimpuls). Aus (5.6) folgen dementsprechend die Gleichungen

$$p_r = \frac{\partial L_\mu}{\partial \dot{r}} = m(1+\mu)\dot{r} \tag{5.9}$$
$$p_\alpha = \frac{\partial L_\mu}{\partial \dot{\alpha}} = mr^2\dot{\alpha} \,. \tag{5.10}$$

Für die Hamilton–Funktion $H_\mu = H_\mu(r,\alpha,p_r,p_\alpha) = T_\mu + V_\mu$ des konservativen SAM–Pendels erhalten wir

$$H_\mu = \frac{p_r^2}{2m(1+\mu)} + \frac{p_\alpha^2}{2mr^2} + mgr(\mu - \cos\alpha) \,. \tag{5.11}$$

Die nichtlinearen Hamiltonschen Bewegungsgleichungen, in Analogie zu den Newtonschen Gleichungen (5.7, 5.8) lauten für die Schwingende Atwood-Maschine wie folgt:

$$\dot{r} = \frac{\partial H_\mu}{\partial p_r} = \frac{p_r}{m(1+\mu)} \tag{5.12}$$

$$\dot{\alpha} = \frac{\partial H_\mu}{\partial p_\alpha} = \frac{p_\alpha}{mr^2} \tag{5.13}$$

$$\dot{p}_r = -\frac{\partial H_\mu}{\partial r} = \frac{p_\alpha^2}{mr^3} - mg(\mu - \cos\alpha) \tag{5.14}$$

$$\dot{p}_\alpha = -\frac{\partial H_\mu}{\partial \alpha} = -mgr\sin\alpha \ . \tag{5.15}$$

Diese vier gekoppelten nichtlinearen Bewegungsgleichungen sind die Grundgleichungen zur Bestimmung des Flusses im Phasenraum bzw. zur numerischen Berechnung der Bahnkurven mit Hilfe eines Computers.

Anzumerken ist, daß bei Reduktion auf $p_r = 0$ (somit fixierte Pendellänge $r = l =$ const) aus (5.12 - 5.15) die Bewegungsgleichungen des mathematischen Pendels folgen, dessen Phasenraumporträt elliptische und hyperbolische Fixpunkte (vergleiche Abb. 2.3) besitzt.

Weiterhin ist zu bemerken, daß sich der Satz der kanonischen Bewegungsgleichungen (5.12 - 5.15) für $r = 0$ singulär verhält. Diese Singularität, die in den gewählten Polarkoordinaten zu divergierenden Zeitableitungen für $r \to 0$ führt, ist hebbar (siehe Aufgabe 5.9), da das Potential (5.5) und seine Ableitungen am Punkt $r = 0$ regulär sind.

## 5.2 Äquipotentiallinien

AUFGABE:

Berechnen Sie die Äquipotentiallinien aus der potentiellen Energie (5.5) der Schwingenden Atwood-Maschine. Charakterisieren Sie die räumliche Form des SAM-Potentials.

LÖSUNG:

Aufgrund der autonomen Hamilton-Funktion (5.11) kann der 4-dimensiona-

## 5.2 Äquipotentiallinien

le Phasenraum um eine Dimension verringert werden. Wegen Energieerhaltung (allgemeines Integral der Bewegung)

$$H_\mu(p_r, p_\alpha, r, \alpha) = T_\mu + V_\mu = E = \text{const} \tag{5.16}$$

gilt die Abhängigkeit $p_r = p_r(r, \alpha, p_\alpha; E)$ mit

$$p_r = \pm\sqrt{(1+\mu)\left(2mE - \frac{p_\alpha^2}{r^2} - 2m^2 gr(\mu - \cos\alpha)\right)}, \tag{5.17}$$

die für die Konstruktion der Poincaré–Abbildung (Surface–of–Section–Map; SOS–Map) von Bedeutung ist. Entsprechende SAM–Poincaré–Abbildungen für verschiedene Werte des Parameters $\mu$ (5.1) geben Hinweise für die Suche nach Invarianten (Integrabilität) in nichtlinearen Systemen, siehe dazu Abschnitt 5.7.

Aufgrund der Energieerhaltung (5.16) verläuft die SAM–Phasenraumtrajektorie in einem eingeschränkten Gebiet, wobei Kurven mit verschwindender kinetischer Energie ($T_\mu = 0$) dieses Gebiet umranden. Die Berechnung dieser Äquipotentiallinien (Nullgeschwindigkeitskurven)

$$V_\mu(r, \alpha) = mgr(\mu - \cos\alpha) = E = \text{const} \tag{5.18}$$

führt auf eine Kegelschnittsgleichung. In Polardarstellung (Koordinatenursprung = Brennpunkt) gilt

$$r(\alpha; E) = \frac{E}{mg} \frac{1}{\mu - \cos\alpha} = \frac{\frac{1}{\mu}\frac{E}{mg}}{1 - \frac{1}{\mu}\cos\alpha} \tag{5.19}$$

mit der numerischen Exzentrizität $1/\mu$. Wir erhalten in Abhängigkeit vom Massenverhältnis $\mu$ qualitativ verschiedene Äquipotentialkurven (siehe Abbildung 5.2):

$$\mu = 0 \qquad \text{Gerade} \qquad y = -\frac{E}{mg} \tag{5.20}$$

$$0 < \mu < 1 \qquad \text{Hyperbel} \tag{5.21}$$

$$\mu = 1 \qquad \text{Parabel} \tag{5.22}$$

$$\mu > 1 \qquad \text{Ellipse} \tag{5.23}$$

$$\mu \to \infty \qquad \text{Kreis} \tag{5.24}$$

Während für den Parameterbereich $0 \leq \mu \leq 1$ unbegrenzte Bewegungen ($0 \leq r < \infty$) zu erwarten sind, ist bei $\mu > 1$ ($M > m$) die Bewegung der

# 76  5 Schwingende Atwood–Maschine

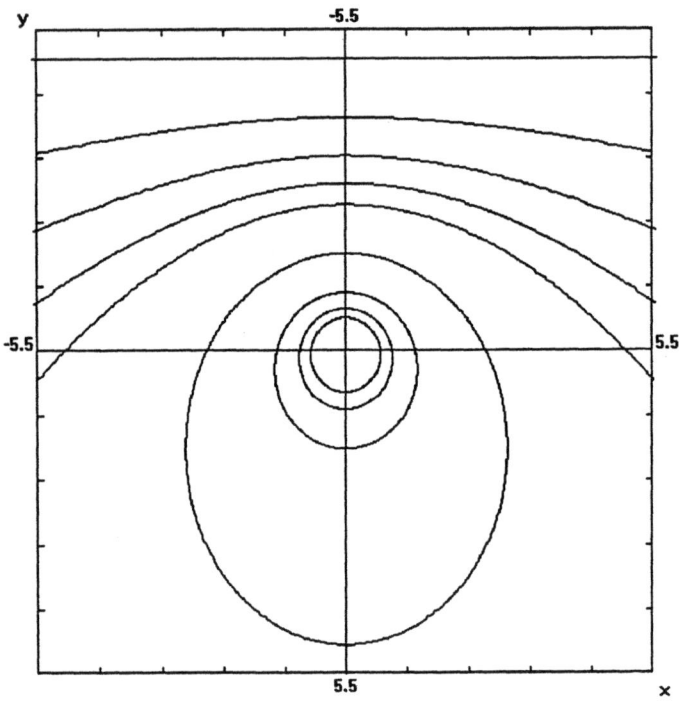

Abb. 5.2: Äquipotentiallinien bei konstanter Energie $E = 50$ Nm und neun unterschiedlichen Massenverhältnissen $\mu = 0.0$ (gerade Linie), $\mu = 0.25$; 0.5; 0.75; 1.0; 2.0; 4.0; 6.0 und $\mu = 8.0$ (Budde, Mahnke, 1994).

schwingenden Masse $m$ beschränkt ($0 \leq r \leq r_{max}$).

In kartesischen Koordinaten (siehe dazu Abschnitt 5.3) erhalten wir aus $V_\mu(x,y) = E$ die Kegelschnittsgleichung

$$-\mu^2 x^2 + (1-\mu^2)y^2 + 2\frac{E}{mg}y + \left(\frac{E}{mg}\right)^2 = 0 \,. \tag{5.25}$$

Für beschränkte Bewegungen ($\mu > 1$) lautet die Ellipsengleichung der Nullgeschwindigkeitskurve

$$\frac{(y-y_M)^2}{a^2} + \frac{x^2}{b^2} = 1 \,, \tag{5.26}$$

mit dem Mittelpunkt

$$x_M = 0 \quad ; \quad y_M = \frac{E}{mg}\frac{1}{\mu^2-1} \tag{5.27}$$

und der großen und kleinen Halbachse

$$a = \frac{E}{mg}\frac{\mu}{\mu^2-1} \tag{5.28}$$

$$b = \frac{E}{mg}\frac{1}{\sqrt{\mu^2-1}} \,. \tag{5.29}$$

In der Abbildung 5.3 ist der Potentialkegel für $\mu = 3$ durch mehrere Niveaulinien gleicher Energie dargestellt. Die Bewegung des Massenpunktes erfolgt als ein Auf- und Abrollen auf der Oberfäche dieses Potentialgebirges (den Potentialkegel stelle man sich als eine nichtrotationssymmetrische „Schultüte" vor). Aufgrund der gegebenen Anfangsbedingungen $\{r(0), \alpha(0), p_r(0), p_\alpha(0)\}$ ist durch (5.16) eine positive Gesamtenergie $E$ bestimmt, die die Bewegung des Massenpunktes nach oben im Potentialkegel begrenzt (analog zur eindimensionalen Bewegung einer Masse in einem Potential $V(x)$).

Am singulären Punkt $r = 0$ (Spitze der Schultüte) werden die Zeitableitungen unendlich, so daß sich die Trajektorien nicht regulär verhalten. Dieses singuläre oder chaotische Verhalten in einem Hamiltonschen System äußert sich darin, daß zuvor benachbarte Trajektorien divergieren.

# 78   5 Schwingende Atwood–Maschine

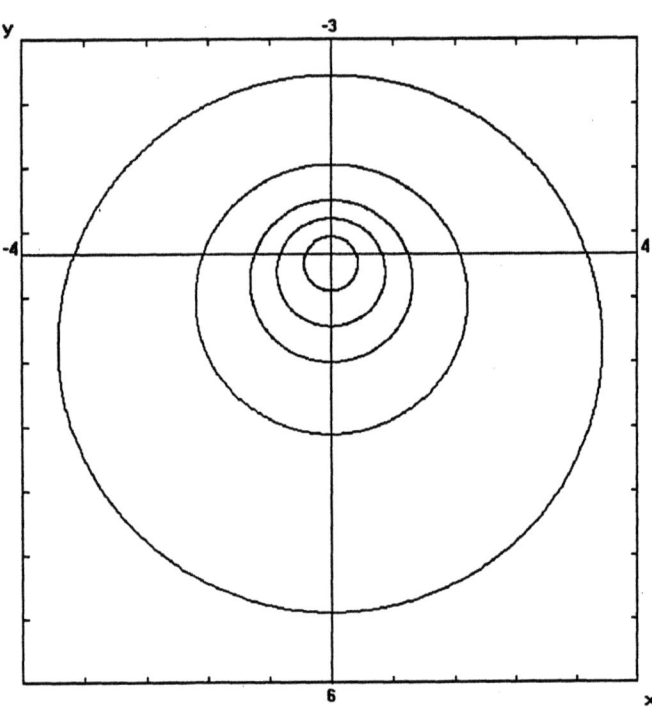

Abb. 5.3: Äquipotentiallinien des SAM-Pendels für das Massenverhältnis $\mu = 3$. Schnitte durch den Potentialkegel für fünf verschiedene Energiewerte $E/mg = 1; 2; 3; 5; 10$ (Budde, Mahnke, 1994).

## 5.3 Unbegrenzte Bewegung

AUFGABE:

Analysieren Sie die Dynamik der Schwingenden Atwood–Maschine für den Fall, daß das Gegengewicht (Masse $M$) leichter als die schwingende Masse $m$ ist. Für diesen Parameterbereich des Massenverhältnisses $0 \leq \mu \leq 1$ ist eine unbegrenzte Bewegung zu erwarten, die im Grenzfall $\mu = 0$ zwei Invarianten besitzt. Berechnen Sie diese Erhaltungsgrößen in kartesischen Koordinaten $\{x, y, p_x, p_y\}$.

LÖSUNG:

Es ist anschaulich klar, daß für $M \leq m$ (gleichbedeutend mit $\mu \leq 1$) die Bahnkurven des SAM–Pendels unbegrenzt sind und die schwingende Masse ins Unendliche fällt. Um die Situation für den Parameterbereich $0 \leq \mu \leq 1$ zu verstehen, vernachlässigen wir in einem ersten Schritt den Einfluß des Gegengewichts. Im Grenzfall $\mu = 0$ finden wir ein integrables Hamiltonsches System. Die vollständige Integrabilität eines $f$-dimensionalen Hamiltonschen Systems wird gewöhnlicherweise durch die Liouville Integrabilität erklärt, die durch die Existenz von $f$ unabhängigen Integralen der Bewegung definiert ist. In unserem Fall (SAM mit $f = 2$ Freiheitsgraden) können wir für $\mu = 0$ die Existenz von zwei allgemeinen Invarianten, der Gesamtenergie und einer Impulskomponente, nachweisen.

Zum Auffinden von Erhaltungsgrößen sind Transformationen von den alten (Polar-)Koordinaten auf neue Variable sinnvoll. Wir skizzieren im folgenden die Schritte am Beispiel des Übergangs von $\{r, \alpha, p_r, p_\alpha\}$ zu kartesischen Variablen $\{x, y, p_x, p_y\}$. Ausgehend von den Transformationsbeziehungen zwischen den Orten

$$x = r \sin\alpha \quad ; \quad r = \sqrt{x^2 + y^2} \tag{5.30}$$

$$y = r \cos\alpha \quad ; \quad \alpha = \arctan(x/y) \tag{5.31}$$

und den Geschwindigkeiten

$$\dot{x} = \dot{r}\sin\alpha + r\dot{\alpha}\cos\alpha \quad ; \quad \dot{r} = \frac{x\dot{x} + y\dot{y}}{\sqrt{x^2 + y^2}} \tag{5.32}$$

$$\dot{y} = \dot{r}\cos\alpha - r\dot{\alpha}\sin\alpha \quad ; \quad \dot{\alpha} = \frac{y\dot{x} - x\dot{y}}{x^2 + y^2} \tag{5.33}$$

folgen aus der kinetischen und potentiellen Energie (5.4, 5.5) die entsprechenden Ausdrücke als Funktion von $x, y, \dot{x}, \dot{y}$

$$T_\mu(\dot{x}, \dot{y}, x, y) = \frac{m}{2} \frac{(1+\mu)(x\dot{x} + y\dot{y})^2 + (y\dot{x} - x\dot{y})^2}{x^2 + y^2} \qquad (5.34)$$

$$V_\mu(x, y) = mg\left(\mu\sqrt{x^2 + y^2} - y\right). \qquad (5.35)$$

Die kanonisch konjugierten Impulse $p_x = \partial L/\partial \dot{x}$ und $p_y = \partial L/\partial \dot{y}$ sind aus (5.34) zu bestimmen. Danach müssen die erhaltenen Gleichungen

$$p_x = p_x(x, y, \dot{x}, \dot{y}) \quad \text{und} \quad p_y = p_y(x, y, \dot{x}, \dot{y}) \qquad (5.36)$$

invertiert werden, damit

$$\dot{x} = \dot{x}(x, y, p_x, p_y) \quad \text{bzw.} \quad \dot{y} = \dot{y}(x, y, p_x, p_y) \qquad (5.37)$$

in (5.34) eingesetzt werden kann. Da dieser letzte Schritt recht schwierig sein kann, verwenden wir (5.30, 5.31) und die Impulsbeziehungen

$$p_x = p_r \sin\alpha + \frac{p_\alpha}{r}\cos\alpha \quad ; \quad p_r = p_x \sin\alpha + p_y \cos\alpha \qquad (5.38)$$

$$p_y = p_r \cos\alpha - \frac{p_\alpha}{r}\sin\alpha \quad ; \quad p_\alpha = r(p_x \cos\alpha - p_y \sin\alpha) \qquad (5.39)$$

und erhalten aus (5.11) die neue transformierte Hamilton-Funktion $H_\mu = H_\mu(p_x, p_y, x, y)$ zu

$$H_\mu = \frac{1}{2m(x^2+y^2)}\left[p_x^2\left(\frac{x^2}{1+\mu} + y^2\right) + p_y^2\left(x^2 + \frac{y^2}{1+\mu}\right) - \frac{2\mu}{1+\mu}xy p_x p_y\right] + mg\left(\mu\sqrt{x^2+y^2} - y\right). \qquad (5.40)$$

Das etwas ungewöhnliche Aussehen der kinetischen Energie in (5.40) reduziert sich für $\mu = 0$ auf den bekannten Ausdruck

$$H_0(p_x, p_y, y) = \frac{p_x^2 + p_y^2}{2m} - mgy \qquad (5.41)$$

für die Bewegung einer Masse $m$ unter Einfluß der Schwerkraft $mg$ in $y$-Richtung. Diese mit dem Namen „Freier Fall" oder „Wurf" bezeichnete Situation ist bekanntermaßen integrabel

$$E = \frac{p_r^2}{2m} + \frac{p_\alpha^2}{2mr^2} - mgr\cos\alpha = \text{const} \qquad (5.42)$$

$$p_x = p_r \sin\alpha + \frac{p_\alpha}{r}\cos\alpha = \text{const} \qquad (5.43)$$

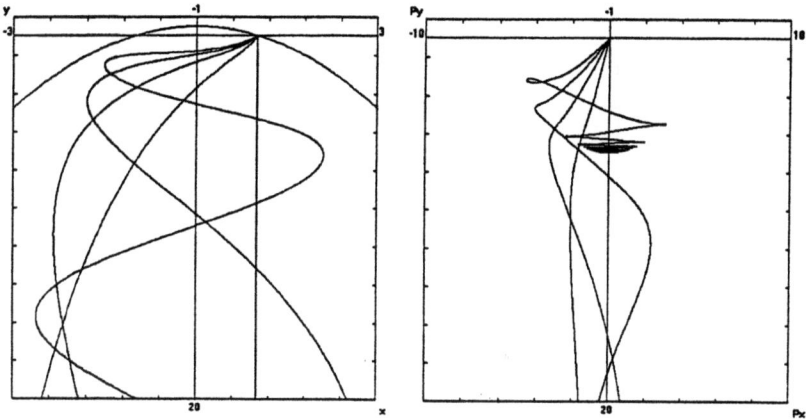

Abb. 5.4: Unbeschränkte Bewegung der schwingenden Masse ($m = 1$ kg) bei Variation des Massenverhältnisses $\mu = 0.0$ (Freier Fall: $x(t) = x(0) = 1$ m); 0.25; 0.5; 0.75; 1.0 und festen Anfangswerten ($r(0) = 1$ m, $\alpha(0) = \pi/2$, $p_r(0) = 0$, $p_\alpha(0) = 0$). Projektion der Phasenraumtrajektorie in den Ortsraum (links) und in den Impulsraum (rechts). Im Ortsraum ist die Äquipotentiallinie ($E = 10$ Nm) bei $\mu = 1$ eine Parabel (Budde, Mahnke, 1994).

82   5  Schwingende Atwood–Maschine

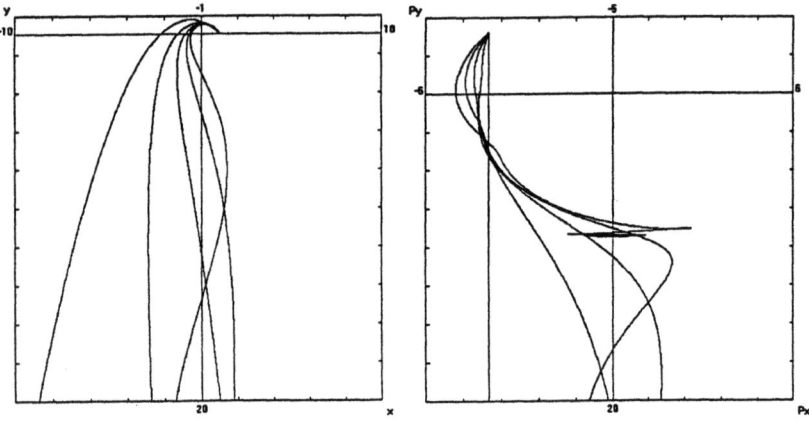

Abb. 5.5: Unbeschränkte Bewegung der schwingenden Masse $m$ für dieselben Massenverhältnisse $\mu$ wie in der vorherigen Abbildung, aber veränderten Anfangsbedingungen zu ($r(0) = 1$ m, $\alpha(0) = \pi/2$, $p_r(0) = -4$ Ns, $p_\alpha(0) = 4$ Nsm). Projektion der Phasenraumtrajektorie in den Ortsraum (links) und in den Impulsraum (rechts). Für $\mu = 0$ verläuft die Bewegung auf einer Wurfparabel (Budde, Mahnke, 1994).

und liefert die Wurfparabel als Projektion der Phasenraumtrajektorie in den Ortsraum. In den Abbildungen 5.4 und 5.5 sind die Trajektorien sowohl im Orts- als auch im Impulsraum bei unterschiedlichen Parameterwerten und Anfangsbedingungen dargestellt. Der Grenzfall $\mu = 0$ kann als analytisch lösbares Referenzsystem (beschleunigte Bewegung) aufgefaßt werden:

$$x(t) = x(0) + (p_x(0)/m)t \tag{5.44}$$
$$y(t) = y(0) + (p_y(0)/m)t + (g/2)t^2 \tag{5.45}$$
$$p_x(t) = p_x(0) \tag{5.46}$$
$$p_y(t) = p_y(0) + mgt . \tag{5.47}$$

Lassen wir nun den Parameter $\mu$ wachsen, indem wir kleine Gegengewichte $M$ (vgl. Abb. 5.1) anhängen, so werden dem Wurf (5.44 – 5.47) bzw. dem freien Fall als Spezialfall (5.4) Schwingungen überlagert. Diese gestörten schwingungsartigen Wurfparabeln sind in den Abbildungen 5.4 und 5.5 anhand der Kurven für $\mu > 0$ sichtbar, ebenso ist in den Abbildungen 5.4 und 5.5 der Verlust der Integrabilität anhand der Variation von $p_x$ erkennbar.

Interessante Resultate ergeben sich für den Grenzfall $\mu = 1$. Da wegen $Mg = mg$ die Schwerkraft kompensiert ist, bleibt die Masse $m$ entweder ($p_x(0) = p_y(0) = 0$) in Ruhe am Ort $y(0)$ oder bewegt sich andernfalls für $t \to \infty$ gleichförmig mit konstantem Impuls in $y$-Richtung:

$$x = x(0) \; ; \; y \to \infty \; ; \; p_x = 0 \; ; \; p_y = \sqrt{4mE} . \tag{5.48}$$

In den Abbildungen 5.4 und 5.5 wird der Übergang von der beschleunigten ($0 \leq \mu < 1$) zur gleichförmigen Bewegung ($\mu = 1$) deutlich. Für große Zeiten konvergiert dann der Impuls in $y$-Richtung entsprechend (5.48) gegen den stationären Wert $p_y \approx 6.32$ Ns ($E = 10$ Nm, Abb. 5.4) bzw. $p_y \approx 9.38$ Ns ($E = 22$ Nm, Abb. 5.5).

## 5.4 Phasenraumdynamik

AUFGABE:

Die Dynamik der Schwingenden Atwood-Maschine ist überraschend reichhaltig. Schreiben Sie ein Computerprogramm zur Visualisierung des Phasenraumflusses bei Variation der Anfangsbedingungen und des Kontrollparameters $\mu$. Zeichnen Sie in die Ortsebene die Begrenzungskurve der

## 5 Schwingende Atwood–Maschine

Bewegung, die sich aufgrund der durch die Anfangsbedingungen gewählten Gesamtenergie ergibt. Suchen Sie nach speziellen Bahnkurven bei der gebundenen Bewegung ($\mu > 1$) wie beispielsweise nach „schönen" periodischen Bewegungen.

LÖSUNG:

Ein Ziel der numerischen Bearbeitung dynamischer Systeme ist die Berechnung und graphische Darstellung von Trajektorien. Für die von uns untersuchten Hamiltonschen Systeme sind die jeweiligen kanonischen Gleichungen (ein Satz von gekoppelten nichtlinearen Differentialgleichungen) Grundlage der numerischen Integration. Die in den Abbildungen 5.4 und 5.5 dargestellten Kurven sind Resultate einer numerischen Lösung der Bewegungsgleichungen (5.12 – 5.15) unter Verwendung eines Runge–Kutta–Verfahrens 4. Ordnung mit automatischer Schrittweitensteuerung. Die erhaltenen Lösungen $\{r(t), \alpha(t), p_r(t), p_\alpha(t)\}$ werden mittels (5.30) und (5.31) in $\{x(t), y(t), p_x(t), p_y(t)\}$ umgerechnet und für jeden Zeitpunkt $t, t+h, \ldots$, beginnend bei $t_0 = 0$, im Phasenraum markiert.

Wir geben kurz die verwendete Runge–Kutta–Formel an:

$$\dot{y} = f(y(t)) \text{ mit der Lösung: } y(t+h) = y(t) + \int_t^{t+h} f(y(t))\, dt \quad (5.49)$$

in der Näherung

$$y_{RK}(t+h) = y(t) + (k_1 + 2k_2 + 2k_3 + k_4)/6 \quad (5.50)$$

mit den Koeffizienten

$$k_1 = hf(y(t)) \quad (5.51)$$
$$k_2 = hf(y(t) + k_1/2) \quad (5.52)$$
$$k_3 = hf(y(t) + k_2/2) \quad (5.53)$$
$$k_4 = hf(y(t) + k_3)\,. \quad (5.54)$$

In der Nähe von Singularitäten darf die Schrittweite $h$ nicht zu groß sein, damit der Fehler, ausgedrückt durch die Variation der Energie $\Delta E = |H(t) - E|/E$, genügend klein bleibt. Testrechnungen ergaben $\Delta E \approx 10^{-6}$ als Anforderung an die Genauigkeit.

Die Serie der Abbildungen 5.6 – 5.11 zeigt Beispiele für die Dynamik der Schwingenden Atwood-Maschine. Auf einem einfachen Computer wurden die SAM-Phasenraumporträts für einen endlichen Zeitraum $0 \leq t \leq t_{max}$ erstellt. Während die Abbildungen 5.6 und 5.7 Kurzzeittrajektorien mit $t_{max} = 10$ s zeigen, sind die folgenden Bilder (Abb. 5.8, Abb. 5.9) Resultate einer Integration für einen Zeitraum von $t_{max} = 200$ s.

Entsprechend der Analyse des Potentialgebirges (5.25, Abb. 5.2 und 5.3) erfolgt die Bewegung der schwingenden Masse $m$ des SAM-Pendels für $M > m$ (gleichbedeutend mit $\mu > 1$) in einem endlichen Gebiet. Die Dynamik der Schwingenden Atwood-Maschine ist überraschend reichhaltig. In Abhängigkeit vom Kontrollparameter $\mu$ vermitteln die Abbildungen 5.6 – 5.11 einen Eindruck von der Phasenraumdynamik. Bei stets gleichen Anfangsbedingungen (Auslenkung der Masse $m = 1$ kg um eine Längeneinheit und 90° von der Vertikalen)

$$r(0) = 1 \text{ m} \;;\; \alpha(0) = 90° \;;\; p_r(0) = 0 \;;\; p_\alpha = 0 \quad (5.55)$$
Energie: $E = H(0) = \mu m g$

wird für einige Parameterwerte $\mu$ die Evolution des Systems als Projektion der Phasenraumtrajektorie in den Orts- und Impulsraum dargestellt. Für die qualitative und quantitative Analyse von zwei prinzipiell unterschiedlichen Bewegungstypen, der chaotischen (Abb. 5.11) und der regulären (Abb. 5.10) Bewegung, stehen verschiedene Methoden zur Verfügung. Es ist zu sehen, daß in die für fast alle Parameterwerte $\mu$ existierende chaotische Dynamik reguläre (periodische bzw. quasiperiodische) Bewegungen eingebettet sind. Diese sogenannten „regulären Fenster im Meer des Chaos" finden wir schon bei der einfachen logistischen Abbildung, die für den Parameterbereich $3.569946 < r \leq 4$ chaotisches Verhalten mit eingelagerten periodischen Bewegungen zeigt (siehe Kapitel 8).

Eine quantitative Analyse des Bewegungstyps ist durch die Berechnung des größten Ljapunov-Exponenten $\lambda_1$ gegeben. Positive Ljapunov-Koeffizienten zeigen, daß chaotisches Verhalten vorliegt und benachbarte Trajektorien im Laufe der Zeit exponentiell (d.h. stärker als nach einem Potenzgesetz) divergieren. Es ist neben der Zeitentwicklung der Variablen $x(t) = \{r(t), \alpha(t), p_r(t), p_\alpha(t)\}$ ausgehend von $x(0)$ auch gleichzeitig die Entwicklung des Abstandes $y(t) = x(t) - x'(t)$ zweier benachbarter Trajektorien ausgehend von $y(0)$, zu ermitteln. Zu diesem Zweck lösen wir

86  5 Schwingende Atwood-Maschine

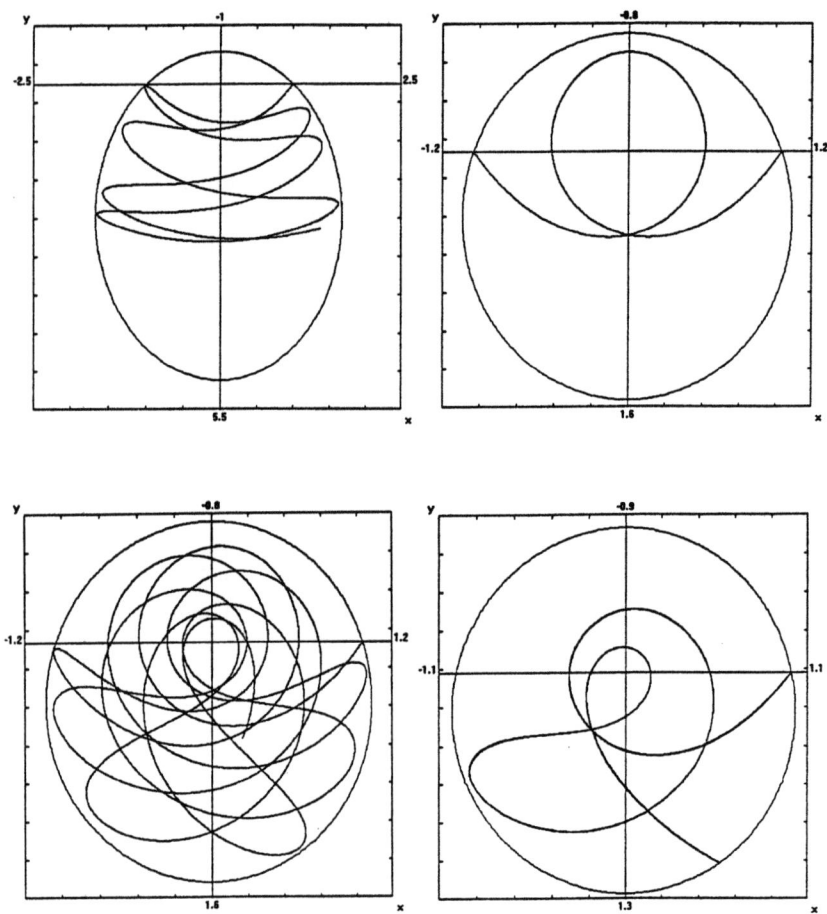

Abb. 5.6: SAM-Phasenraumporträts der gebundenen Bewegung für verschiedene Parameterwerte $\mu > 1$. Links oben: $\mu = 1.25$, rechts oben: $\mu = 2.812$, links unten: $\mu = 3.0$, rechts unten: $\mu = 4.745$ (Budde, Mahnke, 1994).

5.4 Phasenraumdynamik 87

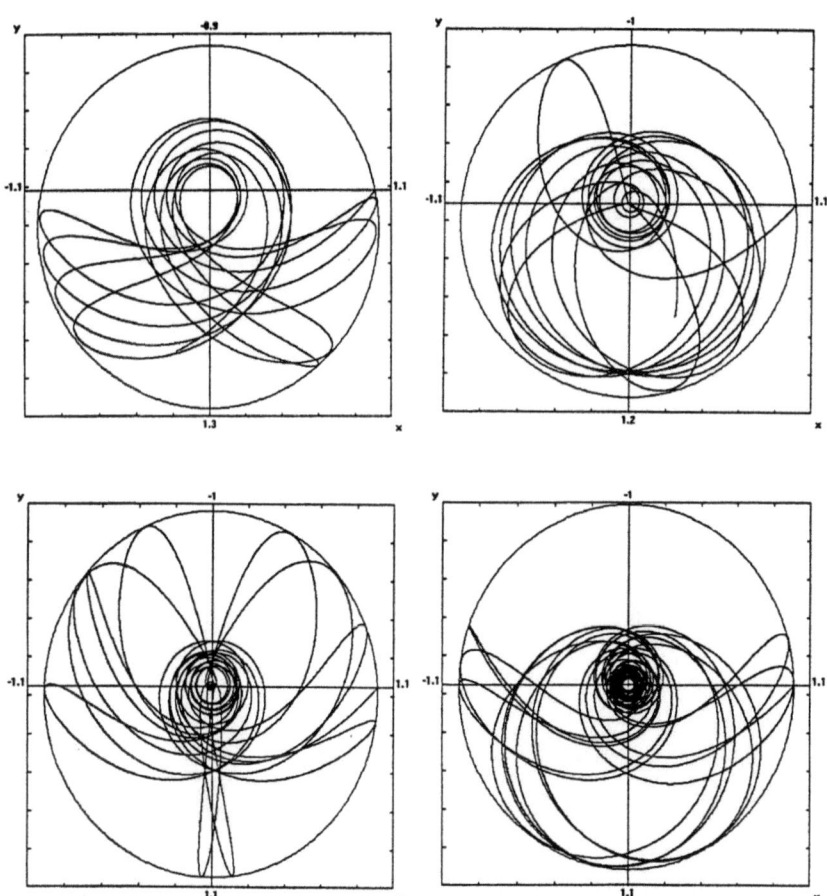

Abb. 5.7: SAM–Phasenraumporträts der gebundenen Bewegung für verschiedene Parameterwerte $\mu > 1$. Links oben: $\mu = 5.0$, rechts oben: $\mu = 10.0$, links unten: $\mu = 25.0$, rechts unten: $\mu = 99.0$ (Budde, Mahnke, 1994).

## 88  5 Schwingende Atwood–Maschine

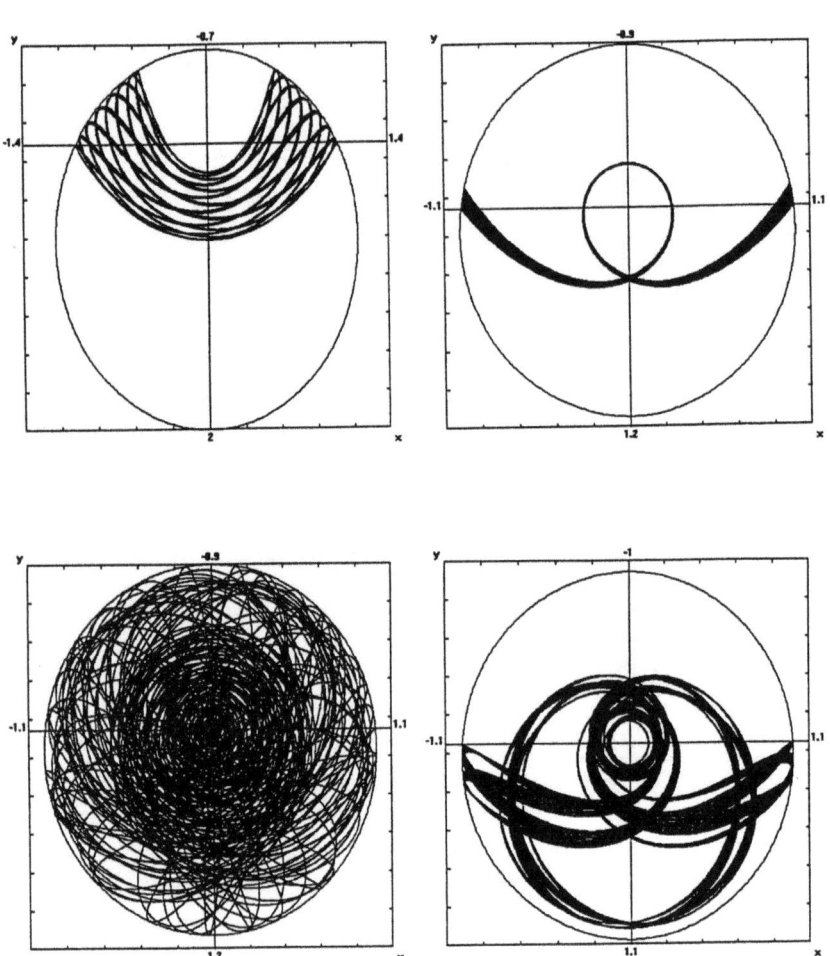

Abb. 5.8: Langzeitphasenraumporträts der Schwingenden Atwood–Maschine für die Parameterwerte $\mu = 2; 8; 9; 15$ (Budde, Mahnke, 1994).

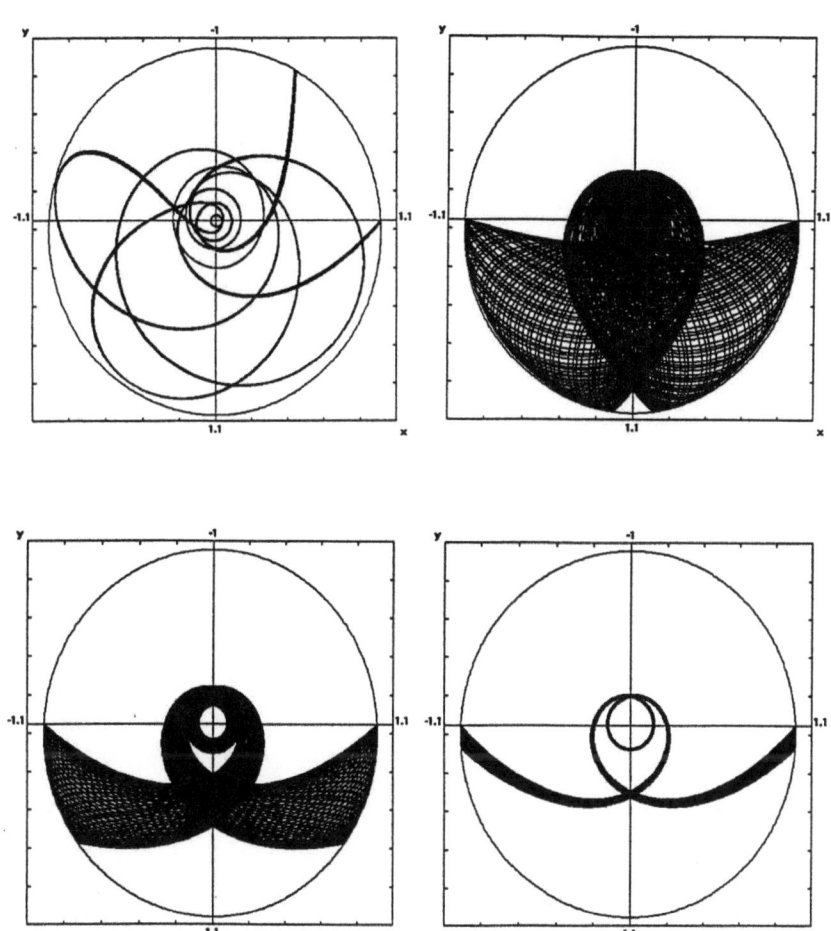

Abb. 5.9: Langzeitphasenraumporträts der Schwingenden Atwood–Maschine für die Parameterwerte $\mu = 17; 18; 20; 22$ (Budde, Mahnke, 1994).

## 90  5 Schwingende Atwood–Maschine

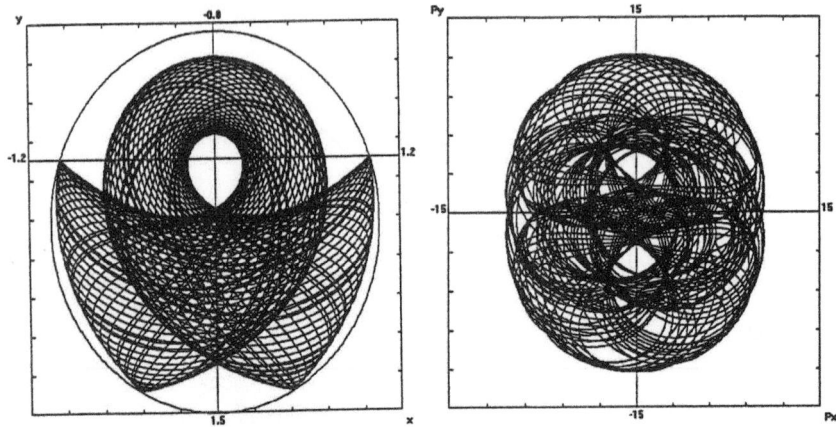

Abb. 5.10: Reguläre Bewegung der Schwingenden Atwood–Maschine für $\mu = 3$ (Budde, Mahnke, 1994).

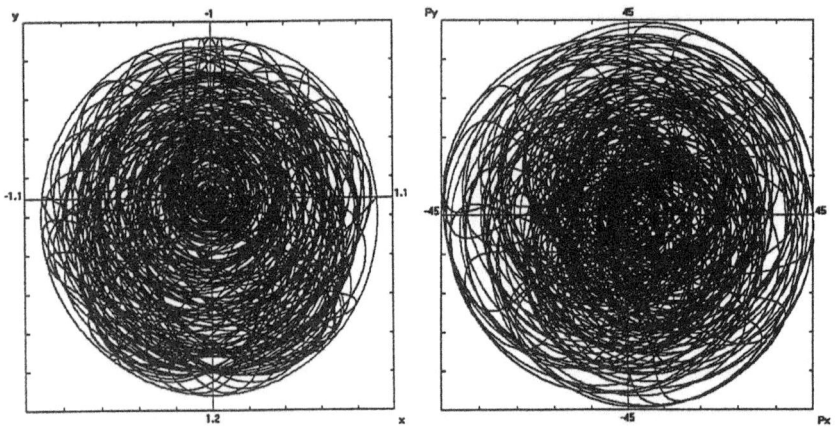

Abb. 5.11: Chaotische Bewegung der Schwingenden Atwood–Maschine für $\mu = 10$ (Budde, Mahnke, 1994).

## 5.4 Phasenraumdynamik

synchron zum dynamischen System (5.12 – 5.15), jetzt geschrieben als

$$\frac{dx}{dt} = v(x) \quad ; \quad x(t=0) = x(0) , \tag{5.56}$$

das linearisierte Gleichungssystem für die kleinen Abweichungen $y$

$$\frac{dy}{dt} = Jy \quad ; \quad y(t=0) = y(0) \tag{5.57}$$

mit der Jacobi-Matrix

$$J = v'(y)|_x = \left.\frac{\partial v_i}{\partial y_j}\right|_{x_1,x_2,x_3,x_4} \tag{5.58}$$

Der größte Ljapunov-Koeffizient $\lambda_1(t)$, berechnet mittels

$$\lambda_1(t) = \frac{1}{t} \ln \frac{|y(t)|}{|y(0)|} , \tag{5.59}$$

beschreibt in der Grenze für große Zeiten

$$\lambda_1 = \lim_{t\to\infty} \lambda_1(t) \tag{5.60}$$

quantitativ das chaotische ($\lambda_1 > 0$) bzw. reguläre ($\lambda_1 = 0$) Verhalten des konservativen Systems. Die Durchmischung des Phasenraumvolumens ist für große Werte von $\lambda_1$ besonders stark, so daß sich benachbarte Trajektorien schnell „aus den Augen" verlieren.

Die Berechnung des Ljapunov-Exponenten (5.59) erfolgt numerisch durch Aufsummierung des Ausdrucks $\ln(|y(t+dt)/y(t)|)$ beginnend bei $t=0$ und abschließender Division durch $t$. Nach jedem Integrationsschritt kann $|y(t)|$ normiert werden auf den Wert von $|y(0)|$ aufgrund der Linearität von (5.57). Die Richtung von $y$ dreht sich im Laufe der Entwicklung in die der maximalen Verformung des Phasenraumes, die mit der Rate $\lambda_1$ erfolgt.

Wir können feststellen, daß auch das Langzeitverhalten chaotischer Systeme determiniert ist. So sind in der Abbildung 5.8 die Gebiete des Phasenraumes angegeben, die vom System erreichbar sind, wobei die Nachbarschaftsverhältnisse aufgrund der Durchmischung des Phasenraumes sehr kompliziert sind. Diese „Blätterteigstruktur" des chaotischen Attraktors tritt auch bei anderen konservativen und dissipativen mechanischen Systemen hervor.

## 5.5 Integrabilität

AUFGABE:

Zeigen Sie, daß die Schwingende Atwood–Maschine im Spezialfall $\mu = 3$ integrabel ist. Neben der mechanischen Gesamtenergie $E$ existiert somit für diesen Parameterwert eine weitere Invariante $I$, die zu ermitteln ist.

LÖSUNG:

Die Suche nach Invarianten führt sowohl bei der ungebundenen Bewegung ($\mu = 0$: konstanter Impuls $p_x = p_x(0)$; (5.43)) als auch bei der begrenzten Bewegung auf ein interessantes Resultat. Für $\mu = 3$ existiert zusätzlich zur Energie $E$ (in Nm) eine weitere Erhaltungsgröße $I$ (in N$^2$s$^2$m). Für die Herleitung dieses Resultats und zur Darstellung der Bahnkurven der begrenzten Bewegung führen wir analog zu (5.30, 5.31) eine Transformation auf neue Koordinaten durch. In Anlehnung an die bekannten parabolischen Koordinaten (siehe Greiner, 1984, S.90) verwenden wir zur Lösung $\mu$-abhängige parabolische Koordinaten für den Halbwinkel. Die für $\mu > 1$ definierten Koordinatentransformationen lauten:

$$u = r \left[ 1 + \sqrt{\frac{2}{\mu - 1}} \sin\left(\frac{\alpha}{2}\right) \right] \qquad (5.61)$$

$$v = r \left[ 1 - \sqrt{\frac{2}{\mu - 1}} \sin\left(\frac{\alpha}{2}\right) \right] \qquad (5.62)$$

$$r = \frac{u + v}{2} \qquad (5.63)$$

$$\alpha = \arccos\left[ \frac{4(\mu - 1)uv}{(u + v)^2} - (\mu - 2) \right] . \qquad (5.64)$$

Die neuen Koordinaten wurden so gewählt, damit das Potential $V_\mu(r, \alpha)$ (5.5) mit seinen ellipsenförmigen Äquipotentiallinien (5.18, 5.19, Abb. 5.3) in den neuen Koordinaten einen hohen Grad von Symmetrie besitzt. Es gilt nach der Transformation

$$V_\mu(u, v) = mg(\mu - 1) \frac{u^2 + v^2}{u + v} , \qquad (5.65)$$

wobei die Nullgeschwindigkeitskurven (5.26 – 5.29) nun Kreise sind:

$$(u - u_M)^2 + (v - v_M)^2 = R^2 \qquad (5.66)$$

mit

$$u_M = v_M = \frac{(E/mg)}{2(\mu - 1)} \quad : \text{Mittelpunkt} \qquad (5.67)$$

$$R = \sqrt{2}\,u_M \qquad\qquad : \text{Radius} \,. \qquad (5.68)$$

Nach dem im Abschnitt 5.3 vorgestellten Verfahren berechnen wir analog zu (5.34) die kinetische Energie $T_\mu = T_\mu(\dot{u}, \dot{v}, u, v)$ zu

$$\begin{aligned}T_\mu &= \frac{m}{2}\frac{1+\mu}{4}\left[\dot{u}^2\left(1 + \frac{(u+v)^2 A_{21}^2}{4(1+\mu)A_{12}^2}\right) + \dot{v}^2\left(1 + \frac{(u+v)^2 A_{11}^2}{4(1+\mu)A_{12}^2}\right)\right.\\ &\quad\left. + 2\dot{u}\dot{v}\left(1 - \frac{(u+v)^2 A_{11}A_{21}}{4(1+\mu)A_{12}^2}\right)\right] \end{aligned} \qquad (5.69)$$

mit den Abkürzungen

$$A_{11} = 1 + \sqrt{\frac{2}{\mu - 1}}\sin\left(\frac{\alpha}{2}\right) \qquad (5.70)$$

$$A_{21} = 1 - \sqrt{\frac{2}{\mu - 1}}\sin\left(\frac{\alpha}{2}\right) \qquad (5.71)$$

$$A_{12} = \frac{r}{2}\sqrt{\frac{2}{\mu - 1}}\cos\left(\frac{\alpha}{2}\right), \qquad (5.72)$$

wobei die Variablen $r = r(u,v)$ und $\alpha = \alpha(u,v)$ durch die Ausdrücke (5.63, 5.64) zu ersetzen sind.

Für die kanonisch konjugierten Impulse $p_u = \partial L_\mu/\partial \dot{u}$ und $p_v = \partial L_\mu/\partial \dot{v}$ gelten die Transformationen (vgl. 5.38, 5.39):

$$p_u = \frac{1}{2}\left(p_r + \frac{A_{21}}{A_{12}}p_\alpha\right) \quad;\quad p_r = A_{11}p_u + A_{21}p_v \qquad (5.73)$$

$$p_v = \frac{1}{2}\left(p_r - \frac{A_{11}}{A_{12}}p_\alpha\right) \quad;\quad p_\alpha = A_{12}(p_u - p_v), \qquad (5.74)$$

so daß aus (5.11) die neue Hamilton-Funktion $H_\mu = H_\mu(p_u, p_v, u, v)$ folgt:

$$\begin{aligned}H_\mu &= \frac{1}{2m(1+\mu)}\left[p_u^2\left(A_{11}^2 + \frac{4(1+\mu)A_{12}^2}{(u+v)^2}\right)\right.\\ &\quad + p_v^2\left(A_{21}^2 + \frac{4(1+\mu)A_{12}^2}{(u+v)^2}\right)\\ &\quad\left. + 2p_u p_v\left(A_{11}A_{21} - \frac{4(1+\mu)A_{12}^2}{(u+v)^2}\right)\right] + mg(\mu - 1)\frac{u^2 + v^2}{u+v}\end{aligned}$$

## 5 Schwingende Atwood-Maschine

$$= \frac{1}{2m(1+\mu)} \left[ (p_u A_{11} + p_v A_{21})^2 + 4(1+\mu) \frac{(p_u - p_v)^2 A_{12}^2}{(u+v)^2} \right]$$
$$+ mg(\mu - 1) \frac{u^2 + v^2}{u+v} . \tag{5.75}$$

Speziell für den Wert des Kontrollparameters $\mu = 3$ besitzt die Hamilton-Funktion (5.75) eine einfache Struktur, so daß der Fluß im $\{u, v, p_u, p_v\}$ – Phasenraum mittels Lösung der zugehörigen kanonischen Gleichungen leichter zu ermitteln ist. Entsprechend (5.16, Energieerhaltung) folgt wegen (5.70 – 5.72) $A_{11} = 2u/(u+v)$ ; $A_{21} = 2v/(u+v)$ und $A_{12} = \sqrt{uv}/2$ aus (5.75) für $\mu = 3$

$$E = H_3 = \frac{1}{u+v} \left[ \frac{up_u^2 + vp_v^2}{2m} + 2mg(u^2 + v^2) \right] . \tag{5.76}$$

Die kanonischen Gleichungen besitzen einen hohen Grad von Symmetrie

$$\dot{u} = \frac{\partial H_3}{\partial p_u} = \frac{up_u}{m(u+v)} \tag{5.77}$$

$$\dot{v} = \frac{\partial H_3}{\partial p_v} = \frac{vp_v}{m(u+v)} \tag{5.78}$$

$$\dot{p}_u = -\frac{\partial H_3}{\partial u} = \frac{1}{u+v} \left[ E - \frac{p_u^2}{2m} - 4mgu \right] \tag{5.79}$$

$$\dot{p}_v = -\frac{\partial H_3}{\partial v} = \frac{1}{u+v} \left[ E - \frac{p_v^2}{2m} - 4mgv \right] . \tag{5.80}$$

Wir verwenden nun den Hamilton–Jacobi–Formalismus, um die zweite Invariante explizit zu berechnen. Die durch $p_u = \partial S/\partial u$ und $p_v = \partial S/\partial v$ eingeführte Erzeugende $S = S(u,v)$ ist separabel $S = S_u(u) + S_v(v)$, so daß aus (5.76) mittels Substitution von $S$,

$$\frac{1}{2m} \left[ u \left( \frac{\partial S}{\partial u} \right)^2 + v \left( \frac{\partial S}{\partial v} \right)^2 \right] = E(u+v) - 2mg(u^2 + v^2) , \tag{5.81}$$

und dem Separationsansatz für $S$ die zweite Invariante $I$ geschrieben werden kann als

$$I = up_u^2 + 4m^2gu^2 - 2mEu \tag{5.82}$$
$$= -vp_v^2 - 4m^2gv^2 + 2mEv . \tag{5.83}$$

Nach Addition der Gleichungen (5.82) und (5.83) und Einsetzen der Energie $E$ aus (5.76) erhalten wir

$$I = \frac{uv}{u+v}\left[p_u^2 - p_v^2 + 4m^2g(u-v)\right] . \tag{5.84}$$

Somit existiert für $\mu = 3$ neben der Energie $E$ (5.76) eine zweite Invariante $I$ (5.84), die quadratisch in den Impulsen ist. Dieses Ergebnis ist in Übereinstimmung mit allgemeinen Aussagen bezüglich der Existenz einer weiteren Erhaltungsgröße in Hamiltonschen Systemen. Läßt sich das Potential $V(q_1, q_2)$ in kartesischen, Polar-, parabolischen oder elliptischen Koordinaten $q_1, q_2$ in die Form

$$V(q_1, q_2) = \frac{f_1(q_1) + f_2(q_2)}{h^2} \tag{5.85}$$

bringen, wobei $f_1, f_2$ beliebige Funktionen sind und $h$ der entsprechende Skalenfaktor ist, so existiert stets eine zweite Invariante (quadratisch in den Impulsen) und die Hamilton–Jacobi-Gleichung ist stets separabel (Landau, Lifschitz, 1981; Whittaker, 1944).

Somit erhalten wir nach Rücktransformation (5.61, 5.62 und 5.73, 5.74) in Polarkoordinaten für die energieartige (5.76) und impulsartige Invariante (5.84) folgende Ausdrücke

$$E = \frac{1}{8m}\left(p_r^2 + \frac{4p_\alpha^2}{r^2}\right) + 2mgr\left(1 + \sin^2\frac{\alpha}{2}\right) \tag{5.86}$$

$$I = p_r p_\alpha \cos\frac{\alpha}{2} - \frac{2p_\alpha^2}{r}\sin\frac{\alpha}{2} + 4m^2 g r^2 \cos^2\frac{\alpha}{2}\sin\frac{\alpha}{2} . \tag{5.87}$$

Damit ist bewiesen, daß das 4-dimensionale dynamische System Schwingende Atwood- Maschine für den Parameterwert $\mu = 3$ integrabel ist. Insbesondere sind für die Erzeugende Funktion $S$ folgende Integrale zu lösen:

$$\begin{aligned}S(u,v) &= S_u(u) + S_v(v) \\ &= \int \sqrt{I/u + 2mE - 4m^2 gu}\, du \\ &\quad + \int \sqrt{-I/v + 2mE - 4m^2 gv}\, dv .\end{aligned} \tag{5.88}$$

Die Auswertung von (5.88) führt auf elliptische Integrale. Die Berechnung der Nullstellen der Integranden in (5.88) zeigt die Existenz eines dimensionslosen Parameters auf. Damit die Erzeugende $S$ eine reelle Funktion ist

## 96 5 Schwingende Atwood–Maschine

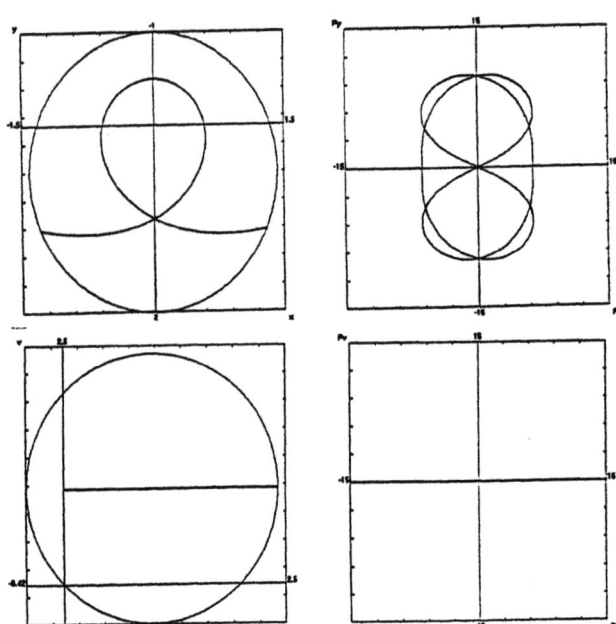

Abb. 5.12: Periodische Bewegung des SAM–Pendels für $\mu = 3$, dargestellt in verschiedenen Projektionen des parabolischen $(u, v, p_u, p_v)$ – bzw. kartesischen $(x, y, p_x, p_y)$ – Phasenraumes. Das Verhältnis der beiden Invarianten beträgt $4gI/E^2 = 1$ (Budde, Mahnke, 1994).

und wegen (5.61, 5.62) für $\mu = 3$ stets $u \geq 0$ und $v \geq 0$ gilt, erhalten wir für den dimensionslosen Parameter $4gI/E^2$ die folgende Ungleichung:

$$-1 \leq \frac{4gI}{E^2} \leq +1 \,. \tag{5.89}$$

Startend bei $u(0) = (1+\sqrt{2})E/(4mg)$, $v(0) = E/(4mg)$, $p_u(0) = p_v(0) = 0$ ist im oberen Teil der Abbildung 5.12 die Trajektorie im $\{u, v, p_u, p_v\}$ – Phasenraum dargestellt. Mit $E = 4mg = 40$ Nm und $I = E^2/4g = 40$ N$^2$s$^2$m lauten somit die konkreten Anfangsbedingungen $u(0) = 1+\sqrt{2} = 2.41$ m; $v(0) = 1.0$ m; $p_u(0) = p_v(0) = 0$ bzw. in Polarkoordinaten $r(0) = 1 + 1/\sqrt{2} = 1.71$ m; $\alpha(0) = \arccos((1 + \sqrt{8})/(3 + \sqrt{8})) = 48.9396°$; $p_r(0) = p_\alpha(0) = 0$ oder in kartesischen Koordinaten $x(0) = 1.287$ m; $y(0) = 1.121$ m; $p_x(0) = p_y(0) = 0$.

5.5 Integrabilität 97

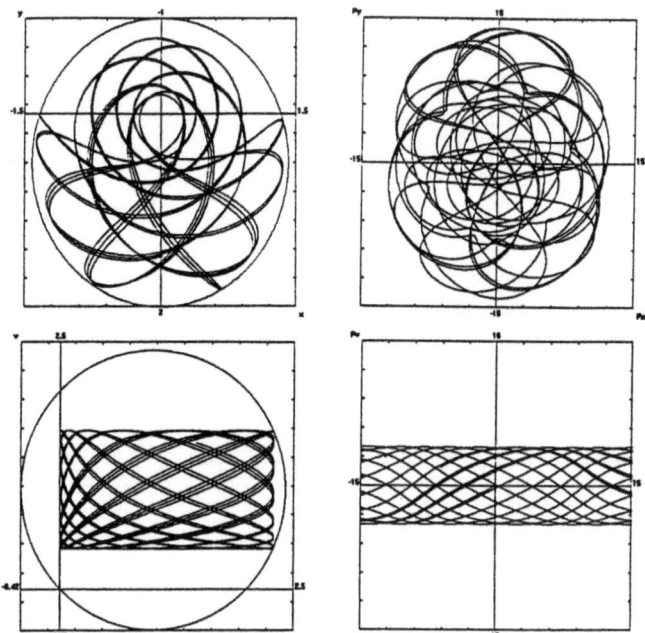

Abb. 5.13: Quasiperiodische Bewegung des SAM–Pendels für $\mu = 3$, dargestellt in verschiedenen Projektionen des parabolischen bzw. kartesischen Phasenraums. Das Verhältnis $4gI/E^2 = 0.64038$ der beiden Invarianten wurde so gewählt, daß die von Trajektorien ausgefüllte Fläche im $u - v$ - Ortsraum maximal wird; vgl. dazu die vorherige Abbildung für das Minimum (Budde, Mahnke, 1994).

Die Bewegung erfolgt entlang der Kurve $0 \leq u(t) \leq u(0)$ , $v(t) = v(0)$ , $-\infty < p_u(t) < \infty$ , $p_v(t) = 0$. Die Gerade im $u - v$ - Ortsraum transformiert sich entsprechend (5.63, 5.64) in die im unteren Teil der Abbildung 5.12 dargestellte Kurve; diese wiederum entspricht derjenigen aus Abbildung 5.6 für $\mu = 2.812$.

Verlassen wir nun die periodische Bewegung mit endlicher Periodendauer $T$ (Abb. 5.12: $T \approx 3.6$ s) und untersuchen quasiperiodische Bewegungen mit unendlichem $T$. In diesem Fall wird ein endliches Gebiet des Phasenraums im Laufe der Zeit (in der Grenze $t \to \infty$) vollständig mit Trajektorien überdeckt, wie das in der Abbildung 5.13 für eine relativ kurze Zeit ($t \approx 30$ s) schon zu sehen ist.

Damit beispielsweise das erreichbare Gebiet in der $u-v$-Ebene maximal wird, $u_2(v_2-v_1)=Max!$, haben wir das Verhältnis der beiden Invarianten zu $4gI/E^2 = (1+\sqrt{17})/8$ ermittelt und diese Situation in der Abbildung 5.13 dargestellt. Mit $E = 4mg = 40$ Nm und $I = 25.615$ N$^2$s$^2$m lauten somit die konkreten Anfangsbedingungen $u(0) = 2.2808$ m; $v(0) = 1.5997$ m; $p_u(0) = p_v(0) = 0$ bzw. in Polarkoordinaten $r(0) = 1.940$ m; $\alpha(0) = 20.168°$; $p_r(0) = p_\alpha(0) = 0$ oder in kartesischen Koordinaten $x(0) = 0.670$ m; $y(0) = 1.820$ m; $p_x(0) = p_y(0) = 0$. Aus der Abbildung 5.13 ist somit auch verständlich, daß beim Langzeitverhalten immer Teile der $x-y$-Ebene existieren, die, obwohl innerhalb der Äquipotentialkurve gelegen, von Trajektorien nicht erreichbar sind.

## 5.6 Koordinatentransformation

AUFGABE:

Führen Sie mit Hilfe neuer $\mu$-abhängiger „kartesisch-ähnlicher" Koordinaten

$$X = r\sin(a\alpha) \quad ; \quad Y = r\cos(a\alpha) \quad \text{mit} \quad a = (1+\mu)^{-1/2}$$

eine Transformation der SAM–Hamilton–Funktion durch. Zeigen Sie, daß die kinetische Energie keine gemischten Terme mehr enthält und daß das Potential homogen vom Grade 1 ist.

LÖSUNG:

Die neuen parameterabhängigen Koordinaten, wobei offensichtlich für den Spezialfall $a = 1$ bzw. $\mu = 0$ die übliche Transformation zwischen kartesischen und Polarkoordinaten (5.30, 5.31) vorliegt, lauten entsprechend der Aufgabenstellung

$$X = r\sin(a\alpha) \tag{5.90}$$
$$Y = r\cos(a\alpha). \tag{5.91}$$

Die Rücktransformationen sind gegeben durch

$$r = \sqrt{X^2+Y^2} \tag{5.92}$$
$$\alpha = \frac{1}{a}\arctan\frac{X}{Y}. \tag{5.93}$$

## 5.6 Koordinatentransformation

Für die Zeitableitungen erhält man

$$\dot{X} = \dot{r}\sin(a\alpha) + ra\dot{\alpha}\cos(a\alpha) \tag{5.94}$$

$$\dot{Y} = \dot{r}\cos(a\alpha) - ra\dot{\alpha}\sin(a\alpha) \tag{5.95}$$

bzw.

$$\dot{r} = \frac{X\dot{X} + Y\dot{Y}}{\sqrt{X^2 + Y^2}} \tag{5.96}$$

$$\dot{\alpha} = \frac{1}{a}\frac{Y\dot{X} - X\dot{Y}}{X^2 + Y^2}. \tag{5.97}$$

Um die neue Hamilton-Funktion $H(X, Y, p_X, p_Y)$ zu gewinnen, müssen die kanonisch konjugierten Impulse aus der Lagrange-Funktion bzw. der kinetischen Energie

$$T = \frac{m}{2}\frac{1}{X^2 + Y^2}\left[(1+\mu)\left(X\dot{X} + Y\dot{Y}\right)^2 + \frac{1}{a^2}\left(Y\dot{X} - X\dot{Y}\right)^2\right]. \tag{5.98}$$

bestimmt werden. Für die Impulse gilt

$$p_X = p_r\sin(a\alpha) + \frac{1}{a}\frac{p_\alpha}{r}\cos(a\alpha) \tag{5.99}$$

$$p_Y = p_r\cos(a\alpha) - \frac{1}{a}\frac{p_\alpha}{r}\sin(a\alpha). \tag{5.100}$$

Die Bestimmung der Impulse $p_r, p_\alpha$ kann übersichtlicherweise in Matrizenschreibweise vorgenommen werden. Nach den Impulsbeziehungen (5.99, 5.100) gilt:

$$\begin{pmatrix} p_X \\ p_Y \end{pmatrix} = \underbrace{\begin{pmatrix} \sin(a\alpha) & \dfrac{\cos(a\alpha)}{ar} \\ \cos(a\alpha) & -\dfrac{\sin(a\alpha)}{ar} \end{pmatrix}}_{=:A} \begin{pmatrix} p_r \\ p_\alpha \end{pmatrix} \tag{5.101}$$

Gesucht ist die Inverse

$$A^{-1} = \frac{1}{|A|}\begin{pmatrix} |A_{11}| & |A_{12}| \\ |A_{21}| & |A_{22}| \end{pmatrix}. \tag{5.102}$$

Da die Determinante von $A$ den Wert

$$|A| = -\frac{1}{ar} \neq 0 \tag{5.103}$$

hat, gilt

$$A^{-1} = \begin{pmatrix} \sin(a\alpha) & \cos(a\alpha) \\ ar\cos(a\alpha) & -ar\sin(a\alpha) \end{pmatrix} \tag{5.104}$$

bzw.

$$p_r = p_X \sin(a\alpha) + p_Y \cos(a\alpha) \tag{5.105}$$
$$p_\alpha = p_X ar \cos(a\alpha) - p_Y ar \sin(a\alpha) . \tag{5.106}$$

Unter Benutzung der Impulsbeziehungen (5.105, 5.106) wird die Hamilton-Funktion $H_\mu(r,\alpha,p_r,p_\alpha)$ (5.11) in die neue Form $H_\mu = H_\mu(X,Y,p_X,p_Y)$ transformiert. Wir erhalten nach kurzer Rechnung

$$\begin{aligned} H_\mu &= \frac{1}{2m(X^2+Y^2)} \left[ p_X^2 \left( \frac{x^2}{1+\mu} + a^2 y^2 \right) + p_Y^2 \left( \frac{y^2}{1+\mu} + a^2 x^2 \right) \right. \\ &\quad \left. + 2XY p_X p_Y \left( \frac{1}{1+\mu} - a^2 \right) \right] \\ &\quad + mg\sqrt{X^2+Y^2} \left[ \mu - \cos\left(\frac{1}{a}\arctan\frac{X}{Y}\right) \right] . \end{aligned} \tag{5.107}$$

Durch eine günstige Wahl des Parameters $a$ läßt sich die Hamilton-Funktion wesentlich vereinfachen. Setzen wir, wie in der Aufgabenstellung empfohlen,

$$a^2 = \frac{1}{1+\mu} , \tag{5.108}$$

so entfällt der Mischterm $p_X p_Y$ im kinetischen Anteil der Hamilton-Funktion (5.107). Wir erhalten

$$\begin{aligned} H_\mu(X,Y,p_X,p_Y) &= \frac{1}{2m(1+\mu)}(p_X^2 + p_Y^2) + mg\mu\sqrt{X^2+Y^2} \\ &\quad - mg\sqrt{X^2+Y^2}\cos\left(\sqrt{1+\mu}\arctan\frac{X}{Y}\right) \end{aligned} \tag{5.109}$$

d.h. es liegt eine Hamilton-Funktion vom Typ

$$H_\mu = T + V = \frac{1}{2m(1+\mu)}(p_X^2 + p_Y^2) + V(X,Y) \tag{5.110}$$

mit dem Potential

$$V(X,Y) = mg\sqrt{X^2+Y^2}\left[\mu - \cos\left(\sqrt{1+\mu}\arctan\left(\frac{X}{Y}\right)\right)\right] \tag{5.111}$$

vor.

Die hohe Symmetrie in der kinetischen Energie $T$ (5.110) führt zu einer komplizierten Struktur des Potentials $V$. Auf die Frage nach der Homogenität des Potentials (5.111) ergibt sich wegen

$$\begin{aligned} V(\lambda X, \lambda Y) &= mg\sqrt{(\lambda X)^2 + (\lambda Y)^2}\left[\frac{M}{m}\right.\\ &\quad \left.- \cos\left(\sqrt{\frac{m+M}{m}}\arctan\left(\frac{\lambda X}{\lambda Y}\right)\right)\right] \quad (5.112)\\ &= mg\sqrt{\lambda^2(X^2+Y^2)}\left[\frac{M}{m}\right.\\ &\quad \left.- \cos\left(\sqrt{\frac{m+M}{m}}\arctan\left(\frac{X}{Y}\right)\right)\right] \quad (5.113)\\ &= \lambda^1 V(X,Y) \quad (5.114) \end{aligned}$$

die Antwort: Das Potential ist homogen vom Grade 1.

Da die potentielle Energie (5.5, 5.111) der Schwingenden Atwood-Maschine eine homogene Funktion ist, gilt das Ähnlichkeitsprinzip der Mechanik, d.h. alle Bahnkurven auf einer gegebenen Energiefläche $H = E = $ const können auf eine andere (normierte) Energiefläche (z.B. $H = E = 1$) skaliert werden (Landau, Lifschitz, 1981). Mit Hilfe folgender Ähnlichkeitstransformationen für die Zeit

$$t' = \sqrt{E}\, t \quad (5.115)$$

und die Koordinaten

$$r' = Er\;;\; p'_r = \sqrt{E}\, p_r\;;\; p'_\alpha = \frac{1}{\sqrt{E}}\, p_\alpha \quad (5.116)$$

kann die Hamilton-Funktion von $H = E$ auf $H = 1$ skaliert werden.

Eine der interessantesten Fragen in Hamiltonschen dynamischen Systemen ist die Existenz von Invarianten. Die Suche nach solchen Erhaltungsgrößen ist im allgemeinen nicht trivial. In unserem Fall, wenn das Hamiltonsche System zwei Freiheitsgrade hat und vom einfachen Typ $H = \frac{1}{2}\underline{p}^2 + V(\underline{q})$ ist, vergleiche dazu unser Resultat (5.110), existieren eine Reihe von Theoremen, die Aussagen über die Existenz oder Nichtexistenz von Invarianten

## 5.7 Poincaré–Schnitte

AUFGABE:

Untersuchen Sie die Schwingende Atwood–Maschine (SAM) für die speziellen Massenverhältnisse $\mu = 4n^2 - 1$, $n = 1, 2, 3, \ldots$ und zeigen Sie, daß eine Vermutung von Tufillaro, SAM ist integrabel für genau diese Parameterwerte, mit Ausnahme von $\mu = 3$ ($n = 1$) nicht zutrifft. Zeichnen Sie Poincaré–Schnitte, in dem Sie die Durchstoßpunkte der Trajektorie durch die Ebene $\alpha = 0 \pm 2\pi n$ numerisch ermitteln und die dazugehörigen Werte für den Abstand und die Abstandsänderung in der $p_r - r$ - Ebene markieren.

LÖSUNG:

Aus den vorangegangenen Aufgaben und Lösungen ist bekannt, daß die Schwingende Atwood–Maschine nur integrabel ist für zwei Fälle, u.z.

$\mu = 0$ : $p_x =$ const  Gleichung (5.43) , (5.117)

$\mu = 3$ : $I =$ const  Gleichung (5.87) . (5.118)

Diese Ergebnisse spiegeln sich auch visuell in den numerisch zu ermittelnden Poincarè–Schnitten wieder. Der Phasenraum der Schwingenden Atwood–Maschine ist vierdimensional $\{q_1 = r, q_2 = \alpha, p_1 = p_r, p_2 = p_\alpha\}$. Wählen wir eine zweidimensionale Schnittebene $\Sigma_R$ aus, so betrachten wir dann die Schnittpunkte der Trajektorie mit dieser Ebene (Abb. 5.14). Die spezielle Wahl der Schnittebene erfolgt wie folgt. Wir wissen, daß die Bewegung des konservativen Systems auf einer dreidimensionalen Energiefläche (5.16)

$$H(q_1, q_2, p_1, p_2) = E \qquad (5.119)$$

erfolgt. Damit ist eine Variable durch den Energieerhaltungssatz (5.119) determiniert, u.z. zum Beispiel gilt für $p_2$

$$p_2 = p_2(q_1, q_2, p_1; E) . \qquad (5.120)$$

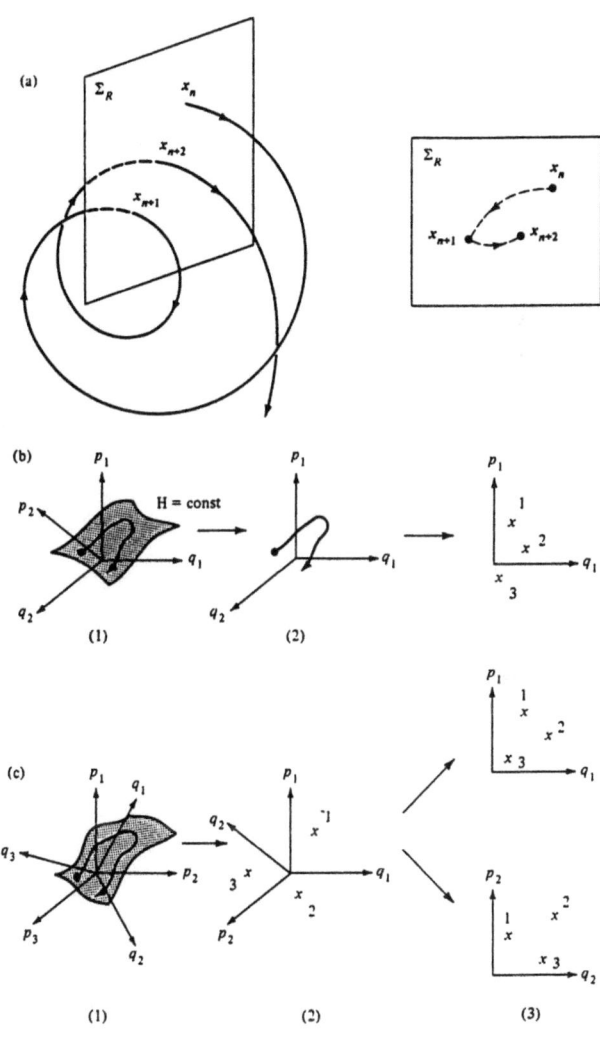

**Abb. 5.14:** Schematische Darstellung der Bewegung im Phasenraum (oben) und zur Definition der Poincaré-Schnittebene für ein System mit zwei (b) bzw. drei (c) Freiheitsgraden (nach Lichtenberg, Lieberman, 1982).

## 104  5 Schwingende Atwood–Maschine

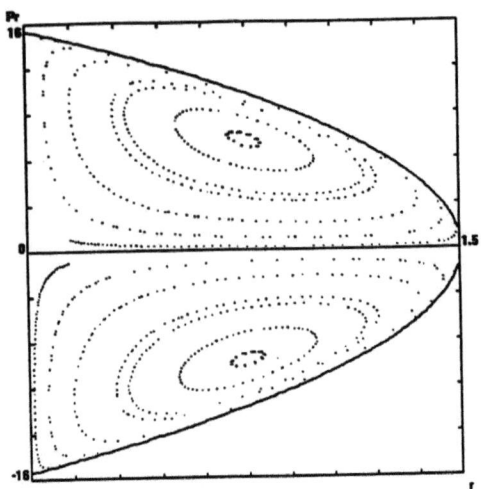

Abb. 5.15: Numerisch ermittelter Poincaré–Schnitt für die integrable Situation $\mu = 3$ mit sieben Anfangsbedingungen (Budde, Mahnke, 1994).

Somit betrachten wir nur eine Projektion auf den dreidimensionalen Unterraum $\{q_1, q_2, p_1\}$. Setzen wir nun $q_2 = $ const, so erhalten wir eine sog. Surface–of–Section als Schnittfläche, aufgespannt von der Ortsvariablen $q_1 = r$ und dem kanonisch konjugierten Impuls $p_1 = p_r$ (Abb. 5.14). Die Abbildung, die beim sukzessiven Durchstoßen der Schnittebene $\Sigma_R$ entsteht, heißt Poincaré–Schnitt bzw. Surface–of–Section–Map. Gibt es eine weitere Konstante der Bewegung

$$I(q_1, q_2, p_1, p_2) = \text{const} \tag{5.121}$$

zusätzlich zur Energie $E$ (5.119), so existiert wegen

$$p_1 = p_1(q_1, q_2 = \text{const}; E, I) \tag{5.122}$$

eine reguläre Dynamik mit periodischen und quasiperiodischen Trajektorien. Die dazugehörige Poincaré–Abbildung ist sehr einfach und übersichtlich. Fixpunkte dieser Schnittebene sind die periodischen Bahnkurven der Schwingenden Atwood–Maschine; während die übrigen geschlossenen Kurven die quasiperiodischen Trajektorien, die auf dem KAM–Torus umlaufen, darstellen. Die Abbildung 5.15 zeigt im integrablen Fall $\mu = 3$ diese Situation. Im Gegensatz zu dieser integrablen Bewegungsform zeigt der

5.7 Poincaré–Schnitte   105

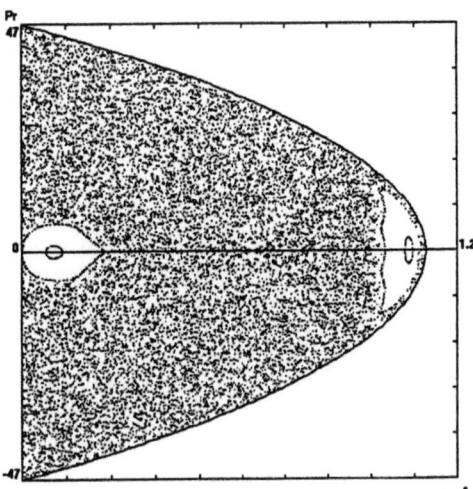

Abb. 5.16: Numerisch ermittelter Poincaré–Schnitt für $\mu = 10$ bei konstanter Energie der Bahnkurven $E = 100$ Nm (Mahnke, Budde, Röpke, 1988).

Poincaré–Schnitt andernfalls eine komplizierte Struktur. Der nichtintegrable Fall enthält ein chaotisches Regime, erkennbar am unregelmäßigen Punkthimmel, wie z.B. in der Abbildung 5.16 ersichtlich. Diese Poincaré–Abbildung des SAM–Pendels für den Parameter $\mu = 10$ und verschiedene Bahnkurven (Anfangsbedingungen) mit der konstanten Energie $E = 500$ Nm zeigt die scharf getrennten Gebiete regulärer (quasiperiodischer) Trajektorien, in denen die einzelnen Durchstoßpunkte durch die Ebene $\alpha = 2\pi n$ in der $p_r - r$ - Fläche geschlossene Kurven ergeben, von jenen, die sich chaotisch verhalten. Die Begrenzung des Gebietes, in denen sich Durchstoßpunkte befinden, ist durch die Gleichung (vergleiche 5.17)

$$p_r = \pm\sqrt{2m(1+\mu)E - 2m^2 gr(\mu^2 - 1)} \qquad (5.123)$$

bestimmt. Die Abbildungen 5.17 zeigen innerhalb dieses parabelförmigen Gebietes, begrenzt durch (5.123), das komplexe Wechselspiel zwischen chaotischem und regulärem Verhalten der Schwingenden Atwood–Maschine mit wachsendem Kontrollparameter.

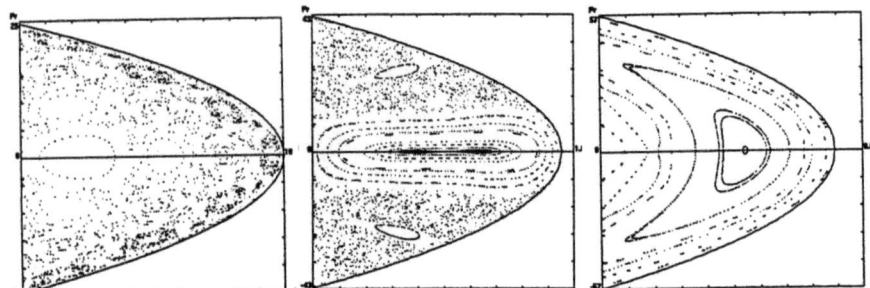

Abb. 5.17: Poincaré–Schnitte für die Fälle $\mu = 2$, $\mu = 8$ und $\mu = 15$ bei konstanter Energie $E = 100$ Nm (Budde, Mahnke, 1994).

## 5.8 Ziglins Theorem

AUFGABE:

Führen Sie den Beweis über die Nichtintegrabilität des SAM–Pendels für $\mu > 3$ mit Hilfe des Theorems von Ziglin.

ZIGLINs Theorem (Yoshida, 1987):

Sei das Potential $V(\underline{q}) = V(q_1, q_2)$ eine homogene Funktion vom Grade $k$, so wird der Integrabilitätskoeffizient $\lambda$ definiert als

$$\lambda = \operatorname{Spur} V_{qq}(c_1, c_2) - (k-1),$$

wobei $V_{qq}$ eine Hesse–Matrix der 2. Ableitungen ist und die $\underline{c} = (c_1, c_2)$ als Lösungen des algebraischen Gleichungssystems $\underline{c} = \partial V / \partial \underline{q}|_{\underline{q}=\underline{c}}$ folgen.

Das Hamiltonsche System

$$H = \frac{1}{2}\underline{p}^2 + V(\underline{q})$$

ist nun nichtintegrabel, d.h. es existiert keine zusätzliche Invariante $I(\underline{p}, \underline{q})$ = const, wenn der Koeffizient $\lambda$ innerhalb des Gebietes $S_k$ liegt. Die Gebiete $S_k$ sind wie folgt definiert:

(i) $k \leq 3$ :
$$S_k = \{\lambda < 0, 1 < \lambda < k-1, \ldots, j(j-1)k/2 + j < \lambda < j(j+1)k/2 - j, \ldots\}$$

(ii) $k = 1$ :
$$S_1 = \mathbf{R} - \{0, 1, 3, 6, 10, \ldots, j(j+1)/2, \ldots\}$$

(iii) $k = -1$ :
$$S_{-1} = \mathbf{R} - \{1, 0, -2, -5, -9, \ldots, -j(j+1)/2 + 1, \ldots\}$$

(iv) $k \leq -3$ :
$$S_k = \{\lambda > 1, 0 > \lambda > -|k| + 2, \ldots, -j(j-1)|k|/2 - (j-1) > \lambda > -j(j+1)|k|/2 + (j+1), \ldots\}.$$

LÖSUNG:

Ausgangspunkt für die theoretische Analyse zur Integrabilität bzw. Nichtintegrabilität der Schwingenden Atwood–Maschine ist die Hamilton–Funktion (5.109) in den $\mu$–abhängigen kartesisch–ähnlichen Koordinaten (5.90, 5.91) und Impulsen (5.99, 5.100). Wir starten mit (vergleiche 5.110, 5.111)

$$H_\mu(X, Y, p_X, p_Y) = \frac{1}{2}\left(p_X^2 + p_Y^2\right) + V(X, Y) \tag{5.124}$$

und dem Potential

$$V(X, Y) = m^2 g(1+\mu)\sqrt{X^2 + Y^2}\left[\mu - \cos\left(\sqrt{1+\mu}\arctan\left(\frac{X}{Y}\right)\right)\right]. \tag{5.125}$$

Dieses Potential ist, wie bereits bewiesen (5.112 – 5.114), homogen vom Grade $k = 1$. Damit sind alle Voraussetzungen zur Anwendung des Theorems von Ziglin erfüllt. Es ist somit zu prüfen, ob für den Integrabilitätskoeffizienten die Ungleichung

$$\lambda = \text{Spur } V_{XY}(c_1, c_2) \neq \frac{j(j+1)}{2} \quad \text{für } j = 0, 1, 2, \ldots \tag{5.126}$$

gilt; in diesen Fällen ist die Schwingende Atwood–Maschine nicht integrabel.

## 5 Schwingende Atwood-Maschine

Zur Berechnung des Koeffizienten $\lambda$ benötigen wir die 1. und 2. Ableitungen des Potentials $V(X,Y)$ (5.125) nach den Variablen. Wir erhalten

$$\frac{\partial V}{\partial X} = \frac{m^2 g(1+\mu)}{\sqrt{X^2+Y^2}} \left[ X \left[ \mu - \cos\left(\sqrt{1+\mu}\arctan\frac{X}{Y}\right)\right] \right.$$
$$\left. + Y\sqrt{1+\mu}\sin\left(\sqrt{1+\mu}\arctan\frac{X}{Y}\right) \right] \quad (5.127)$$

$$\frac{\partial V}{\partial Y} = \frac{m^2 g(1+\mu)}{\sqrt{X^2+Y^2}} \left[ Y \left[ \mu - \cos\left(\sqrt{1+\mu}\arctan\frac{X}{Y}\right)\right] \right.$$
$$\left. - X\sqrt{1+\mu}\sin\left(\sqrt{1+\mu}\arctan\frac{X}{Y}\right) \right] \quad (5.128)$$

$$\frac{\partial^2 V}{\partial X^2} = \frac{m^2 g(1+\mu) Y^2}{(X^2+Y^2)^{3/2}} \left[ 1 + \cos\left(\sqrt{1+\mu}\arctan\frac{X}{Y}\right) \right] \quad (5.129)$$

$$\frac{\partial^2 V}{\partial Y^2} = \frac{m^2 g(1+\mu) X^2}{(X^2+Y^2)^{3/2}} \left[ 1 + \cos\left(\sqrt{1+\mu}\arctan\frac{X}{Y}\right) \right]. \quad (5.130)$$

Nun sind die Lösungen des algebraischen Gleichungssystems

$$c_1 = \left.\frac{\partial V}{\partial X}\right|_{X=c_1, Y=c_2} \quad (5.131)$$

$$c_2 = \left.\frac{\partial V}{\partial Y}\right|_{X=c_1, Y=c_2} \quad (5.132)$$

zu bestimmen. Nach Einsetzen der 1. Ableitungen (5.127, 5.128) erhalten wir aus den Gleichungen die Lösungen

$$c_1 = 0 \quad (5.133)$$
$$c_2 = m^2 g(1+\mu)(\mu-1), \quad (5.134)$$

diese setzen wir wiederum in den Ausdruck für die Spur

$$\left.\frac{\partial^2 V}{\partial X^2}\right|_{c_1,c_2} + \left.\frac{\partial^2 V}{\partial Y^2}\right|_{c_1,c_2} = \frac{m^2 g(1+\mu)\mu}{\sqrt{c_1^2+c_2^2}} \left[ 1 + \cos\left(\sqrt{1+\mu}\arctan\frac{c_1}{c_2}\right) \right] \quad (5.135)$$

ein und erhalten somit für den Integrabilitätskoeffizienten (5.126)

$$\lambda = \frac{2\mu}{\mu-1}. \quad (5.136)$$

Nach dem Theorem von Ziglin ist das System Schwingende–Atwood Maschine nichtintegrabel, wenn die folgende Ungleichung

$$\frac{2\mu}{\mu-1} \neq \frac{j(j+1)}{2} \quad \text{für} \quad j = 0, 1, 2, \ldots \tag{5.137}$$

gilt. Unter Beachtung, daß das Massenverhältnis keine negativen Werte annehmen kann ($\mu = M/m \geq 0$), ergibt sich als Folgerung aus (5.137) abschließend folgendes Resultat:

Falls für das Massenverhältnis $\mu$

$$\mu \neq \frac{j(j+1)}{j(j+1)-4} \quad \text{für ganzzahlige } j > 2 \tag{5.138}$$

gilt, so ist das System Schwingende Atwood–Maschine nichtintegrabel. Insbesondere gilt diese Aussage für die Parameterwerte $0 < \mu < 1$ und $3 < \mu < \infty$.

Damit ist gezeigt, daß das SAM-Pendel nur für $\mu = 3$ integrabel ist (siehe Aufgabe 5.5) und für alle weiteren Parameterwerte $\mu > 3$ nichtintegrabel ist. Auf die Frage, warum es für Werte $\mu = 4n^2 - 1 = 15, 35, \ldots$ (Abb. 5.17) integrabel erscheint, gibt die Arbeit von Casasayas, Nunes und Tufillaro (1990) Antwort. Das chaotische Verhalten der Schwingenden Atwood-Maschine (insbesondere für $\mu > 3$) hängt mit der Existenz eines transversalen heteroklinen Orbits zusammen. Gehören die stabilen und instabilen Mannigfalten zu verschiedenen Fixpunkten und schneiden sich diese Mannigfalten transversal (d.h. unter einem positiven Winkel), so sind diese tranversalen heteroklinen Orbits Ursache für komplizierte Bewegungsformen. Schon Poincaré bemerkte 1899 in seinen Arbeiten über das Dreikörperproblem, daß äußerst verwickelte Trajektorien entstehen, wenn homokline oder heterokline Orbits vorhanden sind.

## 5.9 Heterokline Orbits

AUFGABE:

Untersuchen Sie die Dynamik der Schwingenden Atwood-Maschine nach Skalierung der Impulse und der Zeit mittels

$$p_r' = \frac{1}{\sqrt{1+\mu}} p_r \quad ; \quad p_\alpha' = \frac{1}{r} p_\alpha \quad ; \quad d\tau = \frac{1}{m\sqrt{1+\mu}\, r} dt$$

## 5 Schwingende Atwood-Maschine

und bestimmen Sie den Fluß im Phasenraum für den Grenzfall $r \to 0$.

LÖSUNG:

Ausgangspunkt sind die kanonischen Bewegungsgleichungen (5.12 – 5.15), die in den gewählten Polarkoordinaten singulär für den Nullpunkt $r = 0$ sind. Nach Transformation der Impulse mittels

$$p_r' = \frac{1}{\sqrt{1+\mu}} p_r \quad ; \quad p_\alpha' = \frac{1}{r} p_\alpha \tag{5.139}$$

erhalten wir

$$\dot{r} = \frac{p_r'}{m\sqrt{1+\mu}} \tag{5.140}$$

$$\dot{\alpha} = \frac{p_\alpha'}{mr} \tag{5.141}$$

$$\dot{p_r'} = \frac{p_\alpha'^2}{m\sqrt{1+\mu}\,r} - \frac{mg}{\sqrt{1+\mu}}(\mu - \cos\alpha) \tag{5.142}$$

$$\dot{p_\alpha'} = -\frac{p_r' p_\alpha'}{m\sqrt{1+\mu}} - mgr\sin\alpha \ . \tag{5.143}$$

Führen wir die folgende nichtlineare Skalierung zwischen alter ($dt$) und neuer ($d\tau$) Zeit

$$dt = m\sqrt{1+\mu}\, r\, d\tau \tag{5.144}$$

aus, so ist das Gleichungssystem

$$\frac{dr}{d\tau} = r\, p_r' \tag{5.145}$$

$$\frac{d\alpha}{d\tau} = \sqrt{1+\mu}\, p_\alpha' \tag{5.146}$$

$$\frac{dp_r'}{d\tau} = p_\alpha'^2 - m^2 gr(\mu - \cos\alpha) \tag{5.147}$$

$$\frac{dp_\alpha'}{d\tau} = -p_r' p_\alpha' - m^2 g\sqrt{1+\mu}\, r\sin\alpha \tag{5.148}$$

Grundlage zur Bestimmung der Flusses im Phasenraum, der von den Variablen $\{r, \alpha, p_r', p_\alpha'\}$ aufgespannt wird. Der Energieerhaltungssatz (5.11, 5.16) lautet nun

$$H_\mu'(r, \alpha, p_r', p_\alpha') = \frac{1}{2m}\left(p_r'^2 + p_\alpha'^2\right) + mgr(\mu - \cos\alpha) = E \ . \tag{5.149}$$

Für die Singularität ($r \to 0$) erhalten wir beim Energiewert $E$ einen Kreis mit $p_r'^2 + p_\alpha'^2 = 2mE$; die stationären Zustände (hyperbolische Fixpunkte) folgen aus (5.145 – 5.148) für $r \to 0$.

Wie mit geometrischen Mitteln gezeigt werden konnte (Casasayas, Nunes, Tufillaro, 1990), besitzt das dynamische System Schwingende Atwood–Maschine transversale heterokline Orbits für alle Werte des Kontrollparameters $\mu > 1$. Somit ist chaotische Dynamik zu erwarten. Der Spezialfall $\mu = 3$ (Abschnitt 5.5 und 5.7) ist eins der wenigen integrablen Systeme mit solch einem transversalen Orbit $\gamma_E(\alpha = \pi)$. Insbesondere für $\mu = 4n^2 - 1$ bleiben Trajektorien, die in der Nähe des heteroklinen Orbits starten, recht lange dicht bei $\gamma_E(\pi)$, so daß mit numerischen Mitteln Schwierigkeiten auftreten, die Nichtintegrabilität z. B. mit Hilfe von Poincaré–Schnitten zu zeigen.

## 5.10 Zentralfeldnäherung

AUFGABE:

Behandeln Sie die Schwingende Atwood–Maschine im Grenzfall $M \gg m$ in Zentralfeldnäherung mit dem Potential $V(r) = mg\mu r$. Berechnen Sie die Umkehrpunkte $r_{min}$ und $r_{max}$ der Bewegung.

LÖSUNG:

Abschließend untersuchen wir das SAM-Pendel für den Fall $M \gg m$, d.h. für große Massenverhältnisse $\mu$ (5.1). In diesem Grenzfall erscheint es berechtigt, die exakte SAM-Hamilton-Funktion (5.11) durch die Näherung

$$H_\mu^Z(p_r, p_\alpha, r) = \frac{p_r^2}{2m\mu} + \frac{p_\alpha^2}{2mr^2} + mg\mu r \tag{5.150}$$

zu ersetzen. Damit reduziert sich das Problem auf die Bewegung der Masse $m$ in einem durch die Masse $M$ erzeugten Zentralfeld. Aufgrund des zeitunabhängigen radialsymmetrischen Potentials $V = V(r)$ resultieren zwei Erhaltungsgrößen, u.z. existiert neben der Energie $E = $ const noch der Drehimpuls $p_\alpha = p_\alpha(0) \equiv D = $ const. Somit verhindert diese Näherung eine chaotische Dynamik und gestattet nur das Studium von quasiperiodischen bzw. periodischen Bahnen.

## 5 Schwingende Atwood-Maschine

In den Lehrbüchern zur Mechanik wird die Bewegung im Zentralfeld (insbesondere im Fall des Newtonschen Gravitationspotentials $V(r) \sim 1/r$) ausführlich untersucht und die Methodik zur Lösung des Problems aufgezeigt. Unter Verwendung eines effektiven Potentials

$$V_{eff}(r) = \frac{p_\alpha^2}{2mr^2} + mg\mu r \tag{5.151}$$

erhalten wir aus der Zentralfeldnäherung (5.150) der Hamiltonfunktion

$$H_\mu^Z(p_r, r) = \frac{p_r^2}{2m\mu} + V_{eff}(r) = E \tag{5.152}$$

bzw. aus (vgl. dazu (5.17))

$$p_r(r; E, D) = \pm\sqrt{2m\mu E - 2m^2 g\mu^2 r - \mu D^2/r^2} \tag{5.153}$$

die Umkehrpunkte des Orbits $r_{min}$ und $r_{max}$ aus (5.153) mit $p_r = 0$.

Die Lösungen dieser Gleichung dritten Grades für den Abstand $r$ lauten:

$$r_{min} = \frac{E}{3mg\mu}(1 - 2\cos(\delta - 120°)) \tag{5.154}$$

$$r_{max} = \frac{E}{3mg\mu}(\cdot\cdot - 2\cos(\delta + 120°)) \tag{5.155}$$

mit der Abkürzung

$$\delta = \frac{1}{3}\arccos\left[-1 + \frac{2D^2}{m^2 g\mu}\left(\frac{3mg\mu}{2E}\right)^3\right]. \tag{5.156}$$

Die 3. Lösung ergibt einen negativen Radius.

Bei gegebener Energie $E$ und Drehimpuls $D$ rotiert das Pendel in der Zentralfeldnäherung (5.150, Abb. 5.18) zwischen $r_{min} \leq r \leq r_{max}$ (5.154, 5.155). Für den minimalen Drehimpuls ($D = 0$) gilt $r_{min} = 0$ und $r_{max} = E/(mg\mu)$, andernfalls existiert für das Maximum $D_{cr}^2 = m^2 g\mu(2E/(3mg\mu))^3$ eine Kreisbahn mit dem Radius $r_{cr} = r_{min} = r_{max} = 2E/(3mg\mu)$. Der Rotationscharakter der Schwingenden Atwood-Maschine für große Massenverhältnisse $\mu = M/m$ (5.1) wird schon aus den Abbildungen 5.7 und 5.8 deutlich. Startet das System mit einem verschwindenden Drehimpuls und einer relativ geringen Energie $E = 990$ Nm, so rotiert es, von einigen Ausschwingern abgesehen, ständig mit endlichem Drehimpuls um den

## 5.10 Zentralfeldnäherung

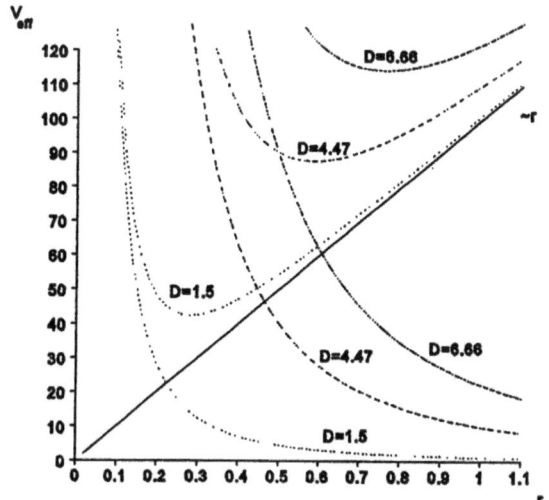

Abb. 5.18: Effektives Potential des SAM–Pendels in Zentralfeldnäherung als Funktion des Abstandes $r$ bei verschiedenen Parameterwerten des konstanten Drehimpulses $D$ (Budde, Mahnke, 1994).

Ursprung. Wegen (5.154) ist $r_{min} = 0$, so daß die rotierende Masse der Singularität bei $r = 0$ beliebig nahe kommen kann.

Ist dieser Fall durch die Wahl eines endlichen Drehimpulses (z.B. $D = 100$ Nsm) bei ansonsten gleichen Anfangsbedingungen ausgeschlossen, so existiert ein von Null verschiedener Abstand $r_{min}$ (5.154). Dieser Grenzabstand kann von der sich bewegenden Masse nicht unterschritten werden, so daß die typischen Rotationsbewegungen in einem Zentralfeld entstehen. Dabei nimmt der Winkel $\alpha$ mit der Zeit zu.

Gleichförmige Rotation entsteht für das SAM–Pendel in der Grenze $\mu \to \infty$. In diesem Grenzfall wird der Einfluß des Schwerefelds der Erde (Erdbeschleunigung $g$) verschwindend klein, so daß die Masse $m$ mit konstanter Winkelgeschwindigkeit

$$\dot\alpha = \omega = \frac{1}{m}\frac{p_\alpha(0)}{r(0)^2} = \text{const} \tag{5.157}$$

im Abstand $r(t) = r(0) = \text{const}$ rotiert. Dabei wächst der Winkel entsprechend (5.157) linear mit der Zeit $\alpha(t) = \alpha(0) + \omega t$.

# Kapitel 6

# Dynamische Systeme

Zum besseren Verständnis der Methoden zur Behandlung nichtlinearer dynamischer Systeme wird zunächst die Untersuchung einfacher Modellsysteme empfohlen. Diese Modelle spielen bei der Diskussion zu Problemen der Strukturbildung eine große Rolle. Die gelernten Methoden lassen dann auch auf komplexe Systeme übertragen.

Die folgenden Aufgaben behandeln spezielle zwei- bzw. dreidimensionale kontinuierliche dynamische Systeme, deren Zustandsraumdynamik zu analysieren ist. Analytisch sind Fixpunkte und periodische Lösungen (z.B. Grenzzyklen) zu bestimmen. Anschließend ist die Stabilitätsanalyse durchzuführen, um die stabilen Lösungen zu erhalten. Kritische Werte der Kontrollparameter, bei denen sich das Stabilitätsverhalten stationärer Zustände ändert, sind anzugeben. Numerisch sind einzelne Trajektorien zu berechnen, um so einen Überblick über den Fluß im Zustandsraum zu erhalten.

Da im allgemeinen das dynamische System (siehe Kapitel 1, Gleichung 1.2)

$$\frac{d}{dt}x(t) = v(x(t)) \; ; \; x_0 = x(t_0) \tag{6.1}$$

zu kompliziert ist, um den Fluß (Menge aller Trajektorien, Gleichung 1.3) vollständig zu bestimmen, beschränkt man sich häufig auf die Ermittlung der stationären Zustände, auch Fixpunkte oder singuläre Punkte genannt. Die stationären Lösungen $(dx/dt \equiv \dot{x} = 0)$ folgen aus einem System algebraischer Gleichungen

$$v(x) = 0 \implies x_{st} = (x^{(0)}, x^{(1)}, \dots) \quad \text{Fixpunkte} \tag{6.2}$$

## 116  6 Dynamische Systeme

und entsprechen physikalisch den Gleichgewichtszuständen. Es erhebt sich nun folgende wichtige Frage: Welche Zustände werden bevorzugt angelaufen, wenn das System bei festen Parametern mehrere Gleichgewichtslagen besitzt? Die Antwort gibt die Stabilitätsanalyse der Fixpunkte (Fixpunktanalyse).

Ein stationärer Zustand $x_{st}$ heißt stabil (andernfalls instabil), wenn eine kleine Schwankung $\delta x$

$$x(t) = x_{st} + \delta x \qquad (6.3)$$

im Laufe der Zeit abklingt

$$|\delta x| = |x(t) - x_{st}| \to 0 \quad \text{für} \quad t \to \infty, \qquad (6.4)$$

(andernfalls sich aufschaukelt und der stationäre Zustand dabei verlassen wird).

Eine Trajektorie, die nicht von einem singulären Punkt startet, kann einen stabilen Fixpunkt nur asymptotisch für $t \to \infty$ erreichen. Die Frage nach der Stabilität bzw. Instabilität stationärer Lösungen kann mit der Methode der kleinen Störungen entschieden werden. Dazu wird in der Umgebung von $x_{st}$ eine Taylorentwicklung durchgeführt, u.z.

$$\delta x = x(t) - x_{st} \equiv y \qquad (6.5)$$

$$\frac{dy}{dt} = v(x_{st}) + \left.\frac{dv}{dx}\right|_{x=x_{st}} y + \ldots \qquad (6.6)$$

$$= py \quad \text{mit} \quad p = v'(x_{st}) \qquad (6.7)$$

mit der Lösung

$$y(t) = y(0) \exp(pt). \qquad (6.8)$$

Für eindimensionale dynamische Systeme, die sich auch stets als Gradientensysteme mit Hilfe einer Potentialfunktion $V(x)$ schreiben lassen

$$\dot{x} = v(x) = -\frac{dV(x)}{dx}, \qquad (6.9)$$

ist die Stabilitätsanalyse elementar. Es gilt

1. $p < 0$    $x_{st}$ ist stabil (exponentielles Abklingen der Störung)
2. $p > 0$    $x_{st}$ ist instabil (exponentielles Anwachsen der Störung)

3. $p = 0$   $x_{st}$ ist labil (instabil, eindimensionaler Sattel)
Analyse unter Verwendung der Ableitung 2. Ordnung nötig

$$\dot{y} = \frac{1}{2}v''(x_{st})y^2 = p_2 y^2 \, . \tag{6.10}$$

Die Fixpunktanalyse für zweidimensionale dynamische Systeme liefert in linearer Näherung

$$\frac{dy}{dt} = \sum_{k=1}^{2} a_{ik} y_k \quad \text{mit} \quad a_{ik} = \left. \frac{\partial v_i(x_1, x_2)}{\partial x_k} \right|_{x_k = x_k^{st}} \, . \tag{6.11}$$

Die Lösung wird wiederum mit dem Exponentialansatz ermittelt, u.z.

$$y_k(t) = y_k(0) \exp(pt) \tag{6.12}$$

$$p y_i = \sum_k a_{ik} y_k \tag{6.13}$$

$$0 = \sum_k (a_{ik} - p\delta_{ik}) y_k \tag{6.14}$$

$$0 = \begin{vmatrix} a_{11} - p & a_{12} \\ a_{21} & a_{22} - p \end{vmatrix} \, . \tag{6.15}$$

Gesucht sind die Wurzeln $p_1, p_2$ der zuletzt genannten charakteristischen Gleichung

$$p^2 + A_1 p + A_0 = 0 \tag{6.16}$$

mit

$$A_1 = -(a_{11} + a_{22}) = -\text{Spur } a_{ik} \tag{6.17}$$

$$A_0 = a_{11} a_{22} - a_{12} a_{21} = \text{Det } a_{ik} \, . \tag{6.18}$$

Asymptotische Stabilität (negative Realteile der Wurzeln $p_1$ und $p_2$) liegt nach dem Hurwitz – Kriterium vor, wenn

$$A_1 > 0 \quad \text{und} \quad A_0 > 0 \tag{6.19}$$

gilt.

Insgesamt existieren sechs Möglichkeiten, die in der Abbildung 6.1 zusammengefaßt sind.

1.   $p_1, p_2$   reell, negativ $\Longrightarrow$ stabiler Knoten

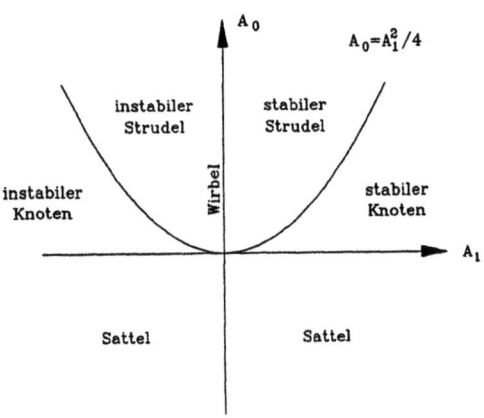

Abb. 6.1: Skizze zur Klassifikation der verschiedenen Fixpunkte in der Parameterebene.

2. $p_1, p_2$ reell, positiv $\Longrightarrow$ instabiler Knoten

3. $p_1, p_2$ komplex, negativer Realteil $\Longrightarrow$ stabiler Strudel

4. $p_1, p_2$ komplex, positiver Realteil $\Longrightarrow$ instabiler Strudel

5. $p_1, p_2$ reell, unterschiedlicher Vorzeichen $\Longrightarrow$ Sattel

6. $p_1, p_2$ rein imaginär $\Longrightarrow$ Wirbel

Die Fallunterscheidungen lassen sich an Hand eines einfachen zweidimensionalen dynamischen Systems studieren. Bezeichnen wir die beiden Variablen mit $r$ (Abstand zum Koordinatenursprung, Radius) und $\alpha$ (Winkel zur positiven $x$–Achse), die zwei Kontrollparameter mit $a_1$ und $a_2$. Die Bewegungsgleichungen seien

$$\dot{r} = a_1 r \tag{6.20}$$
$$\dot{\alpha} = a_2 . \tag{6.21}$$

Da diese beiden Gleichungen entkoppelt sind, kann nach Integration unter Berücksichtigung der Anfangsbedingungen $r(0) = r_0$, $\alpha(0) = \alpha_0$

$$r(t) = r_0 e^{a_1 t} \tag{6.22}$$
$$\alpha(t) = a_2 t + \alpha_0 \tag{6.23}$$

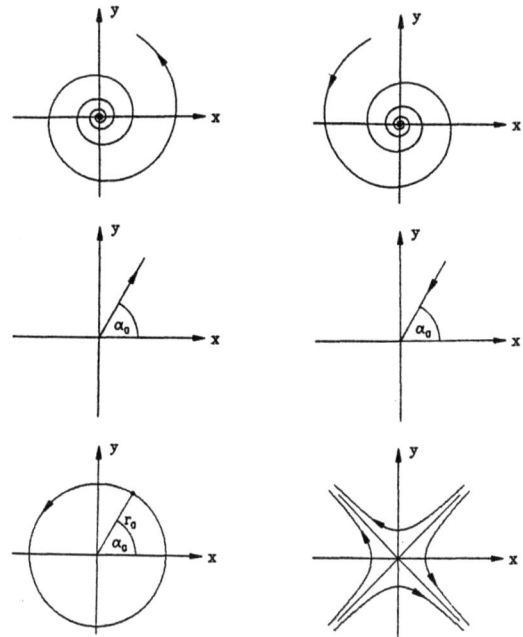

Abb. 6.2: Schematische Darstellung der Fixpunkte eines zweidimensionalen dynamischen Systems.

die Trajektorie unmittelbar berechnet werden. Wir erhalten als Lösung

$$r(\alpha) = r_0 \, e^{\frac{a_1}{a_2}(\alpha-\alpha_0)} \, . \tag{6.24}$$

In Abhängigkeit vom Vorzeichen $(+, \pm 0, -)$ der Parameter $a_1, a_2$ sind verschiedene Situationen zu unterscheiden.

1. Fall: $a_1 > 0, a_2 \neq 0$ $\implies$ instabiler Strudel
2. Fall: $a_1 < 0, a_2 \neq 0$ $\implies$ stabiler Strudel
3. Fall: $a_1 = 0, a_2 \neq 0$ $\implies$ Wirbel
4. Fall: $a_1 > 0, a_2 = 0$ $\implies$ instabiler Knoten
5. Fall: $a_1 < 0, a_2 = 0$ $\implies$ stabiler Knoten.

Zusammen mit dem Sattelpunkt sind diese Fixpunkte in der Abbildung 6.2 dargestellt.

## 6.1 Van der Pol–Oszillator

AUFGABE:

Untersuchen Sie zuerst das elementare zweidimensionale dynamische System

$$\dot{x} = -x + y$$
$$\dot{y} = -x - y \,.$$

Anschließend ist der Fluß im Zustandsraum für ein erweitertes Modellsystem

$$\dot{x} = x - y - x(x^2 + y^2)$$
$$\dot{y} = x + y - y(x^2 + y^2)$$

zu analysieren, das in Beziehung zum van der Pol–Oszillator steht.

LÖSUNG:

Das folgende in einem zweidimensionalen $x$–$y$–Zustandsraum „lebende" lineare dynamische System

$$\dot{x} = -x + y \tag{6.25}$$
$$\dot{y} = -x - y \,. \tag{6.26}$$

ist auf Grund der Kopplung der beiden Gleichungen in kartesischen Koordinaten recht schwierig zu lösen. Deshalb führen wir eine Transformation auf Polarkoordinaten durch. Das Ziel besteht in der Entkopplung der beiden Gleichungen.

Unter Verwendung der Transformationsbeziehungen

$$x = r \cos \alpha \quad ; \quad r = \sqrt{x^2 + y^2} \tag{6.27}$$
$$y = r \sin \alpha \quad ; \quad \alpha = \arctan(y/x) \tag{6.28}$$

erhalten wir aus (6.25, 6.26) mittels

$$\dot{r} = \frac{\dot{x}x + \dot{y}y}{\sqrt{x^2 + y^2}} \tag{6.29}$$

$$= \frac{-x^2 + xy - xy - y^2}{\sqrt{x^2 + y^2}} \tag{6.30}$$

$$= -\sqrt{x^2 + y^2} = -r \tag{6.31}$$

$$\dot{\alpha} = \frac{\dot{y}x^{-1} - \dot{x}yx^{-2}}{1 + y^2 x^{-2}} \tag{6.32}$$

$$= \frac{\dot{y}x - \dot{x}y}{x^2 + y^2} \tag{6.33}$$

$$= \frac{-x^2 - xy + xy - y^2}{x^2 + y^2} = -1 \tag{6.34}$$

das entkoppelte Gleichungssystem

$$\dot{r} = -r \tag{6.35}$$
$$\dot{\alpha} = -1 \,. \tag{6.36}$$

Eine vollständige Lösung mittels elementarer Integration ist möglich. Die zum Anfangszustand ($r_0 = r(t_0)$; $\alpha_0 = \alpha(t_0)$) gehörende Trajektorie lautet

$$r(t) = r_0 \exp(-t) \tag{6.37}$$
$$\alpha(t) = -t + \alpha_0 \tag{6.38}$$

bzw.

$$r(\alpha) = r_0 \exp(\alpha - \alpha_0) \,. \tag{6.39}$$

Der Fluß im Zustandsraum (Abb. 6.3) zeigt das Einstrudeln aller Trajektorien zum Koordinatenursprung (0,0). Die Gleichung (6.39) beschreibt logarithmische Spiralen in Richtung auf den Ursprung. Das dynamische System (6.25, 6.26) enspricht physikalisch einem Pendel mit schwacher Reibung, wobei die Gleichgewichtslage ($x_{st} = 0$, $y_{st} = 0$) ein stabiler Strudelpunkt ist.

Das erweiterte Modellsystem

$$\dot{x} = x - y - x(x^2 + y^2) \tag{6.40}$$
$$\dot{y} = x + y - y(x^2 + y^2) \tag{6.41}$$

entkoppeln wir wiederum, indem wir die Transformation auf Polarkoordinaten durchführen. Wir erhalten nach analoger Rechnung

$$\dot{r} = r(1 - r^2) \tag{6.42}$$
$$\dot{\alpha} = 1 \,. \tag{6.43}$$

# 6 Dynamische Systeme

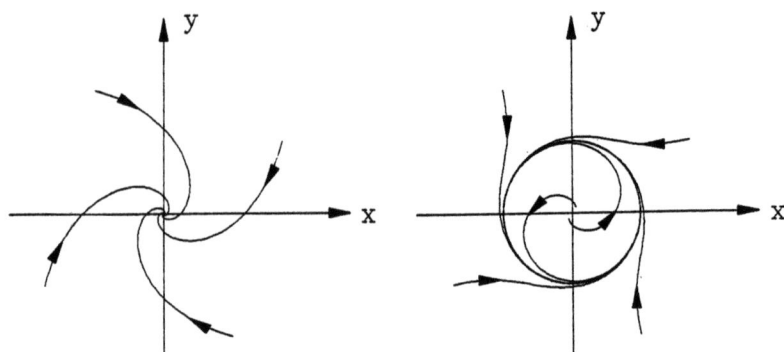

Abb. 6.3: Fluß im Zustandsraum für das einfache System (links) und das erweiterte System (rechts) (Nobach, Mahnke, 1994).

Aus der Gleichung (6.42) folgen zwei Fixpunkte, u.z.

$$r_{st}^{(0)} = 0 \qquad (6.44)$$
$$r_{st}^{(1)} = 1 \, . \qquad (6.45)$$

Die Integration der einfachen Bewegungsgleichungen (6.42, 6.43) ist elementar möglich. Nach Trennung der Variablen, Benutzung des Integrals

$$\int \frac{dx}{x(ax^2+bx+c)} = \frac{1}{2c} \ln \frac{x^2}{ax^2+bx+c} - \frac{b}{2c} \int \frac{dx}{ax^2+bx+c} \qquad (6.46)$$

mit $a = -1$, $b = 0$, $c = 0$, somit

$$\int \frac{dr}{r(1-r^2)} = \frac{1}{2} \ln \frac{r^2}{1-r^2} \, , \qquad (6.47)$$

folgt nach Inversion die allgemeine Lösung (globaler Fluß)

$$r(t) = \left[1 + \left(\frac{1}{r_0^2} - 1\right) e^{-2t}\right]^{-1/2} \qquad (6.48)$$
$$\alpha(t) = \alpha_0 + t \qquad (6.49)$$

bzw. als Trajektorie (Abb. 6.3)

$$r(\alpha) = \left[1 + \left(\frac{1}{r_0^2} - 1\right) e^{-2(\alpha-\alpha_0)}\right]^{-1/2} \, . \qquad (6.50)$$

Die Analyse zeigt, daß jede Trajektorie ($r_0 \neq 1$) für $t \to \infty$ dem Zustand $r_{st}^{(1)} = 1$ (6.45) zustrebt. Da der Winkel linear mit der Zeit anwächst (6.49), rotiert das System für lange Zeiten auf einem Kreis mit dem Radius $r = 1$. Somit ist der Koordinatenursprung als Fixpunkt (6.44) ein instabiler Strudel, während die stabile Lösung (6.45) einen Grenzzyklus mit konstantem Radius (periodische Lösung) darstellt. Diese Situation beschreibt das Modell eines selbsterregten Schwingkreises, wie ihn der van der Pol-Oszillator darstellt.

## 6.2 Räuber–Beute–Systeme

AUFGABE:

In der Populationsdynamik sind sogenannte „Räuber–Beute–Systeme" sehr populär; sie beschreiben die Konkurrenz zwischen zwei Spezies im Zusammenhang mit einem Rohstoff (Futter). Bereits im Jahre 1910 stellte A. Lotka ein Modell mit linearer Produktaktivierung und einem konstanten Zufluß auf (Lotka-Modell),

$$\dot{x} = h - k_1 xy$$
$$\dot{y} = k_1 xy - k_2 y \, .$$

Wird der Zufluß $h$ durch eine linear vom Substrat abhängige Wachstumsrate ersetzt, so erhalten wir die (einfachen) Lotka-Volterra-Gleichungen

$$\dot{x} = ax - xy$$
$$\dot{y} = xy - by \, .$$

Verallgemeinern wir das zuletzt genannte Modell durch die Einführung von unterschiedlichen Werten für die Wachstums– und Sterberaten (Kontrollparameter), so entstehen die (allgemeinen) Lotka-Volterra-Gleichungen

$$\dot{x} = k_1 A x - k_{12} xy$$
$$\dot{y} = k_{21} xy - k_2 y \, .$$

Dieses Gleichungssystem beschreibt einen Prozeß der Form

$A + X \to 2X$     $X$ – Pflanzenfresser (kleine Fische)

$X + Y \to 2Y$     $Y$ – Räuber (große Fische)

$Y \to F$          $A, F$ – konstant ,

124  6 Dynamische Systeme

der durch das Lotka–Volterra–Modell beschrieben wird. Erforschen Sie für die genannten Modelle mit analytischen und numerischen Methoden das dynamische Verhalten im Zustandsraum.

LÖSUNG:

Eines der ältesten Modelle der Populationsdynamik ist das Räuber–Beute–System, das Lotka und Volterra in den 20er Jahren dieses Jahrhunderts ausgearbeitet haben. Das Modell beschreibt zwei Populationen. Die Beute $X$ (ihre Konzentration sei $x$) habe ausreichend Futter und vermehre sich mit einer linearen Rate $k_1 A x$. Ihre Sterberate sei sowohl proportional zur Anzahl der Beutetiere als auch zu der Zahl $Y$ (Konzentration $y$) der Räuber (Produktansatz mit $k_{12}xy$). Die Räuber wiederum vermehren sich auf Kosten der Beute mit $k_{21}xy$. Ihre endliche Lebensdauer wird durch das natürliche Absterben mit der Rate $k_2 y$ berücksichtigt. Somit lauten die allgemeinen Lotka–Volterra–Gleichungen für das Räuber–Beute–System ($x \geq 0, y \geq 0$)

$$\dot{x} = k_1 A x - k_{12} x y \qquad (6.51)$$
$$\dot{y} = k_{21} x y - k_2 y \,. \qquad (6.52)$$

Das System hat zwei Fixpunkte:

$$x_{st}^{(0)} = 0 \quad ; \quad y_{st}^{(0)} = 0 \qquad (6.53)$$

und

$$x_{st}^{(1)} = \frac{k_2}{k_{21}} \quad ; \quad y_{st}^{(1)} = \frac{k_1 A}{k_{12}} \,. \qquad (6.54)$$

Die Nullösung (6.53) ist ein Sattelpunkt (hyperbolischer Fixpunkt), wobei die $x$-Achse die stabile und die $y$-Achse die instabile Grenzkurve ist. Der positive Fixpunkt (6.54) ist vom Wirbeltyp (elliptischer Fixpunkt) mit $p_{1,2} = \pm i\sqrt{k_1 A k_2}$, so daß alle Trajektorien ungedämpfte Oszillationen um diesem Punkt ausführen. Im Gegensatz zum Grenzzyklus sind diese geschlossenen Kurven vom Anfangszustand $(x(0), y(0))$ abhängig, siehe Abbildung 6.4. Deshalb gehört das Lotka–Volterra–Modell (6.51, 6.52) in die Klasse der strukturell instabilen Systeme, d.h. die Bahnkurven sind stabil, aber nicht asymptotisch stabil. In Anlehnung an die Hamilton–Mechanik

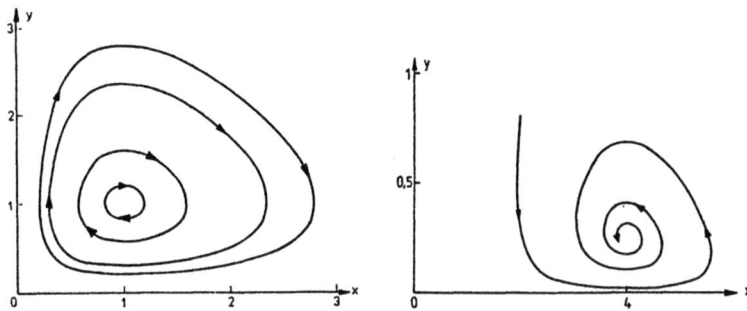

Abb. 6.4: Zustandsraumporträt der Lotka–Volterra–Modells (links) mit ungedämpften Oszillationen und eine entsprechende Darstellung für das Lotka–System (rechts) mit gedämpften Schwingungen (nach Ebeling, Engel, Herzel, 1990).

spricht man von konservativen Oszillationen. Die Erhaltungsgröße $H$ (entspricht der Hamilton–Funktion in der Mechanik) für das Räuber–Beute–Modell lautet

$$H(x,y) = k_{21}x - k_2 \ln x + k_{12} - k_1 A \ln y = \text{const}, \qquad (6.55)$$

wobei die Konstante durch die Anfangswerte $H(x(0), y(0)) = \text{const}$ festgelegt ist. Während das Lotka–Volterra–Gleichungen (6.51, 6.52) konservativ sind, ist das Lotka–Modell (Lotka, 1910)

$$\dot{x} = h - k_1 x y \qquad (6.56)$$
$$\dot{y} = k_1 x y - k_2 y \qquad (6.57)$$

dissipativ. Wir finden gedämpfte Oszillationen, die asymptotisch den stabilen Strudelpunkt ($x_{st} = k_2/k_1$, $y_{st} = h/k_2$) erreichen (Abb. 6.4).

## 6.3 Der Brüsselator

AUFGABE:

Analysieren Sie das folgende sehr bekannte, zuerst an der Universität Brüssel (Lefever, Nicolis, 1971) aufgestellte, zweidimensionale dynamische System mit den beiden Kontrollparametern $A$ und $B$

$$\dot{x}_1 = A - (B+1)x_1 + x_1^2 x_2$$
$$\dot{x}_2 = Bx_1 - x_1^2 x_2 .$$

LÖSUNG:

Das zweidimensionale dynamische System „Brüsselator" mit den beiden nichtnegativen Kontrollparametern $A$ und $B$

$$\dot{x}_1 = A - (B+1)x_1 + x_1^2 x_2 \qquad (6.58)$$
$$\dot{x}_2 = Bx_1 - x_1^2 x_2 \qquad (6.59)$$

zeigt selbsterregte nichtlineare Schwingungen der chemischen Komponenten $x_1$ und $x_2$.

Die einzige stationäre Lösung von (6.58, 6.59) folgt aus

$$0 = A - (B+1)x_1 + x_1^2 x_2 \qquad (6.60)$$
$$0 = Bx_1 - x_1^2 x_2 \qquad (6.61)$$

zu

$$x_{st}^{(1)} = A \quad ; \quad x_{st}^{(2)} = \frac{B}{A} . \qquad (6.62)$$

Die Stabilitätsanalyse des Fixpunktes (6.62) ist elementar. Aus der Eigenwertgleichung (6.15) für die kleinen Störungen

$$\begin{vmatrix} B-1-p & A^2 \\ -B & -A^2-p \end{vmatrix} = p^2 + (A^2+1-B)p + A^2 = 0 \qquad (6.63)$$

erhalten wir die folgenden Aussagen (vergleiche Abb. 6.1):

1. Der Fixpunkt (6.62) ist ein stabiler Knoten für den Parameterbereich $0 < B < (A-1)^2$.

2. Der Fixpunkt (6.62) ist ein stabiler Strudel für den Parameterbereich $(A-1)^2 < B < A^2 + 1$.

3. Der Fixpunkt (6.62) ist ein instabiler Strudel für den Parameterbereich $A^2 + 1 < B < (A+1)^2$.

4. Der Fixpunkt (6.62) ist ein instabiler Knoten für den Parameterbereich $(A+1)^2 < B < \infty$.

Nach dem Überschreiten der kritischen Parameterkurve $B = A^2 + 1$ besitzt das Brüsselator-System keinen stabilen Punktattraktor mehr. Da aber alle Trajektorien mit den Anfangswerten $x_1(0) \geq 0$ und $x_2(0) \geq 0$ im positiven Quadranten für lange Zeiten verbleiben und nicht nach Unendlich divergieren, muß das System einen stabilen Grenzzyklus haben. Diese geschlossene Kurve, deren geometrische Form durch die Werte der Parameter $A$ und $B$ mit $B > A^2 + 1$ bestimmt ist, wird von jeder Trajektorie unabhängig von ihren Anfangswerten für $t \to \infty$ erreicht (Abb 6.5).

Die zeitliche Selbstorganisation des Brüsselators in Form einer chemischen Oszillation entspringt der inneren nichtlinearen Dynamik des untersuchten Systems. Wir finden eine Vielzahl von Schwingungsphänomenen (harmonische, gedämpfte, selbsterregte, chaotische Oszillationen) in den unterschiedlichsten Gebieten der Mechanik, Elektronik (Schwingkreise), Chemie (Farbwechsel in der Belousov-Zhabotinsky-Reaktion), Biochemie und anderen Disziplinen (Thompson, Stewart, 1986; Ebeling, Engel, Herzel, 1990).

## 6.4 Das Selkov-Modell

AUFGABE:

Ein dem Brüsselator ähnliches Modell wurde von E. Selkov 1968 in Zusammenhang mit glykolytischen Oszillationen aufgestellt. In seiner erweiterten Form (Hinzunahme eines linearen Terms der Form $Bx$) lautet es wie folgt

$$\dot{x} = 1 - Bx - xy^2$$
$$\dot{y} = A(xy^2 - y).$$

Untersuchen Sie das dynamische Verhalten dieses interessanten Systems und geben Sie das Bifurkationsdiagramm in der Kontrollparameterebene an.

128  6 Dynamische Systeme

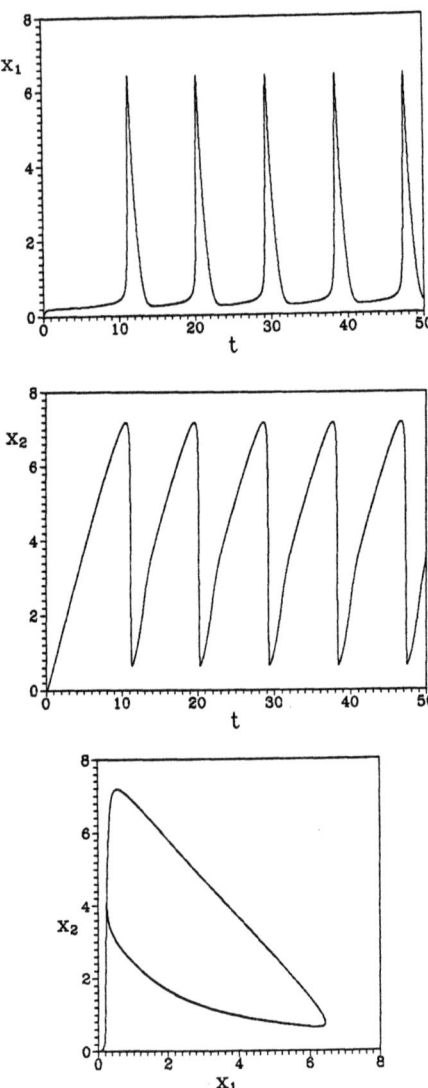

Abb. 6.5: Numerische Analyse des Brüsselators mit den Parametern $A = 1$ und $B = 4$ (Grenzzyklusregime). Zeitentwicklung der beiden Variablen $x_1 = x_1(t)$ (oben), $x_2 = x_2(t)$ (Mitte) und das entsprechende Zustandsraumporträt (Nobach, Mahnke, 1994).

## 6.4 Das Selkov-Modell

LÖSUNG:

Die reichhaltige Dynamik des Selkov-Modells

$$\dot{x} = 1 - Bx - xy^2 \quad (6.64)$$
$$\dot{y} = A(xy^2 - y) \quad (6.65)$$

wird bei Variation der beiden (nichtnegativen) Kontrollparameter $A$ und $B$ sichtbar. Die Fixpunktanalyse liefert drei stationäre Zustände

$$x_{st}^{(0)} = \frac{1}{B} \quad ; \quad y_{st}^{(0)} = 0 \quad (6.66)$$

$$x_{st}^{(1)} = \frac{1}{2B} + \frac{1}{2B}\sqrt{1-4B} \quad ; \quad y_{st}^{(1)} = \frac{1}{x_{st}^{(1)}} \quad (6.67)$$

$$x_{st}^{(2)} = \frac{1}{2B} - \frac{1}{2B}\sqrt{1-4B} \quad ; \quad y_{st}^{(2)} = \frac{1}{x_{st}^{(2)}} , \quad (6.68)$$

deren Stabilitätseigenschaften für einen speziellen Satz von Parametern ($A = 1$, $B = 0.125$) aus dem Zustandsraumporträt und dem Bifurkationsdiagramm in der Abbildung 6.6 abzulesen sind. Wir finden einen stabilen Knoten (6.66), einen Sattelpunkt (6.67) und einen instabilen Strudel (6.68). Eine numerische Realisierung zeigt das in der Abbildung 6.6 dargestellte Zustandsraumporträt für fünf Trajektorien mit den Anfangswerten ($x(0), y(0)$) zu (1.0, 0.85); (9.9901, 0.1034); (4.9993, 0.1934); (6.7, 0.2); (6.9, 0.1).

Bei Veränderung der Werte der Kontrollparameter im Selkov-Modell (6.64, 6.65) finden wir die Herausbildung eines Grenzzyklus, indem der Knoten und der Sattel verschmelzen. Bei Hinzunahme einer dritten Gleichung, beispielsweise unter Einbeziehung eines Depots $z$

$$dz/dt = Cxy - z , \quad (6.69)$$

wird die Dynamik noch reichhaltiger und es überrascht nicht, daß auch die Existenz eines seltsamen (chaotischen) Attraktors nachgewiesen werden kann. Das deterministische Chaos stellt gewissermaßen eine „innere Stochastizität" der Systeme dar; im Gegensatz zu den nichtautonomen Systemen, in denen der Einfluß äußerer Fluktuationen berücksichtigt wird (Ebeling, Engel, Herzel, 1990).

130  6 Dynamische Systeme

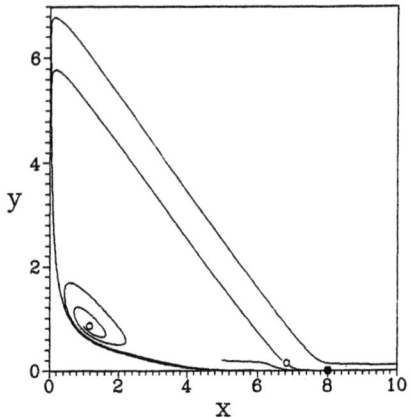

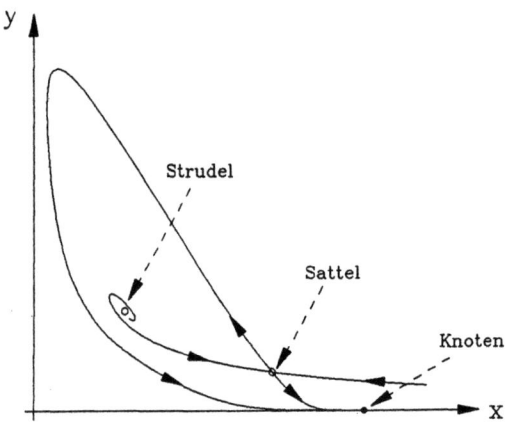

Abb. 6.6: Zustandsraumporträt mit verschiedenen Trajektorien (oben) und schematische Darstellung der Grenzlinien mit den Fixpunkten (unten) des Selkov–Modells für die Parameterwerte $A = 1$ und $B = 0.125$ (Nobach, Mahnke, 1994).

## 6.5 Die Lorenz-Gleichungen

AUFGABE:

Analysieren Sie das folgende, zuerst von E. Lorenz 1963 aufgestellte, dreidimensionale dynamische System mit den Kontrollparametern $s, b, r > 0$

$$\dot{x} = s(y - x)$$
$$\dot{y} = rx - y - xz$$
$$\dot{z} = xy - bz\,.$$

LÖSUNG:

Unter Vereinfachung der hydrodynamischen Navier – Stokes – Gleichungen zur Beschreibung der Rayleigh – Benard – Konvektion einer Flüssigkeitsschicht leitete Eduard Lorenz 1963 das nach ihm benannte nichtlineare Gleichungssystem

$$\dot{x} = s(y - x) \qquad (6.70)$$
$$\dot{y} = rx - y - xz \qquad (6.71)$$
$$\dot{z} = xy - bz \qquad (6.72)$$

her. In diesem einfachen System sind $x$ das Geschwindigkeitsprofil (Amplitude der konvektiven Strömung) und $y, z$ die horizontale und vertikale Temperaturverteilung. Das Lorenz-Modellsystem (6.70 – 6.72) wurde in über 50 wissenschaftlichen Artikeln ausführlich studiert. Ein gewisser Standardfall für numerische Untersuchungen ist die Fixierung der Parameter $s$ und $b$ (üblicherweise zu $s = 10$, $b = 8/3$) und die Variation des Kontrollparameters $r > 0$.

Die folgenden elementaren analytischen Resultate (Lorenz, 1963; Lichtenberg, Lieberman, 1983, 1992; Jetschke, 1989) sind bekannt und lassen sich leicht beweisen. Insbesondere gilt:

1. Die Gleichungen sind invariant bei Vorzeichenumkehr der Variablen. Aufgrund der Symmetrie der Gleichungen bleiben diese unverändert bei der Transformation $\{x \to -x, y \to -y, z \to -z\}$.

2. Alle Lösungen bleiben endlich. Trajektorien mit großen Anfangswerten werden in Richtung auf den Koordinatenursprung gedämpft. Die Berechnung der Dämpfungsrate im Zustandsraum mittels der Divergenz liefert

$$\text{div } f = \frac{\partial \dot{x}}{\partial x} + \frac{\partial \dot{y}}{\partial y} + \frac{\partial \dot{z}}{\partial z} = -(s+b+1) < 0,  \tag{6.73}$$

so daß alle Zustandsraumvolumia gleichmäßig kontrahieren.

3. Eine spezielle analytische Lösung mit dieser Eigenschaft lautet

$$x(t) = 0 \quad ; \quad y(t) = 0 \quad ; \quad z(t) = z(0)\exp(-bt). \tag{6.74}$$

4. Die erste stationäre Lösung ist die Nulllösung (ruhende Flüssigkeit)

$$x_{st}^{(1)} = 0 \quad ; \quad y_{st}^{(1)} = 0 \quad ; \quad z_{st}^{(1)} = 0, \tag{6.75}$$

die nur im Parameterintervall $0 < r < 1$ anziehend (asymptotisch stabiler Knoten) ist.

5. Ein weiterer Punktattraktor existiert für $r > 1$. Genau dann, wenn die ruhende Flüssigkeit (6.75) instabil wird, entsteht das Regime der Konvektionszellen. Die symmetrischen Fixpunkte lauten

$$x_{st}^{(2),(3)} = y_{st}^{(2),(3)} = \pm\sqrt{b(r-1)} \quad ; \quad z_{st}^{(2),(3)} = r - 1. \tag{6.76}$$

6. Die Stabilitätsanalyse liefert die folgende Eigenwertgleichung für einen (beliebigen) Fixpunkt $(x_{st}, y_{st}, z_{st})$

$$\begin{vmatrix} -s-p & s & 0 \\ r-z_{st} & -1-p & -x_{st} \\ y_{st} & x_{st} & -b-p \end{vmatrix} = 0. \tag{6.77}$$

Nach Einsetzen der ersten Lösung (6.75) erhalten wir aus (6.77) die Gleichung

$$(b+p)\left[p^2 + (s+1)p - s(r-1)\right] = 0, \tag{6.78}$$

## 6.5 Die Lorenz-Gleichungen

die genau dann drei negative reelle Wurzeln $p_1, p_2, p_3 < 0$ hat, wenn $0 < r < 1$ gilt. Der erste kritische Parameterwert ist

$$r_c^{(1)} = 1 \, . \tag{6.79}$$

Für diesen speziellen Wert ist (6.75) ein Sattel mit den Wurzeln $p_1 = 0$ und $p_2, p_3 < 0$.
Für die zweite Lösung (6.76) erhalten wir aus (6.77) die Gleichung

$$p^3 + (s + 1 + b)p^2 + b(s + r)p + 2bs(r - 1) = 0 \, . \tag{6.80}$$

Eine Analyse mit Hilfe des Hurwitz-Kriteriums zeigt, daß ein zweiter kritischer Parameterwert existiert, und zwar

$$r_c^{(2)} = s \, \frac{s + b + 3}{s - b - 1} \, . \tag{6.81}$$

Gilt $s > b + 1$ und $1 < r < r_c^{(2)}$, so ist der Fixpunkt (6.76) stabil. Für $r = r_c^{(2)}$ existiert eine subkritische Hopf-Bifurkation, in dem ein Paar konjugiert-komplexer Eigenwerte die imaginäre Achse kreuzen.

7. Für $r > r_c^{(2)}$ sind alle Punktattraktoren instabil. Da auch Grenzzyklen und andere dreidimensionale stabile Tori ausgeschlossen sind, finden wir einen chaotischen Attraktor, der dem turbulenten Strömungsregime entspricht.

Die Abbildung 6.7 zeigt den Lorenz-Attraktor in einer numerischen Integration der Bewegungsgleichungen (6.70 - 6.72) für die Kontrollparameterwerte, wie sie erstmalig von Lorenz verwendet wurden. Die dreidimensionale Darstellung des Trajektorienflusses zeigt, daß die Integralkurven unregelmäßig um $x_{st}^{(2),(3)} = y_{st}^{(2),(3)} = \pm\sqrt{b(r-1)}$ (6.76) oszillieren und dann zu scheinbar zufälligen Zeiten umklappen; das ganze ähnelt „dem Kreisen einer Fliege unter zwei Lampen". Die genaue geometrische Analyse des chaotischen Attraktors ist nicht einfach, da er aus unendlich vielen, räumlich sehr eng liegenden Blättern besteht (Blätterteigstruktur).

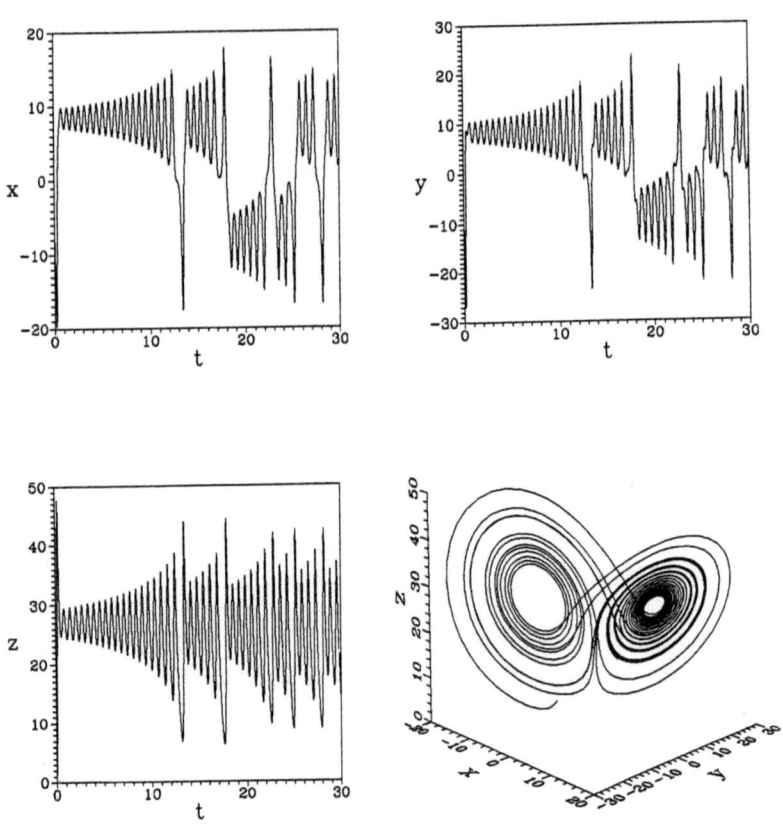

Abb. 6.7: Der Lorenz–Attraktor als Zeitentwicklung der Variablen $x(t)$, $y(t)$, $z(t)$ und in einer dreidimensionalen Darstellung im Zustandsraum für den klassischen Parametersatz $s = 10$, $b = 8/3$ und $r = 28$ (Nobach, Mahnke, 1994).

## 6.6 Das Rössler-Modell

AUFGABE:

Analysieren Sie das folgende, zuerst von O. Rössler 1976 an der Universität Tübingen aufgestellte, dreidimensionale dynamische System mit den Kontrollparametern $a, b, c$

$$\dot{x} = -y - z$$
$$\dot{y} = x + ay$$
$$\dot{z} = b + (x - c)z \,.$$

LÖSUNG:

Damit die Suche nach chaotischen Attraktoren erfolgreich ist, muß das nichtlineare dynamische System mindestens drei unabhängige Variable haben. Sowohl das sehr bekannte Lorenz-System (Lorenz, 1963) als auch das wohl einfachste dreidimensionale chaotische System, das Rössler-Modell aus dem Jahre 1976 (Rössler, 1976), sind heute die Standardbeispiele für das Studium dynamischer Systeme, um sich mit dem Begriff und den Eigenschaften seltsamer Attraktoren vertraut zu machen. Umfangreiche Untersuchungen, die sofort numerisch überprüft werden können, zeigen für das Rössler-Gleichungssystem

$$\dot{x} = -(y + z) \tag{6.82}$$
$$\dot{y} = x + ay \tag{6.83}$$
$$\dot{z} = b + (x - c)z \,. \tag{6.84}$$

bei passenden Werten von $a$ und $b$ (z.B. $a = b = 1/5$) einen stabilen Grenzzyklus, der mit wachsendem $c$-Parameter eine Folge von Periodenverdopplungen durchläuft, die sich bei dem Wert $c_\infty$ häufen. Für $c > c_\infty$ ($c_\infty \approx 4.20$ bei $a = b = 0.2$) existiert eine chaotische Dynamik, in die reguläre Fenster eingebettet sind. Die Abbildung 6.8 zeigt sowohl den Rössler-Grenzzyklus als auch den Rössler-Attraktor für einen speziellen Satz von Kontrollparametern ($a = b = 0.3$, $c = 3.0 < c_\infty$ bzw. $c = 6.0 > c_\infty$), wobei im chaotischen Regime die Trajektorie sich in anwachsenden Spiralen bewegt, dann bei einer kritischen Amplitude zu einem zufälligen Zeitpunkt

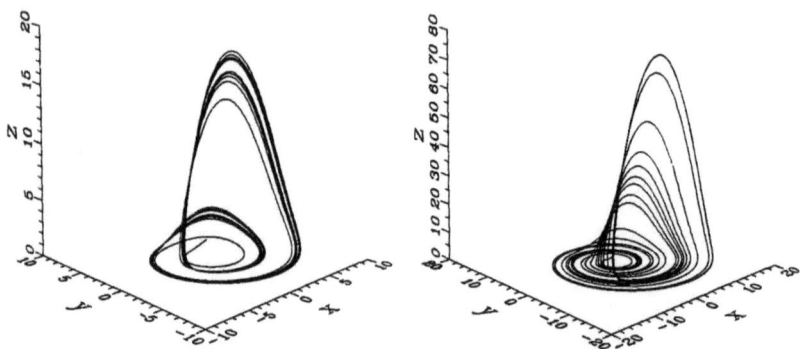

Abb. 6.8: Numerische Integration des Rössler-Modells für die Parameterwerte $a = 0.3$, $b = 0.3$, $c = 3.0$ (links: regulärer Grenzzyklus) bzw. $c = 6.0$ (rechts: chaotischer Rössler-Attraktor). Willkürliche Wahl der Startwerte zu $x(0) = 1$, $y(0) = 1$, $z(0) = 1$ (Nobach, Mahnke, 1994).

in Richtung auf den instabilen Fixpunkt zurückgeworfen wird, um wiederum erneut aufzuspiralen. Bleibt der Wert der $x$-Variablen unterhalb des $c$-Parameterwertes, so verbleibt wegen (6.84) die Trajektorie in der $x - y$-Ebene, und das System verhält sich wie ein instabiler Oszillator, d.h. die Bahnkurve verläuft auf geöffneten Spiralen nach außen. Wenn aber der nichtlineare Term $(x - c)z$ in (6.84) infolge wachsender $x$-Werte positiv wird, verläßt die Trajektorie die $x - y$-Ebene. Vermittelt durch die erste Rössler-Gleichung (6.82) resultieren aus steigenden $z$-Werten wiederum fallende $x$-Werte, so daß der nichtlineare Term $(x - c)z$ in (6.84) schlagartig viel kleiner als Null wird und damit ein Zurückwerfen der Trajektorie in die $x - y$-Ebene in Richtung auf den Ursprung erfolgt. Die Abbildung 6.8 (rechtes Bild) zeigt dieses Verhalten deutlich: Orbits mit anwachsenden $z$-Werten, die urplötzlich Abknicken. Mit einer charakteristischen Periode, die sich deutlich im Frequenzspektrum wiederspiegelt, wiederholt sich dieser Vorgang ständig.

Daß alle Trajektorien (mit beliebigen Anfangswerten) denselben Rössler-Attraktor mit den gleichen geometrischen und dynamischen Eigenschaften im Langzeitverhalten erreichen, kann ebenfalls untersucht werden. Dabei ist es von praktischem Nutzen, daß das transiente Einschwingverhalten sehr kurz ist und die Bahnkurve sehr schnell (verglichen mit der charakteristischen Umklappperiode) auf dem Attraktor ist.

## 6.7 3–Sorten–Nahrungskette

AUFGABE:

Untersuchen Sie das ökologische Modell einer Nahrungskette aus drei Spezies, bestehend aus einer Beutesorte und zwei Räubern. Die Freßrate sei eine Holling–Typ–II Sättigungsfunktion $F(U) = AU/(B + U)$. Entsprechend der Räuber–Beute–Dynamik sind die Bewegungsgleichungen der Konzentrationen $X, Y, Z$ der drei Sorten gegeben als Ableitungen nach der Zeit $T$ durch

$$\frac{dX}{dT} = R_0 X(1 - X/K_0) - C_1 F_1(X) Y$$
$$\frac{dY}{dT} = F_1(X) Y - F_2(Y) Z - D_1 Y$$
$$\frac{dZ}{dT} = C_2 F_2(Y) Z - D_2 Z$$

mit einer Pro–Kopf–Freßrate, in der biologischen Literatur (siehe u.a. Wissel, 1989) auch als „funktionelle Reaktion" bezeichnet, des Typs

$$F_i(U) = \frac{A_i U}{B_i + U} \quad \text{für} \quad i = 1, 2 \, .$$

Die drei Variablen und 10 Parameter des Modells sind alle dimensionsbehaftet, so daß es sinnvoll ist, zuerst dimensionslose Variable und Parameter einzuführen. Wir schlagen folgende dimensionslose Größen vor, u.z.

$$x = \frac{X}{K_0} \, ; \ y = \frac{C_1 y}{K_0} \, ; \ z = \frac{C_1 Z}{C_2 K_0} \, ; \ t = R_0 T$$
$$a_1 = \frac{K_0 A_1}{R_0 B_1} \, ; \ b_1 = \frac{K_0}{B_1} \, ; \ a_2 = \frac{K_0 A_2 C_2}{R_0 B_2 C_1} \, ; \ b_2 = \frac{K_0}{C_1 B_2}$$
$$d_1 = \frac{D_1}{R_0} \, ; \ d_2 = \frac{D_2}{R_0} \, .$$

Ermitteln Sie die nicht dimensionsbehafteten Bewegungsgleichungen und lösen Sie diese für den Parametersatz $a_1 = 5.0, b_1 = 2.0 \ldots 6.2, a_2 = 0.1, b_2 = 2.0, d_1 = 0.4, d_2 = 0.01$. Fertigen Sie dreidimensionale Zustandsraumporträts an und vergleichen Sie diese mit den Resultaten des Rössler–Modells. Definieren Sie sich eine geeignete Poincaré–Schnittebene (z.B. $z = $ const) und bestimmen Sie bei Variation des Parameters $b_1$ anhand der erhaltenen Poincaré–Abbildungen den Übergang ins Chaos.

## 6 Dynamische Systeme

LÖSUNG:

Die Räuber-Beute-Bewegungsgleichungen für die 3-Sorten-Nahrungskette sind gegeben als Ableitungen nach der Zeit $T$ durch

$$\frac{dX}{dT} = R_0 X(1 - X/K_0) - C_1 F_1(X) Y \tag{6.85}$$

$$\frac{dY}{dT} = F_1(X)Y - F_2(Y)Z - D_1 Y \tag{6.86}$$

$$\frac{dZ}{dT} = C_2 F_2(Y)Z - D_2 Z \tag{6.87}$$

mit einer funktionellen Reaktion des Sättigungstyps Holling-II

$$F_i(U) = \frac{A_i U}{B_i + U} \quad \text{für} \quad i = 1, 2. \tag{6.88}$$

Nach Einführung dimensionsloser Konzentrationen $x, y, z$ und einer dimensionslosen Zeit $t$

$$x = \frac{X}{K_0} \,;\, y = \frac{C_1 y}{K_0} \,;\, z = \frac{C_1 Z}{C_2 K_0} \,;\, t = R_0 T \tag{6.89}$$

und neuer dimensionsloser Parameter (nun nur noch 6 anstelle von bisher 10) durch

$$a_1 = \frac{K_0 A_1}{R_0 B_1} \,;\quad b_1 = \frac{K_0}{B_1} \tag{6.90}$$

$$a_2 = \frac{K_0 A_2 C_2}{R_0 B_2 C_1} \,;\, b_2 = \frac{K_0}{C_1 B_2} \tag{6.91}$$

$$d_1 = \frac{D_1}{R_0} \,;\quad d_2 = \frac{D_2}{R_0}. \tag{6.92}$$

erhalten wir aus (6.85 - 6.87) das nichtlineare Gleichungssystem

$$\dot{x} = x(1-x) - f_1(x)y \tag{6.93}$$
$$\dot{y} = f_1(x)y - f_2(y)z - d_1 y \tag{6.94}$$
$$\dot{z} = f_2(y)z - d_2 z \tag{6.95}$$

mit der Funktion

$$f_i(u) = \frac{a_i u}{1 + b_i u}. \tag{6.96}$$

Diese Gleichungen bilden die Grundlage für eine numerische Untersuchung auf dem Computer. Eine globale Analyse des Flusses im Zustandsraum ist

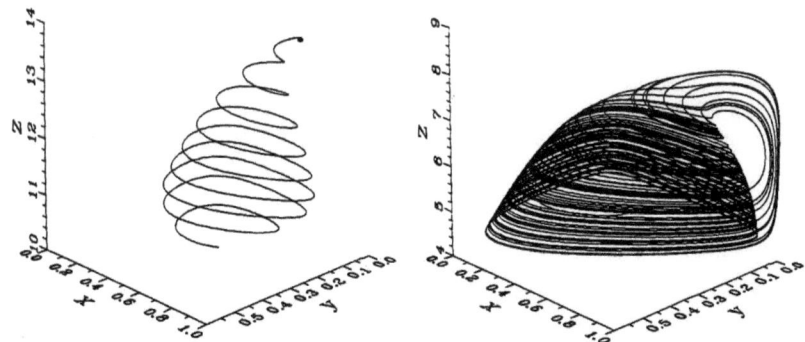

Abb. 6.9: Numerische Integration der 3-Sorten-Nahrungskette für die Parameterwerte $a_1 = 5.0$, $a_2 = 0.1$, $b_2 = 2.0$, $d_1 = 0.4$, $d_2 = 0.01$ und $b_1 = 2.0$ (links: Punktattraktor) bzw. $b_1 = 4.0$ (rechts: chaotischer Attraktor) für ein willkürlich gewähltes Startwertetripel $x(0)$, $y(0)$, $z(0)$ (Nobach, Mahnke, 1994).

aufgrund der Vielzahl von Kontrollparametern sehr aufwendig. Betrachten wir biologisch relevante Nahrungsketten, so existieren auf den verschiedenen trophischen Ebenen unterschiedliche Zeitskalen, d.h. die Sterbeparameter $d_1$ und $d_2$ sind von unterschiedlicher Größenordnung. Der Spezialfall $a_1 = a_2 = 0$ bedeutet eine Entkopplung der Nahrungskette: Während die Sorte $X$ (Beute) ihren stabilen Endwert (Kapazitätsgrenze $X = K_0$ bzw. $x = 1$) erreicht, sterben die beiden Räuber $Y, Z$ aus. Fixieren wir die Freßraten auf unterschiedlichem Niveau ($a_1 = 5.0$ und $a_2 = 0.1$), weiterhin die Sterberaten zu $d_1 = 0.4$ und $d_2 = 0.01$, und variieren die $b$-Parameter der Sättigungsfunktion (z.B. $2.0 \leq b_1 \leq 6.2$, $b_2 = 2.0$), so finden wir den Übergang vom Punktattraktor, über den Grenzzyklus zum deterministischen Chaos (Hastings, Powell, 1991).

Die linke Grafik der Abbildung 6.9 zeigt die Evolution Systems in Richtung auf den stabilen Fixpunkt (reguläres Verhalten). Keine Sorte stirbt aus. Alle drei Sorten koexistieren im Fall $b_1 = 2.0$ in endlichen Konzentrationen. Wird aber der $b_1$-Parameter in der Sättigungsfunktion erhöht, verliert der Fixpunkt seine Stabilität und das System führt chaotische Bewegungen aus. Das rechte Bild der Abbildung 6.9 wurde mit dem Parameterwert $b_1 = 4.0$ erzeugt. Die Trajektorie (Bahnkurve zu einem willkührlich gewählten Anfangswerttripel $x(0), y(0), z(0)$) bildet eine umgekippte Tasse, wobei der Henkel sehr gut zu erkennen ist.

Das beim Rössler-Modell und in der Nahrungskette diskutierte Szenario des Übergangs zum deterministischen Chaos über periodenverdoppelnde Bifurkationen ist typisch für kontinuierliche mehrdimensionale (dissipative) dynamische Systeme. Aber auch die eindimensionalen diskreten Abbildungen (siehe Kapitel 8) zeigen solch ein Verhalten, wie das Studium der berühmten Feigenbaum-Iteration zeigt.

# Kapitel 7

# Reaktions–Diffusions–Systeme

Wie bereits bei der Klassifikation der dynamischen Systeme erwähnt, spielen die kontinuierlichen Reaktions–Diffusions–Systeme eine wichtige Rolle. Betrachten wir ein eindimensionales Ein–Sorten–Problem; die Raumkoordinate sei $x$. Die Konzentration dieser einen Sorte $c(x,t) = dN(x,t)/dx$, Teilchendichte $dN$ am Ort $(x, x+dx)$ zur Zeit $t$, ist die Grundgröße der Beschreibung. Die räumlich–zeitliche Evolution des Konzentrationsprofils wird im allgemeinen durch eine Reaktions–Diffusions–Gleichung des folgenden Typs

$$\frac{\partial c(x,t)}{\partial t} = f\left[c(x,t)\right] + D\frac{\partial^2 c(x,t)}{\partial x^2} \tag{7.1}$$

beschrieben. Sie enthält auf der rechten Seite neben einem nichtlinearen Reaktionsterm $f$, der die Bildung der Sorte, den Zerfall und weitere chemische Umwandlungen beschreibt, einen Diffusionsterm. Die Diffusion (Diffusionskonstante $D$) ist eine ungerichtete Bewegung im Ortsraum.

Betrachten wir zuerst einen reinen Diffusionsprozeß ohne chemische Reaktionen ($f \equiv 0$). Für diese Wanderungsbewegung mit konstanter Diffusionskonstante $D = D_0$ gilt das bekannte Diffusionsgesetz

$$\frac{\partial c(x,t)}{\partial t} = D_0 \frac{\partial^2 c(x,t)}{\partial x^2} \ . \tag{7.2}$$

## 7 Reaktions–Diffusions–Systeme

Beim Diffusionsprozeß existiert Teilchenzahlerhaltung. Bezeichnen wir die Gesamtteilchenzahl mit $M_0$, so gilt sowohl im Globalen

$$\int_{-\infty}^{+\infty} dx\, c(x,t) = M_0 \tag{7.3}$$

als auch im Lokalen

$$\frac{\partial c(x,t)}{\partial t} + \frac{\partial}{\partial x} j_{Diff}(x,t) = 0 \qquad \text{Fick'sches Gesetz} \tag{7.4}$$

$$j_{Diff}(x,t) = -D_0 \frac{\partial c(x,t)}{\partial x} \qquad \text{Diffusionsstrom} \tag{7.5}$$

Teilchenzahlerhaltung.

Das Diffusionsproblem ist eine Anfangs–Randwert–Aufgabe. Eine übliche Startsituation lautet, daß alle $M_0$ Teilchen am Orte $x = 0$ konzentriert sind,

$$c(x, t = 0) = M_0\, \delta(x)\,, \tag{7.6}$$

und an den Rändern des Gebietes der Teilchenstrom verschwindet,

$$j(x = -\infty, t) = j(x = +\infty, t) = 0\,. \tag{7.7}$$

Die Lösung der Diffusionsgleichung (7.2) ist das bekannte Gaußprofil

$$c(x,t) = \frac{M_0}{\sqrt{4\pi D_0 t}} \exp\left(-\frac{x^2}{4 D_0 t}\right) \tag{7.8}$$

daß das Auseinanderfließen einer scharfen Anfangsverteilung beschreibt (siehe Abb. 7.1).

Führen wir eine modifizierte Verteilungsfunktion $F(x,t) = c(x,t)/M_0$ ein, so gilt für die Momente dieser Gaußverteilung

$$<x^0>(t) = \int F(x,t)\, dx = 1 \qquad \text{Teilchenzahlerhaltung} \tag{7.9}$$

$$<x^1>(t) = \int F(x,t)\, x\, dx = 0 \qquad \text{Mittelwert ortsfest} \tag{7.10}$$

$$<x^2>(t) = \int F(x,t)\, x^2\, dx = 2 D_0 t \qquad \text{Streuung} \sim t\,. \tag{7.11}$$

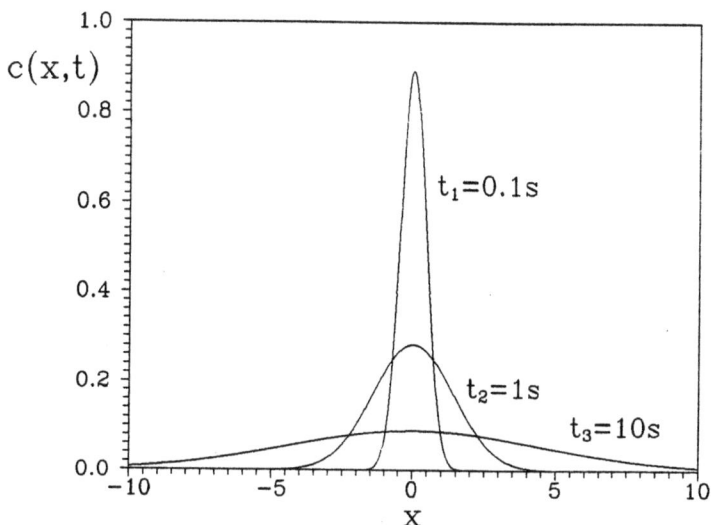

Abb. 7.1: Raum–Zeit–Entwicklung einer symmetrischen Gaußverteilung (Nobach, Mahnke, 1994).

Für den beschriebenen Diffusionsprozeß gilt die Einstein–Relation

$$<x^2> = 2 <D> t \quad \text{mit} \quad <D> = D_0 \,, \tag{7.12}$$

die die Fluktuationen (mittlere quadratische Abweichung) mit der Dissipation (mittlere stochastische Kraft) verknüpft.

Existiert zusätzlich zur ungerichteten Diffusionsbewegung eine Drift (gerichtete Bewegung mit der Geschwindigkeit $v_D \geq 0$), hervorgerufen durch ein äußeres Feld, so lautet der Gesamtstrom

$$j(x,t) = j_{Diff} + j_{Drift} = -D_0 \frac{\partial c(x,t)}{\partial x} + v_D c(x,t) \,. \tag{7.13}$$

Eingesetzt in den lokalen Erhaltungssatz (7.4) folgt somit eine Drift–Diffusions–Gleichung

$$\frac{\partial c(x,t)}{\partial t} + v_D \frac{\partial c(x,t)}{\partial x} = D_0 \frac{\partial^2 c(x,t)}{\partial x^2} \tag{7.14}$$

als Erweiterung des reinen Diffusionsprozesses (7.2). In diesem Fall driftet der Schwerpunkt (Mittelwert, Maximum) geradlinig gleichförmig mit konstanter Geschwindigkeit

$$< x > (t) = v_D t, \qquad (7.15)$$

während die Varianz linear mit der Zeit anwächst

$$\sigma^2 \equiv < x^2 > - < x >^2 = 2D_0 t \sim t. \qquad (7.16)$$

## 7.1 Diffusion mit ortsabhängigem Diffusionskonstanten

AUFGABE:

Untersuchen Sie die eindimensionale Diffusion mit einem linear vom Ort abhängigen Diffusionskoeffizienten $D(x) = D_0(1 + gx)$, wobei der Gradient $g$ als Kontrollparameter nichtnegativ ist. Lösen Sie den lokalen Erhaltungssatz (Drift–Diffusions–Gleichung) für die Konzentration $c(x,t)$ als Anfangs–Randwert–Problem mit einem Separationsansatz und prüfen Sie die Gültigkeit der Einstein–Relation. Analysieren Sie die Unterschiede zur gewöhnlichen Diffusion mit einem konstanten Koeffizienten $D_0$.

LÖSUNG:

Im betrachteten System treten keine chemischen Reaktionen auf. Es gilt Teilchenzahlerhaltung; die Gesamtteilchenzahl sei $M_0$. Der lokale Erhaltungssatz (siehe 7.4) lautet

$$\frac{\partial c(x,t)}{\partial t} + \frac{\partial j(x,t)}{\partial x} = 0 \qquad (7.17)$$

mit dem Diffusionsstrom

$$j(x,t) = -D(x)\frac{\partial c(x,t)}{\partial x}. \qquad (7.18)$$

Der Diffusionskoeffizient $D(x)$ sei linear vom Ort $x$ abhängig

$$D(x) = D_0(1 + gx) \quad \text{mit} \quad g \geq 0 \qquad (7.19)$$

und hat folgedessen einen konstanten Gradienten $dD(x)/dx = D_0 g$. Setzen wir (7.18) in (7.17) ein und verwenden den Ansatz (7.19), so erhalten wir die folgende Drift–Diffusions–Gleichung (vergleiche 7.14)

$$\frac{\partial c(x,t)}{\partial t} = D_0 g \frac{\partial c(x,t)}{\partial x} + D_0(1 + gx)\frac{\partial^2 c(x,t)}{\partial x^2}. \qquad (7.20)$$

## 7.1 Diffusion mit ortsabhängigem Diffusionskonstanten

Diese Gleichung ist zusammen mit der Anfangsbedingung, alle Teilchen befinden sich zu Beginn am Ort $x = 0$

$$c(x, t = 0) = M_0 \, \delta(x) \,, \tag{7.21}$$

und den Randbedingungen eines verschwindenden Teilchenstromes

$$j(x = x_0, t) = j(x = +\infty, t) = 0 \tag{7.22}$$

zu lösen. Der linke Rand folgt aus der Bedingung $D(x_0) = 0$, da der Diffusionskoeffizient stets nichtnegativ ($D(x) \geq 0$) sein soll. Wir erhalten $x_0 = -1/g < 0$. Somit gilt für die Teilchenzahlerhaltung das Integral

$$\int_{x_0}^{+\infty} dx \, c(x, t) = M_0 \,, \tag{7.23}$$

welches für verschwindenden Gradienten $g \to 0$ und damit konstantem Diffusionsparameter in (7.3) übergeht.

Für die Lösung des Problem probieren wir einen Separationsansatz und folgen den Ausführungen in (Martin, 1989). Der Produktansatz

$$c(x, t) = T(t) \, X(x) \,, \tag{7.24}$$

eingesetzt in die Bewegungsgleichung (7.20), liefert

$$\frac{1}{T(t)} \frac{dT(t)}{dT} = D_0 g \frac{1}{X(x)} \frac{dX(x)}{dx} + D_0 (1 + gx) \frac{1}{X(x)} \frac{d^2 X(x)}{dx^2} \,. \tag{7.25}$$

Setzen wir die beiden Seiten der Gleichung (7.25) einzeln einer Konstanten ($-D_0 g^2 \varkappa / 4$ mit der Separationskonstanten $\varkappa \geq 0$) gleich, so erhalten wir aus der linken Seite für den Zeitanteil $T(t)$ eine exponentiell fallende Funktion

$$T(t) = C \exp\left(-\frac{\varkappa D_0 g^2}{4} t\right) \,, \tag{7.26}$$

wobei die Konstante $C = C(\varkappa)$ noch aus der Normierung zu berechnen ist. Der Ortsanteil $X(x)$ ist aus einer Differentialgleichung 2. Grades

$$(1 + gx) \frac{d^2 X}{dx^2} + g \frac{dX}{dx} + \frac{\varkappa g^2}{4} X = 0 \tag{7.27}$$

zu bestimmen. Nach Einführung einer neuen Variablen $u = 1 + gx$ und einer neuen Funktion $Y(u) = u^{-1}X(u)$ erhalten eine Differentialgleichung

$$u^2 \frac{d^2Y}{du^2} + 3u\frac{dY}{du} + \left(1 + \frac{\varkappa}{4}u\right)Y = 0 \,, \tag{7.28}$$

die in der mathematischen Literatur ausführlich untersucht ist. In einem Standardwerk über Differentialgleichungen (Kamke, 1951) ist nachzulesen, daß 7.28 zu der Besselschen Differentialgleichung verwandt ist und in diese transformiert werden kann.

Die Lösung $Y(u) = u^{-1}J_0(\sqrt{\varkappa u})$ bzw. $X(u) = uY(u)$ ist die Besselfunktion 1. Art nullter Ordnung $J_0(\sqrt{\varkappa u})$, die auf dem Intervall $x_0 \leq x < \infty$ definiert ist und die Randbedingungen (7.22) erfüllt.

Die Besselfunktion (Zylinderfunktion) 1. Art $\nu$–ter Ordnung

$$J_\nu(x) = \sum_{k=0}^{\infty} \frac{(-1)^k}{k!\,\Gamma(\nu + k + 1)} \left(\frac{x}{2}\right)^{\nu+2k} \,, \tag{7.29}$$

wobei die Gammafunktion für alle natürlichen Zahlen $n$ lautet $\Gamma(n+1) = n!$, so daß für $\nu = n$ gilt

$$J_n(x) = \sum_{k=0}^{\infty} \frac{(-1)^k}{k!\,(n+k)!} \left(\frac{x}{2}\right)^{n+2k} \,, \tag{7.30}$$

ist Lösung der Besselschen Differentialgleichung

$$x^2 y'' + x y' + \left(x^2 - \mu^2\right) y = 0 \,. \tag{7.31}$$

Setzen wir die beiden Resultate für den Orts– und Zeitanteil, die zur Separationskonstanten $\varkappa$ gehören, in den Produktansatz (7.24) ein

$$X(u)T(t) = C(\varkappa)\, J_0\left(\sqrt{\varkappa u}\right)\, \exp\left(-\frac{\varkappa D_0 g^2}{4}t\right) \tag{7.32}$$

und summieren (integrieren) abschließend über alle möglichen Werte der Separationskonstanten $\varkappa \geq 0$

$$c(x,t) = \int_0^\infty d\varkappa\, C(\varkappa)\, J_0\left(\sqrt{\varkappa(1+gx)}\right)\, \exp\left(-\frac{\varkappa D_0 g^2}{4}t\right) \,. \tag{7.33}$$

## 7.1 Diffusion mit ortsabhängigem Diffusionskonstanten

Dieses Zwischenresultat enthält noch die Normierungskonstante $C(\varkappa)$, die wie üblich aus der Anfangsbedingung (7.21) (Normierungskonstante $M_0$) zu bestimmen ist. Dazu wird der Anfangszeitpunkt $t = 0$ in (7.33) eingesetzt, die dann erhaltene Gleichung mit $\int dx\, J_0(\sqrt{\varkappa'(1+gx)})$ multipliziert, die Orthogonalitätsrelation zwischen Besselfunktionen mit unterschiedlichen Argumenten $\varkappa$ und $\varkappa'$ ausgenutzt (Kamke, 1951) und abschließend die Konstante $C(\varkappa)$ bestimmt zu

$$C(\varkappa) = \frac{M_0 g}{4} J_0\left(\sqrt{\varkappa}\right). \tag{7.34}$$

Damit erhalten wir aus (7.33) mit (7.34)

$$c(x,t) = \frac{M_0 g}{4} \int_0^\infty d\varkappa\, J_0(\sqrt{\varkappa}) J_0(\sqrt{\varkappa(1+gx)}) \exp\left(-\frac{\varkappa D_0 g^2}{4} t\right). \tag{7.35}$$

Diese $\varkappa$-Integration läßt sich ausführen, siehe dazu die mathematischen Standardwerke. Das Endresultat lautet somit (Martin, 1989)

$$c(x,t) = \frac{M_0}{D_0 g t} I_0\left(\frac{2}{D_0 g^2 t}\sqrt{1+gx}\right) \exp\left(-\frac{2+gx}{D_0 g^2 t}\right). \tag{7.36}$$

Dabei ist $I_0$ eine modifizierte Besselfunktion nullter Ordnung eines komplexen Arguments. $I_\nu$ ist definiert als

$$I_\nu(x) = i^{-\nu} J_\nu(ix) = \sum_{k=0}^\infty \frac{1}{k!\,\Gamma(\nu+k+1)} \left(\frac{x}{2}\right)^{\nu+2k}. \tag{7.37}$$

Im Grenzfall $g \to 0$ (konstanter Diffusionskoeffizient $D_0$) entsteht aus (7.36) das bekannte Gaußprofil (7.8).

Wie die Abbildung 7.2 zeigt, verbreitert sich eine punktförmige Anfangsverteilung bei linear ortsabhängigem Diffusionskonstanten im Gegensatz zur Gaußverteilung asymmetrisch im Laufe der Zeit. Als Ortskoordinate wurde ein dimensionsloser Ort $z = gx$, als Zeitkoordinate ebenfalls eine dimensionslose Variable $\tau = D_0 g^2 t$ gewählt. Die Teilchenkonzentration $c(x,t)$, dimensionslos $c(z,\tau)/(M_0 g)$, lautet in diesen Größen

$$\frac{c(z,\tau)}{M_0 g} \equiv F_0(z,\tau) = \frac{1}{\tau} I_0\left(\frac{2}{\tau}\sqrt{1+z}\right) \exp\left(-\frac{2+z}{\tau}\right). \tag{7.38}$$

Die räumlich-zeitliche Evolution des Konzentrationsprofils, ausgehend von einer bei $x = z = 0$ konzentrierten Verteilung, zeigt die Abbildung 7.2 als

148  7  Reaktions-Diffusions-Systeme

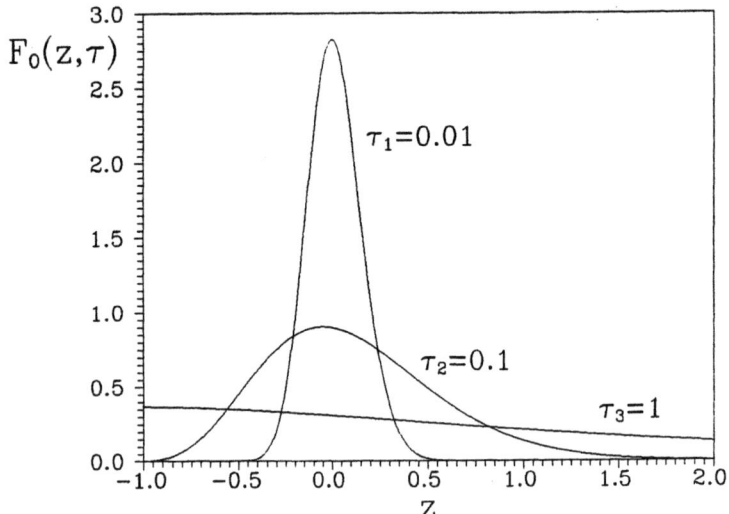

Abb. 7.2: Raum–Zeit–Entwicklung der dimensionslosen Konzentrationsverteilung in einem Diffusionssystem mit einem linear ortsabhängigem Diffusionskoeffizienten (Nobach, Mahnke, 1994).

## 7.1 Diffusion mit ortsabhängigem Diffusionskonstanten

numerische Darstellung des Resultats (7.38).

Berechnen wir analog zur gewöhnlichen Diffusion die ersten Momente bezüglich der modifizierten Verteilungsfunktion $F(x,t) = c(x,t)/M_0$. Das nullte Moment liefert die Teilchenzahlerhaltung bzw. die Normierung der Verteilungsfunktion auf Eins (vgl. 7.9). Das erste Moment liefert den Mittelwert der Teilchenverteilung (vgl. 7.10)

$$<x^1>(t) = \int F(x,t)\,x\,dx = D_0 g t\,, \tag{7.39}$$

die mittlere quadratische Abweichung (zweites Moment, vgl. 7.11) beträgt

$$<x^2>(t) = \int F(x,t)\,x^2\,dx = 2D_0 t(1 + D_0 g^2 t)\,. \tag{7.40}$$

Die Einstein–Relation (7.12) bleibt gültig. Wegen $<D> = <D_0(1+gx)> = D_0(1+g<x>)$ gilt $2<D>t = 2D_0 t(1+D_0 g^2 t) = <x^2>$.

Im Vergleich eines eindimensionalen Diffusionsproblems mit einem linear ortabhängigen Diffusionskoeffizienten $D(x) = D_0(1+gx)$ (7.19) und einem konstanten Wert $D_0$ als Grenzfall $g \to 0$ können wir zusammenfassend folgende Resultate festhalten.

1. Der Mittelwert der Verteilung (mittlere Konzentration, 7.39) driftet mit einer konstanten Geschwindigkeit $v = D_0 g$, die denselben Wert wie der Gradient $dD/dx$ des ortsabhängigen Diffusionskoeffizienten hat, vorwärts in positive $x$–Richtung. Im Grenzfall $g \to 0$ (Gauß–Verteilung) bleibt der Mittelwert ortsfest.

$$v = \frac{dD}{dx} = D_0 g \geq 0 \tag{7.41}$$

2. Die mittlere quadratische Abweichung (Streuung) wächst für kleine Zeiten proportional zur Zeit ($\sim t$ wie das Gauß–Profil für alle Zeiten), aber für lange Zeiten proportional zum Quadrat der Zeit, d.h.

$$<x^2>(t) = 2D_0 t + 2D_0^2 g^2 t^2 \sim \begin{cases} t & \text{für } t < (D_0 g^2)^{-1} \\ t^2 & \text{für } t > (D_0 g^2)^{-1} \end{cases} \tag{7.42}$$

3. Das Maximum der Verteilung $x_{max}$ (ist für $g = 0$ identisch mit dem Mittelwert $<x> = x_{max} = 0$) driftet vergleichsweise zum Mittelwert

in die entgegengesetzte Richtung. Die Driftgeschwingigkeit $v_{max}$ des Maximums beträgt für kleine Zeiten $D_0 g^2 t < 1$

$$v_{max} = -\frac{D_0 g}{2}, \qquad (7.43)$$

so daß sich der Wert des Maximums $x_{max} = v_{max} t$ (gültig für $\tau < 1$) im Verlaufe der Zeit geben die linke Begrenzung verschiebt $x_{max} \to x_0 = -1/g$.

Aus den Resultaten ist ersichtlich (siehe auch Abb. 7.2), daß sich die Teilchenverteilung nicht symmetrisch bezüglich des Mittelwertes verändert. Das Auseinanderlaufen erfolgt im Gegensatz zu einem driftenden Gaußprofil asymmetrisch. Die Ortsabhängigkeit des Diffusionskoeffizienten ruft einen Symmetriebruch im System hervor.

Wirkt zusätzlich zum Diffusionsstrom (7.18) eine externe Kraft wie beim Gaußpaket (7.13), so ist die Drift–Diffusions–Gleichung (7.20) zu modifizieren zu

$$\frac{\partial c(x,t)}{\partial t} = (D_0 g - v_D)\frac{\partial c(x,t)}{\partial x} + D_0(1+gx)\frac{\partial^2 c(x,t)}{\partial x^2}. \qquad (7.44)$$

Die Lösung ist, wie bei (Martin, 1989) nachlesbar, angebbar mit Hilfe von Besselfunktionen $I_\nu$ (7.37) der Ordnung $\nu = v_D/(D_0 g)$, anstelle der Besselfunktion nullten Ordnung $I_0$ für $v_D = 0$. Das exakte Resultat lautet

$$c(x,t) = \frac{M_0}{D_0 g t}(1+gx)^\varepsilon I_\nu\left(\frac{2}{D_0 g^2 t}\sqrt{1+gx}\right)\exp\left(-\frac{2+gx}{D_0 g^2 t}\right) \qquad (7.45)$$

mit $\quad \varepsilon = \frac{1}{2}\frac{v_D}{D_0 g} \quad$ und $\quad \nu = 2|\varepsilon|.$ \hfill (7.46)

Die Abbildung 7.3 illustriert das Resultat (7.45) nach Umschreibung in die dimensionslose Form $F_\nu(z,\tau)$ (vgl. 7.38) für die Parameter (7.46) $\varepsilon = 1$ und $\nu = 2$, vergleiche dazu auch die Grafik 7.2 für den Grenzfall einer verschwindenden externen Drift $v_D = 0$ und damit $\nu = 0$.

Für den Mittelwert, die Varianz und das Maximum erhalten wir

$$<x^1>(t) = (D_0 g + v_D)t, \qquad (7.47)$$

$$<x^2>(t) = 2D_0 t\left(1 + D_0 g^2 t + \frac{3}{2}v_D g t\right) + (v_D t)^2 \qquad (7.48)$$

7.1 Diffusion mit ortsabhängigem Diffusionskonstanten 151

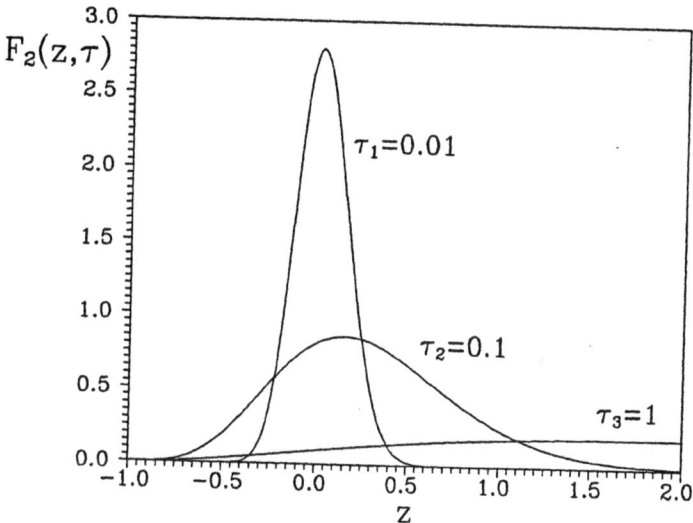

Abb. 7.3: Raum–Zeit–Entwicklung der dimensionslosen Konzentrationsverteilung $F_\nu(z,\tau)$ in einem Diffusionssystem mit einem linear ortsabhängigem Diffusionskoeffizienten und einer externen Kraft, ausgedrückt durch die gerichtete Geschwindigkeit $v_D$ (Nobach, Mahnke, 1994).

$$= 2 <D> t + v_D <x> t,\tag{7.49}$$

$$x_{max}(t) = \left(v_D - \frac{1}{2}D_0 g\right) t.\tag{7.50}$$

Im Fall kleiner externer Kräfte, d.h. $v_D < D_0 g/2$, bewegen sich wiederum der Mittelwert und das Maximum in entgegengesetzte Richtungen, erst für große externe Driftgeschwindigkeiten $v_D > D_0 g/2$ wird dieser Effekt aufgehoben und sowohl der Mittelwert als auch das Maximum der Verteilung verschieben sich in positive $x$-Richtung.

## 7.2 Stationarität eindimensionaler Reaktions – Diffusions – Systeme

AUFGABE:

Berechnen Sie die stationären Lösungen $c = c_{st}(r)$ einer eindimensionalen Reaktions–Diffusions–Gleichung

$$\frac{\partial c}{\partial t} = f(c) + D\frac{\partial^2 c}{\partial r^2}$$

in Analogie zur klassischen Mechanik (Newton-Gleichung). Stellen Sie das stationäre Konzentrationsprofil $c(r)$ in einem Zustandsraum dar, der von der Konzentration $c$ und dem Gradienten $D\, dc/dr$ aufgespannt wird. Berücksichtigen Sie den Einfluß von Randbedingungen.

LÖSUNG:

Bezeichnen wir die Ortskoordinate mit $r$, so lautet die Reaktions–Diffusions-Grundgleichung für die Konzentration $c(r,t)$ bekanntermaßen (vgl. 7.1)

$$\frac{\partial c}{\partial t} = f(c) + D\frac{\partial^2 c}{\partial r^2}.\tag{7.51}$$

Das stationäre Konzentrationsprofil $c(r)$ folgt aus der Gleichung

$$0 = f(c) + D\frac{d^2 c}{dc^2}\tag{7.52}$$

bzw.

$$D\frac{d^2 c}{dc^2} = -f(c).\tag{7.53}$$

## 7.2 Stationarität eindimensionaler Reaktions – Diffusions – Systeme

Diese Gleichung kann als Newton'sche Bewegungsgleichung

$$m\frac{d^2x}{dt^2} = F(x) \tag{7.54}$$

verstanden werden. Zwischen Newton– (7.54) und Reaktions–Diffusions–Gleichung (7.53) besteht die folgende Analogie:

| Masse $m$ | $\Leftrightarrow$ | Diffusionskonstante $D$ |
| Zeit $t$ | $\Leftrightarrow$ | Ort $r$ |
| Ort $x(t)$ | $\Leftrightarrow$ | Konzentration $c(r)$ mit $c \geq 0$ |
| Kraft $F(x)$ | $\Leftrightarrow$ | Reaktionsfunktion $-f(c)$ |

Sind die Kräfte konservativ, so verwenden wir, wie in der klassischen Mechanik allgemein üblich, zur Integration der Bewegungsgleichung den Energieerhaltungssatz. Zu diesem Zweck definieren wir in Analogie zum Potential aus der Mechanik (potentielle Energie)

$$V(x) = -\int F(x)\,dx \tag{7.55}$$

ein Reaktionspotential

$$U(c) = +\int_0^c f(c')\,dc' \tag{7.56}$$

mit der Normierung $U(c=0) = 0$. Wir erhalten somit aus

$$D\frac{d^2c}{dc^2} = -f(c) = -\frac{dU}{dc} \tag{7.57}$$

den „Energie"erhaltungssatz

$$\frac{D}{2}\left(\frac{dc}{dr}\right)^2 + U(c) = E\,. \tag{7.58}$$

Führen wir genau so wie in der Mechanik den Impuls $p = m\,dx/dt$ als Gradient

$$g = D\frac{dc}{dr} \tag{7.59}$$

ein, so lautet die Trajektorie $p(x) = \pm\sqrt{2m(E - U(x))}$ (in der Mechanik in einem Orts–Impuls–Zustandsraum) für das stationäre Reaktions–Diffusions–System (7.53)

$$g(c) = \pm\sqrt{2D(E - U(c))}\,. \tag{7.60}$$

154  7 Reaktions–Diffusions–Systeme

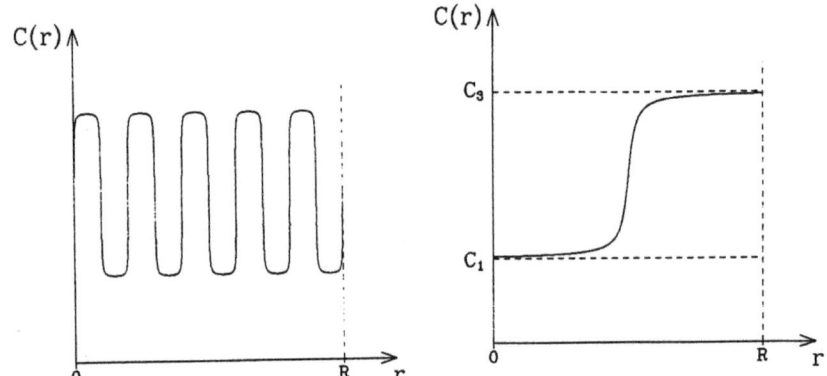

Abb. 7.4: Schematische Darstellung von möglichen eindimensionalen stationären Konzentrationsprofilen eines Reaktions–Diffusions–Systems in einem Raumbereich $0 \leq r \leq R$.

Diese Kurve wird in einem Zustandraum dargestellt, der von der (stets nichtnegativen) Konzentration $c$ und dem (positiven oder negativen) Gradienten $g$ aufgespannt wird.

Während in der klassischen Mechanik der Wert der Energie $E$ durch die (zeitliche) Anfangsbedingung (fixierte Werte der kinetischen und potentiellen Energie durch Anfangsauslenkung $x(t=0)$ und Anfangsimpuls $p(t=0)$) bestimmt ist, folgt im Fall des Reaktions–Diffusions–Systems der Wert der Konstanten $E$ (7.58) aus den (räumlichen) Randbedingungen für die Konzentration und deren Gradienten. Die Abbildung 7.4 zeigt schematisch zwei stationäre Konzentrationen $c(r)$ im Intervall $0 \leq r \leq R$. Sind die Konzentrationen und deren Gradienten am linken und rechten Rand vorgegeben, so können eventuell stehende Wellen als inhomogene Lösungen unter gewissen Bedingungen (für gewisse kritische Diffusionskonstanten) stabil existieren (siehe linkes Bild). Werden beispielsweise in einem bistabilen System als Randbedingungen die beiden stabilen homogenen Lösungen $c_1, c_3$ aus $f(c_{hom}) = 0$ gewählt, so ist eine stehende Wellenfront als räumlich inhomogene stationäre Situation möglich. Das rechte Bild der Abbildung 7.4 zeigt dies schematisch. Detaillierte Untersuchungen liegen z.B. für die Schlögl–Reaktion (siehe Kapitel 13) vor.

## 7.3 2–Boxen–Brüsselator

AUFGABE:

Berechnen Sie analytisch die stationären Lösungen eines 2–Boxen–Brüsselators mit Diffusionskopplung und untersuchen Sie die Stabilität, insbesondere der inhomogenen Lösungen. Der räumlich homogene Brüsselator wurde bereits als Aufgabe 6.3 eines nichtlinearen dynamischen Systems im Kapitel 6 behandelt.

LÖSUNG:

Bezeichnen wir in Übereinstimmung mit der Aufgabe „Der Brüsselator" (siehe Abschnitt 6.3) die Konzentrationen der beiden Sorten mit $x$ und $y$. Die Nummer des Kompartments (der Box) stellen wir als Index an die entsprechende Variable, so daß wir insgesamt vier unabhängige Konzentrationen $x_1, y_1, x_2, y_2$ haben. Mit den bekannten nichtlinearen Reaktionsfunktionen ($i = 1, 2$)

$$f_x(x_i, y_i) = A - (B+1)x_i + x_i^2 y_i \quad (7.61)$$
$$f_y(x_i, y_i) = B x_i - x_i^2 y_i \quad (7.62)$$

lauten somit bei diffusiver Austauschkopplung die vier Bewegungsgleichungen

$$\dot{x}_1 = f_x(x_1, y_1) + D_x(x_2 - x_1) \quad (7.63)$$
$$\dot{y}_1 = f_y(x_1, y_1) + D_y(y_2 - y_1) \quad (7.64)$$
$$\dot{x}_2 = f_x(x_2, y_2) + D_x(x_1 - x_2) \quad (7.65)$$
$$\dot{y}_2 = f_y(x_2, y_2) + D_y(y_1 - y_2). \quad (7.66)$$

Dieses dynamische Gleichungssytem mit den vier nichtnegativen Kontrollparametern $A, B, D_x, D_y$ kann nun numerisch untersucht werden. Bei vorgegebenen Anfangskonzentrationen wird die Dynamik der vier Variablen ermittelt. Da der Fluß im vierdimensionalen Zustandsraum in Abhängigkeit der Werte der Kontrollparameter im allgemeinen sehr kompliziert zu analysieren ist, beschränken wir uns zuerst auf die Bestimmung der Fixpunkte des Systems. Die Bestimmung der stationären Lösungen des 2–Boxen–Brüsselators ist sogar analytisch möglich und wurde zuerst von (Jetschke, 1979) vorgenommen.

Die Fixpunkte sind entsprechend (7.61 – 7.66) aus dem folgenden Satz algebraischer Gleichungen

$$A - (B+1)x_1 + x_1^2 y_1 + D_x(x_2 - x_1) = 0 \tag{7.67}$$
$$Bx_1 - x_1^2 y_1 + D_y(y_2 - y_1) = 0 \tag{7.68}$$
$$A - (B+1)x_2 + x_2^2 y_2 + D_x(x_1 - x_2) = 0 \tag{7.69}$$
$$Bx_2 - x_2^2 y_2 + D_y(y_1 - y_2) = 0 \tag{7.70}$$

zu berechnen. Es existieren fünf stationäre Lösungen, wobei die homogene Lösung

$$x_1^{(1)} = x_2^{(1)} = A \;\; ; \;\; y_1^{(1)} = y_2^{(1)} = \frac{B}{A} \tag{7.71}$$

schon aus der Aufgabe 6.3 bekannt ist. Die vier inhomogenen Fixpunkte ($x$-Komponente) lauten

$$x_1^{(2)} = A + a_1 \;\; ; \;\; x_2^{(2)} = A - a_1 \tag{7.72}$$
$$x_1^{(3)} = A - a_1 \;\; ; \;\; x_2^{(3)} = A + a_1 \tag{7.73}$$
$$x_1^{(4)} = A + a_2 \;\; ; \;\; x_2^{(4)} = A - a_2 \tag{7.74}$$
$$x_1^{(5)} = A - a_2 \;\; ; \;\; x_2^{(5)} = A + a_2 \tag{7.75}$$

mit den Abkürzungen

$$a_{1/2} = \sqrt{A^2 - C \pm \sqrt{C^2 - 4A^2 D_y}} \tag{7.76}$$

und

$$C = \frac{D_y(B + 2D_x + 1)}{2D_x + 1} . \tag{7.77}$$

Die zu (7.72 – 7.75) entsprechenden stationären Konzentrationen der zweiten Komponente in beiden Boxen lauten ($i = 2, \ldots, 5$)

$$y_1^{(i)} = \frac{(B + 2D_x + 1)x_1^{(i)} - (2D_x + 1)A}{\left(x_1^{(i)}\right)^2} \tag{7.78}$$

$$y_2^{(i)} = y_1^{(i)} + \frac{2D_x + 1}{D_y}\left(x_1^{(i)} - A\right) . \tag{7.79}$$

Die Abbildung 7.5 zeigt die Konzentrationen der $x$- und der $y$-Komponente

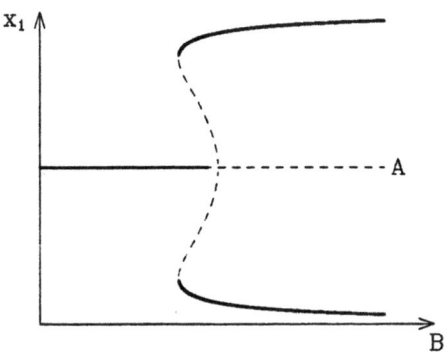

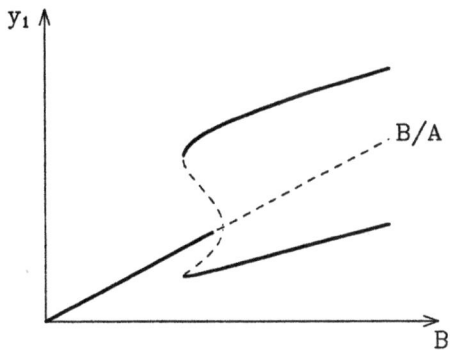

**Abb. 7.5:** Stationäre Lösungen des 2–Boxen–Brüsselators ($x_1$ oben, $y_1$ unten) in Abhängigkeit des Parameters $B$. Die übrigen Kontrollparameter sind fixiert und betragen $A = 4$, $D_x = 0.5$ und $D_y = 1.0$ (Nobach, Mahnke, 1994).

in der ersten Box in Abhängigkeit vom Kontrollparameter $B$ für fixierte Werte der Diffusionsparameter, speziell $D_x = 0.5$ und $D_y = 1$. Aus der Grafik wird die Multistationarität des Systems deutlich. Es können fünf, drei oder eine Lösung existieren.

Bestimmen wir jetzt zwei kritische Parameterkurven $B_c(A)$, die die $A - B$ - Parameterebene unterteilen. Setzen wir die innere Wurzel in (7.76) gleich Null, so fallen die vier inhomogenen Lösungen zu zwei Doppellösungen zusammen, da $a_1 = a_2 = a$. Wir erhalten aus $C^2 - 4A^2 D_y = 0$, für $C$ siehe (7.77), die Gerade

$$B_{c1} = 2(2D_x + 1)\sqrt{D_y}\, A - (2D_x + 1). \tag{7.80}$$

Benutzen wir dieses Resultat und berechnen die inhomogenen Doppellösungen, so erhalten wir

$$a_1 \equiv a_2 \equiv a = \sqrt{A^2 - 2D_y^{3/2} A} \tag{7.81}$$

und damit die Bedingung $A \geq 2D_y^{3/2}$ für die Existenz der inhomogenen Doppellösungen. Die Abbildung 7.6 zeigt die kritische Gerade (7.80), beginnend wegen $D_y = 1$ bei $A = 2$.

Setzen wir nun die äußere Wurzel in (7.76) gleich Null, so fallen alle vier inhomogenen Lösungen mit dem homogenen Resultat (7.71) zusammen. Wir erhalten somit eine weitere kritische Kurve in der $A - B$ - Parameterebene. Es folgt nach kurzer Rechnung die Parabel

$$B_{c2} = \frac{1}{2}\frac{2D_x + 1}{D_y} A^2 + (2D_x + 1). \tag{7.82}$$

Die Parameterebene (siehe Abb. 7.6) zeigt die Kurven (7.80, 7.82). Zusammen mit der bereits aus der Stabilitätsanalyse des homogenen Systems bekannten Parabel

$$B_c = A^2 + 1 \tag{7.83}$$

kann der Parameterraum klassifiziert werden.

Die Stabilitätsanalyse aller stationären Zustände bezüglich kleiner Störungen ist sehr rechenaufwendig. Wir erhalten beispielsweise das Resultat, daß die homogene Lösung (7.71) stabil für $B$-Werte ist, die die Ungleichung

$$B < \text{Min}\,(B_c, B_{c2}) \tag{7.84}$$

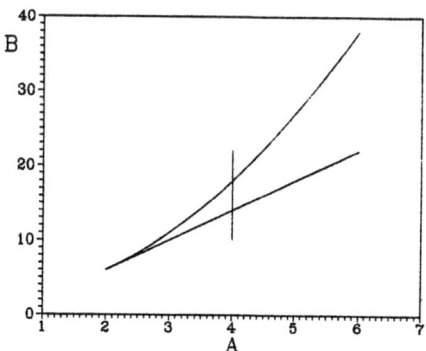

Abb. 7.6: $A$–$B$–Parameterebene des Brüsselators. Kritische Parameterkurven $B_{c1}$ und $B_{c2}$, die die Existenz der inhomogenen Fixpunkte begrenzen, sind eingezeichnet. Die senkrechte Linie bei $A = 4$ zeigt den zur vorherigen Abbildung gehörenden Schnitt durch die Parameterebene (Nobach, Mahnke, 1994).

erfüllen.

Wie in (Jetschke, 1979) gezeigt wurde, besitzt der 2–Boxen–Brüsselator in Abhängigkeit der Kontrollparameterwerte $A, B, D_x$ und $D_y$ die folgenden charakteristischen Zustände

1. Instabilität aller Fixpunkte, nur Grenzzyklen existieren stabil

2. Monostabilität, nur die homogene Lösung ist stabil

3. Bistabilität, zwei spiegelsymmetrische inhomogene Lösungen sind stabil

4. Tristabilität, die homogene und die beiden inhomogenen Lösungen sind stabil

und ist somit ein Beispiel für Multistabilität.

# Kapitel 8

# Diskrete Abbildungen

Liegen die dynamischen Bewegungsgleichungen in der Form von Differenzengleichungen vor, so heißt

$$x_{n+1} = f(x_n) \tag{8.1}$$

eine (eindimensionale) nichtlineare diskrete Abbildung. Ausgehend von einem Anfangswert $x_0$ ist diese Iteration, häufig in Abhängigkeit von Kontrollparametern, zu lösen. Die Folge der Werte $x_n$ ($n = 0, 1, 2, \ldots$) zeigt neben regulärem in der Regel auch chaotisches Verhalten. Das bekannteste Beispiel einer diskreten Abbildung auf dem Einheitsintervall ist die logistische Gleichung

$$x_{n+1} = f(x_n) \quad \text{mit} \quad f(x) = rx(1-x) \quad \text{für} \quad 0 < r \leq 4, \tag{8.2}$$

die das berühmte Feigenbaum-Diagramm liefert.

Bereits im Jahre 1892 äußerte sind Poincaré erstmalig über die Möglichkeit irregulärer Bewegungen in mechanischen Systemen. Wir zitieren aus Poincaré „Wissenschaft und Methode" aus dem Jahre 1914 (nach Leven, Koch, Pompe, 1989):

*Eine sehr kleine Ursache, die für uns unbemerkbar bleibt, bewirkt einen beträchtlichen Effekt, den wir unbedingt bemerken müssen, und dann sagen wir, daß dieser Effekt vom Zufall abhänge. Würden wir die Gesetze der Natur und den Zustand des Universums für einen gewissen Zeitpunkt genau kennen, so könnten wir den Zustand dieses Universums für irgendeinen späteren Zeitpunkt genau vorhersagen. Aber selbst wenn die Naturgesetze für uns kein Geheimnis mehr enthielten, können wir doch den Anfangszustand immer nur näherungsweise kennen. Wenn wir dadurch in den Stand gesetzt werden, den späteren Zustand mit demselben Näherungsgrade vorauszusagen, so ist das alles, was man verlangen kann; wir sagen dann: Die Erscheinung wurde vorausgesagt, sie wird durch Gesetze bestimmt. Aber so ist es nicht immer; es kann der Fall eintreten, daß kleine Unterschiede in den Anfangsbedingungen große Unterschiede in den späteren Erscheinungen bedingen; ein kleiner Irrtum in den ersteren kann einen außerordentlich großen Irrtum für die letzteren nach sich ziehen. Die Vorhersage wird unmöglich und wir haben eine 'zufällige Erscheinung'.*

Lange Zeit war die Existenz chaotischer Attraktoren umstritten; sie erschienen als Kuriosität. Doch 1963 konnte E. Lorenz zeigen, daß bei der Modellierung der Atmosphäre mittels eines Satzes von drei nichtlinearen Differentialgleichungen (Lorenz–Gleichungen) chaotisches Lösungsverhalten auftritt; ein Grund für die sprichwörtliche Unberechenbarkeit des Wetters. Numerische Analysen, mit Hilfe der heutigen Computertechnik schnell und einfach durchführbar, und theoretische Untersuchungen zeigen: Chaotische Bewegungen bilden keine Ausnahme. Wir sprechen heute vom „Deterministischen Chaos", d.h. von irregulären Bewegungen auf Basis deterministischer Bewegungsgleichungen. Ursache der Irregularität in nichtlinearen dynamischen Systemen, sowohl kontinuierlichen als auch diskreten, ist die empfindliche Abhängigkeit der Dynamik von den Anfangsbedingungen, so daß benachbarte Trajektorien exponentiell schnell divergieren und langfristige Vorausberechnungen praktisch unmöglich werden.

Das exponentiell schnelle Divergieren benachbarter Trajektorien wird qualitativ mit Hilfe des Ljapunov–Exponenten erfaßt.

Wählen wir den Anfangswert $x_0$ aus einem kleinen $\varepsilon$-Intervall $[x, x+\varepsilon]$, so liegt nach $n$ Iterationen das Bild $f^n(x_0)$ in einem Intervall der Länge

$$|f^n(x+\varepsilon) - f^n(x)| = |(f^n)'(x)|\,\varepsilon + O(\varepsilon)\,. \tag{8.3}$$

Vergleichen wir nun diese allgemeine Abbildung $f$ mit dem exponentiellen Wachstumsgesetz (lineare Abbildung) der Form

$$x_{k+1} = a x_k \quad \text{mit} \quad a = e^\lambda\,. \tag{8.4}$$

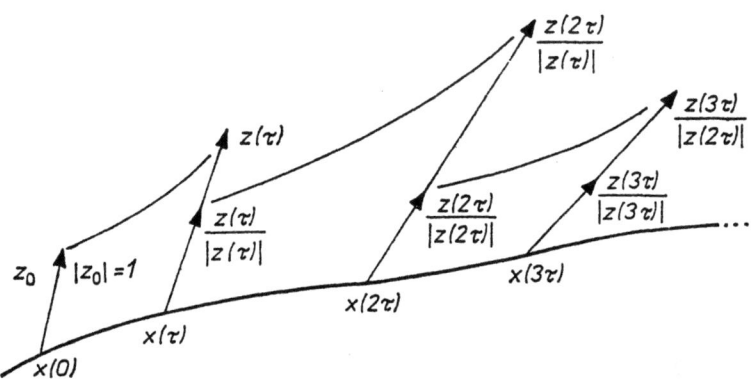

Abb. 8.1: Skizze zur Illustration der Renormierungen einer Störung $z$ in Bezug auf die Trajektorie $x(t)$ zur Bestimmung des größten Ljapunov-Exponenten (nach Leven, Koch, Pompe, 1989).

In diesem Fall wird das Intervall $[x, x+\varepsilon]$ nach $n$ Iterationen auf ein Intervall der Länge

$$|e^{\lambda n}(x+\varepsilon) - e^{\lambda n}(x)| = e^{\lambda n}\,\varepsilon \tag{8.5}$$

abgebildet. Ermitteln wir nun abschließend den Grenzwert $\varepsilon \to 0$ und $n \to \infty$, so gilt

$$e^\lambda = \lim_{n\to\infty} |(f^n)'(x_0)|^{1/n} = \lim_{n\to\infty} \left(\prod_{k=0}^{n-1} |f'(x_k)|\right)^{1/n}. \tag{8.6}$$

Logarithmieren wir diese Zahl, so erhalten wir den Ljapunov-Exponenten

$$\lambda(x_0) = \lim_{n\to\infty} \frac{1}{n} \sum_{k=0}^{n-1} \ln|f'(x_k)|, \tag{8.7}$$

der die mittlere logarithmische Ausdehnungsrate entlang einer Trajektorie, die am Anfangswert $x_0$ startete, angibt.

Bei der praktischen numerischen Berechnung der Ljapunov-Exponenten hat sich der Benettin – Algorithmus bewährt (Benettin et al., 1976). Zu beachten ist, daß der Einschwingvorgang (z.B. die ersten 300 Iterationen) das Ergebnis verfälschen können und deshalb nicht berücksichtigt werden sollten. Der Ausgangspunkt sind dann ein so gewonnener typischer Anfangszustand $x_0$ und eine beliebige Anfangsstörung $z_0$ in der Größenordnung $10^{-6}$. Im chaotischen Fall wächst $|z_n|$ für große $n$ im Mittel exponentiell, so daß sich numerische Probleme ergeben können. Durch das häufige Zurücksetzen (im zeitdiskreten Fall nach jeder Iteration) der benachbarten Trajektorie erfolgt eine ständige Renormierung der Störung (siehe Abbildung 8.1). Diese renormierten Divergenzraten konvergieren für lange Zeiten gegen den größten Ljapunov–Koeffizienten $\lambda_1$ (Nese, 1989).

## 8.1 Die logistische Gleichung

AUFGABE:

Untersuchen Sie mit Hilfe numerischer und analytischer Methoden die bekannte nichtlineare diskrete Abbildung (logistische Gleichung)

$$x_{n+1} = r x_n (1 - x_n)$$

für den Kontrollparameterbereich $0 < r \leq 4$ und Anfangswerte aus dem Einheitsintervall $0 \leq x_0 \leq 1$. Berechnen Sie insbesondere

1. das Zeitverhalten für verschiedene Parameterwerte $r$ bei unterschiedlichen Anfangswerten $x_0$,

2. das Langzeitverhalten $x$ für $n \to \infty$ bei verschiedenen Parameterwerten $r$,

3. eine Darstellung $x$ über $r$ (Feigenbaum–Diagramm),

4. die Fixpunkte und ihren Stabilitätskoeffizienten $\lambda$ (Ljapunov–Exponent),

5. die ersten periodischen Lösungen (2er Zyklus) und ihre Stabilität,

6. den kritischen Kontrolparameter $r_\infty$ für den Übergang zum Chaos und

7. das voll entwickelte Chaos bei dem Parameterwert $r = 4$.

## 8.1 Die logistische Gleichung

LÖSUNG:

Das berühmte Modellbeispiel einer eindimensionalen nichtlinearen diskreten Abbildung ist die logistische Gleichung

$$x_{n+1} = rx_n(1 - x_n) \tag{8.8}$$

mit einem Kontrollparameter $r$ im Wertebereich $0 < r \leq 4$. Diese Iteration wurde erstmalig 1845 vom belgischen Biomathematiker P. F. Verhulst in einer Arbeit zur Populationsdynamik eingeführt (Französisch: Logis = Haus, Quartier). Die logistische Abbildung läßt sich aus einem einfachen nichtlinearen Wachstumsgesetz, bestehend aus einem linearen Term und einer quadratischen Dämpfung

$$y_{n+1} = f(y_n) = ry_n - sy_n^2 \,, \tag{8.9}$$

herleiten. Die variable Größe $y_n$ können Populationszahlen, die Höhe des Sparguthabens oder ähnliches für das Jahr $n$ ($n \geq 0$) sein.

Ein wichtiger Grenzfall ist das lineare Wachstum ($s = 0$). Falls nur eine geringe Populationsmenge ($y_n$ klein) vorhanden ist, so erfolgt ein unbeeinträchtigtes Wachstum, allein determiniert durch die Nettoproduktionsrate $r > 0$.

Falls $p_{n+1} \simeq rp_n$ (lineares Wachstumsgesetz, 8.4) gilt, dann ist die Lösung als exponentielle Dynamik bekannt:

$$p_n = p_0 r^n \quad : \quad \text{exponentielle Dynamik}$$

$r < 1 : p_n \xrightarrow[n \to \infty]{} 0 \quad : \quad$ Aussterben der Population

$r = 1 : p_n = p_0 \quad : \quad$ Stagnation

$r > 1 : p_n \xrightarrow[n \to \infty]{} \infty \quad : \quad$ Bevölkerungsexplosion

Betrachten wir nun wiederum den vollständigen Ansatz (8.9) für die nichtlineare Populationsdynamik in Abhängigkeit von den Parametern $r$ und $s$, so können wir durch eine Variablentransformation die logistische Gleichung unter Verwendung genau eines Kontrollparameters $r$ herleiten. Es gilt

$$x_n = \frac{s}{r} y_n \iff y_n = \frac{r}{s} x_n \tag{8.10}$$

$$y_{n+1} = ry_n - sy_n^2 \tag{8.11}$$

## 8 Diskrete Abbildungen

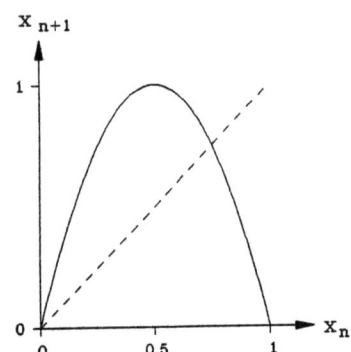

Abb. 8.2: Nichtlineare logistische Wachstumsfunktion $f(x) = rx(1-x)$ für $r = 4$.

$$\frac{r}{s}x_{n+1} = r\frac{r}{s}x_n - s\frac{r^2}{s^2}x_n^2 \qquad (8.12)$$

$$x_{n+1} = rx_n - rx_n^2 = r(x_n - x_n^2) \qquad (8.13)$$

$$x_{n+1} = rx_n(1-x_n) \quad \text{Logistische Abbildung} \qquad (8.14)$$

Zu dieser diskreten Abbildung (siehe Abb. 8.2) mit einem Kontrollparameter $0 < r \le 4$ gehört ein Anfangswert $x_0$ im Einheitsintervall $0 < x_0 < 1$ (ansonsten sind negative Populationszahlen möglich).

Der Algorithmus für die iterative Lösung der logistischen Abbildung lautet wie folgt:

- Fixiere Kontrollparameter: $r$ \qquad ($r = 0.5$)
- Wähle beliebigen Startwert: $x_0$ \qquad ($x_0 = 0.1$)
- Trage $x_n$ über $n$ auf: $x_1, x_2, \ldots$ \qquad (geht schnell gegen 0)
- Konvergiert die Folge $x_n$ gegen Grenzwert? : $x$ \qquad ($x = 0$)
- Trage Grenzwert (bzw. Grenzwerte) über $r$ auf.

Als Resultat erhält man das Feigenbaum–Diagramm.

### Vorschlag für die Durchführung eines Computerexperimentes:

1. $r = 0.5$ ; $x_0 = 0.5$ , $x_0 = 0.1$ , $x_0 = 0.9$
   nach wenigen Iterationen Konvergenz gegen $x = 0$

2. $r = 0.95$ ; $x_0 = 0.5$ , $x_0 = 0.9$
   erheblich langsamere Konvergenz gegen $x = 0$

3. $r = 1$ ; $x_0 = 0.5$ , $x_0 = 0.001$
   „Unendliche langsame" Konvergenz gegen Null

4. $r = 1.2$ ; $x_0 = 0.001$
   $x_n$ entfernt sich langsam vom Wert Null und konvergiert gegen $x = 0.16666... = 1/6$

5. $r = 2$ ; $x_0 = 0.001$
   „superschnelle" Konvergenz gegen $x = 0.5$

6. $r = 3.2$ ; $x_0 = 0.001$
   → stabiler 2–Zyklus: Bifurkation bei $r = 3$

7. $r = 3.5$ ; $x_0 = 0.5$
   → 4–Zyklus: $x = (0.8269\ ;\ 0.5009\ ;\ 0.8750\ ;\ 0.3828)$
   $2^k$–Zyklen entstehen

8. $r = 4$ , $x_0 = 0.0001$ ; $x_0 = 0.0002$ ; $\triangle x_0 = 10^{-4}$
   → voll entwickeltes Chaos
   → Lösungen divergieren exponentiell

Auf dem Computer könnte ein Programm zur Erstellung des Feigenbaum-Diagramms wie folgt aussehen:

1. Teile Wertebereich von $r$ in $I$ gleiche Abschnitte:
   $\triangle r = (r_{end} - r_{start})/I$

2. Wähle Startwert, z.B. $x_0 = 0.5$

3. Setze $r$ mit $r := r_{start} + i\triangle r$ $(i = 0, 1, 2, 3, \ldots, I)$

4. Führe Iterationen $x_{n+1} = rx_n(1 - x_n)$ aus

5. Trage die Iterationswerte $x_n$ für große $n$ (z.B. Ergebnisse der Zeitraumes $300 \leq n \leq 400$) auf, dieses liefert die Fixpunkte $x$
   Gehe zu 3.

6. Bringe alles in eine Darstellung $x$ über $r$ und das Feigenbaum – Diagramm (siehe Abbildung 8.3) entsteht

## 8 Diskrete Abbildungen

Im Jahre 1978 wurde erstmalig durch M. Feigenbaum das Verhalten des Systems „Logistische Abbildung" (8.8) für lange Zeiten ($n \to \infty$) als Funktion des Kontrollparameters $r$ dargestellt. Die Abbildung 8.3 zeigt das Resultat.

Die analytische Berechnung des Langzeitverhaltens des Systems erfordert die Kenntnis der Fixpunkte $x$, wobei für ein diskretes System analog zur dynamischen Gleichung $\dot{x} = f(x)$ die folgende Definition

$x$ heißt Fixpunkt, wenn $x = f(x)$ gilt

existiert.

Die Berechnung der Fixpunkte $x$ für die logistische Abbildung führt auf eine quadratische Gleichung

$$rx^2 + x(1-r) = 0 \qquad (8.15)$$

mit den Lösungen

$$x^{(1)} = 0 \quad \text{und} \quad x^{(2)} = 1 - \frac{1}{r} \,. \qquad (8.16)$$

Berechnen wir nun die Stabilität der Fixpunkte, in dem wir das Verhalten von kleinen Störungen $\Delta x_n$ in der Nähe der Fixpunkte mit Hilfe der ersten Ableitung untersuchen.

Wir betrachten zwei benachbarte Punkte (Trajektorien) $x_n$ ; $y_n = x_n + dx_n$ und nehmen eine Taylorentwicklung vor:

$$y_{n+1} \equiv x_{n+1} + dx_{n+1} = f(y_n) = f(x_n + dx_n) \qquad (8.17)$$

$$x_{n+1} + dx_{n+1} \approx f(x_n) + f'(x_n)dx_n \qquad (8.18)$$

$$dx_{n+1} = f'(x_n)dx_n \equiv \mu_n dx_n \,, \qquad (8.19)$$

wobei

$$\mu_n = |f'(x_n)| = \begin{cases} > 1 & \text{Expansionsrate (instabil)} \\ < 1 & \text{Kompressionsrate (stabil)} \end{cases} \qquad (8.20)$$

Bei einer exponentiellen Dynamik

$$dx_{n+1} = \mu dx_n \to dx_n = \mu^n dx_0 = e^{\lambda n} dx_0 \qquad (8.21)$$

gilt mit $e^\lambda = \mu$ für den Ljapunov-Exponenten

$$\lambda = \ln \mu = \begin{cases} > 0 & \text{Instabilität} \\ < 0 & \text{Stabilität} \,. \end{cases} \qquad (8.22)$$

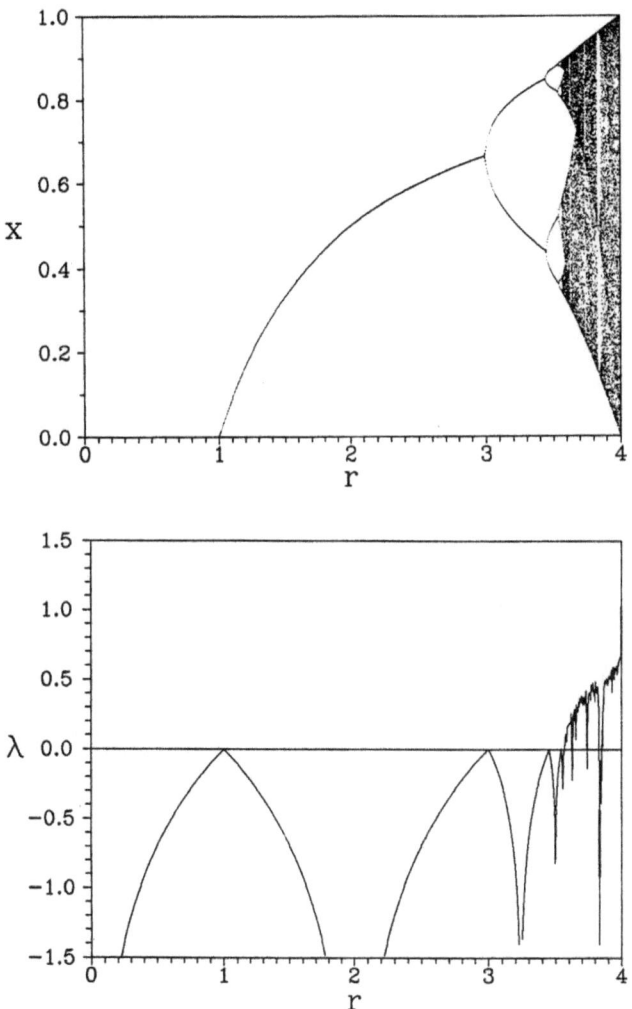

Abb. 8.3: Das berühmte Feigenbaum–Diagramm für die logistische Abbildung (oben) einschließlich einer Darstellung des Ljapunov–Exponenten für die Parameterwerte $0 < r \leq 4$ (Nobach, Mahnke, 1994).

## 170  8 Diskrete Abbildungen

Wegen (8.19) lautet im allgemeinen Fall $dx_n = dx_0 \prod_{i=0}^{n-1} \mu_i = dx_0 e^{\lambda n}$ der Ljapunov-Exponent wie folgt

$$\lambda = \lim_{n\to\infty} \frac{1}{n} \sum_{i=0}^{n-1} \ln \mu_i = \lim_{n\to\infty} \frac{1}{n} \sum_{i=0}^{n-1} \ln |f'(x_i)| \,. \tag{8.23}$$

Nach Berechnung der ersten Ableitung für die logistische Abbildung

$$\lambda = \ln \mu = \ln |f'(x)| = \ln |r(1-2x)| \tag{8.24}$$

an den Fixpunkten (8.16) folgt somit

$$\lambda^{(1)} = \ln \left[ r|(1-2x^{(1)})| \right] = \ln r \tag{8.25}$$

$$\lambda^{(2)} = \ln \left[ r|(1-2x^{(2)})| \right] = \ln [r|1-2+2/r|] = \ln |2-r| \,. \tag{8.26}$$

Die Fixpunkte sind stabil für $\lambda < 0$ bzw. $\mu < 1$, d.h. kritische Werte des Kontrollparameters sind:

$$r_{cr}^{(1)} = 1 \;\to\; \text{Umschlag der Stabilität von } x^{(1)} = 0$$
$$\text{nach } x^{(2)} = 1 - 1/r \,, \tag{8.27}$$
$$r_{cr}^{(2)} = 3 \;\to\; \text{Verlust der Stabilität von } x^{(2)} \,. \tag{8.28}$$

Somit erhalten wir das folgende Resultat (siehe Abb. 8.3, 8.4):

$$x^{(1)} = 0 \quad\quad \text{ist stabil für } 0 < r \leq 1 \text{ mit } \lambda^{(1)} = \ln r \tag{8.29}$$

$$x^{(2)} = 1 - 1/r \text{ ist stabil für } 1 < r \leq 3 \text{ mit } \lambda^{(2)} = \ln |2-r|\,. \tag{8.30}$$

Neben den Fixpunkten (stationäre Zustände) existieren bei der logistischen Abbildung periodische Lösungen ($2^k$-Zyklen: $k = 1, 2, 3, \ldots$), d.h. beim Langzeitverhalten pendelt die Variable $x_n$ ständig zwischen $2^k$ Werten.

Wir untersuchen den einfachsten Fall eines 2er-Zyklus. Die Fixpunktgleichung lautet dann allgemein

$$x = f(f(x)) \equiv f^2(x) \tag{8.31}$$

und speziell in unseren Fall wegen

$$x_{n+2} = r x_{n+1}(1 - x_{n+1}) = r^2 x_n(1 - x_n)(1 - r x_n(1 - x_n)) \tag{8.32}$$

8.1 Die logistische Gleichung  171

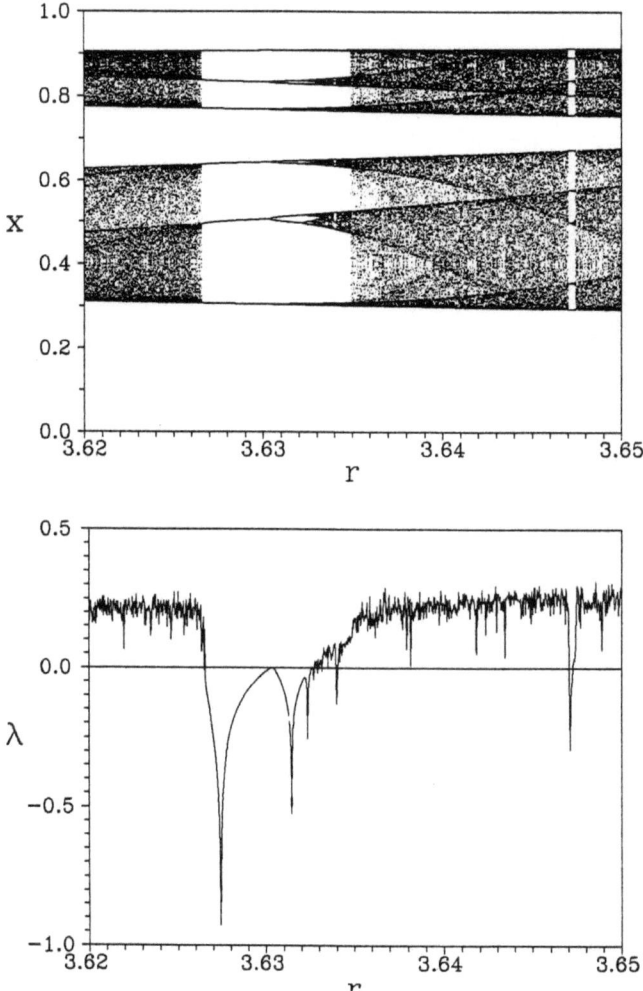

Abb. 8.4: Darstellung des Stabilitätskoeffizienten $\lambda$ (Ljapunov–Exponent) über dem Kontrollparameter $r$ im Intervall $3.62 < r < 3.65$ (oben). Ausschnitt des zugehörigen Feigenbaum–Diagramms (unten) zum Vergleich (Nobach, Mahnke, 1994).

8 Diskrete Abbildungen

gilt

$$x = r^2 x(1-x)(1 - rx(1-x)) \,. \tag{8.33}$$

Wir formen die Gleichung um und erhalten

$$0 = x\left[r^2(1-x)(1 - rx + rx^2) - 1\right] \,, \tag{8.34}$$

so daß wir die erste stationäre Lösung $x^{(1)} = 0$ (8.29) abspalten können

$$0 = r^2(1-x)(1 - rx + rx^2) - 1 \,. \tag{8.35}$$

Analog verfahren wir mit dem zweiten bekannten Fixpunkt (8.30). Dazu bringen wir die Gleichung (8.35) in die folgende Form

$$\left[x - \left(1 - \frac{1}{r}\right)\right]\left[x^2 - \left(1 + \frac{1}{r}\right)x + \frac{1}{r}\left(1 + \frac{1}{r}\right)\right] = 0 \,, \tag{8.36}$$

spalten die Lösung $x^{(2)} = 1 - 1/r$ (8.30) ab und erhalten aus einer quadratischen Gleichung $x^2 + px + q = 0$ die ersten beiden periodischen Lösungen

$$\begin{aligned}
x^{(3),(4)} &= \frac{1}{2}\left(1 + \frac{1}{r}\right) \pm \sqrt{\frac{1 + 2/r + 1/r^2}{4} - \frac{1}{r}\left(1 + \frac{1}{r}\right)\frac{4}{4}} \tag{8.37} \\
&= \frac{1}{2}\left(1 + \frac{1}{r}\right) \pm \frac{1}{2}\sqrt{1 + \frac{2}{r} + \frac{1}{r^2} - \frac{4}{r} - \frac{4}{r^2}} \\
&= \frac{1}{2}\left(1 + \frac{1}{r}\right) \pm \frac{1}{2}\sqrt{1 - \frac{2}{r} - \frac{3}{r^2}} \\
x^{(3),(4)} &= \frac{1}{2}\left(1 + \frac{1}{r}\right) \pm \frac{1}{2r}\sqrt{r^2 - 2r - 3} \,. \tag{8.38}
\end{aligned}$$

$x^{(3),(4)}$ (8.38) ist die erste periodische Lösung; sie ist stabil ab $r = 3$. Für den Ljapunov-Exponenten erhalten wir

$$\begin{aligned}
f(x) &= rx(1-x) \quad;\quad f'(x) = r(1-2x) \tag{8.39}\\
f'(x^{(3)}) &= r\left(1 - \left(1 + \frac{1}{r}\right) - \frac{1}{r}\sqrt{r^2 - 2r - 3}\right) \tag{8.40}\\
&= -\left(1 + \sqrt{r^2 - 2r - 3}\right) \tag{8.41}\\
f'(x^{(4)}) &= r\left(1 - \left(1 + \frac{1}{r}\right) + \frac{1}{r}\sqrt{r^2 - 2r - 3}\right) \tag{8.42}\\
&= -\left(1 - \sqrt{r^2 - 2r - 3}\right) \tag{8.43}
\end{aligned}$$

## 8.1 Die logistische Gleichung

$$\mu^{(3),(4)} = f'(x^{(3)})f'(x^{(4)}) \tag{8.44}$$
$$= \left(1 + \sqrt{r^2 - 2r - 3}\right)\left(1 - \sqrt{r^2 - 2r - 3}\right) \tag{8.45}$$
$$= 1 - (r^2 - 2r - 3) = -r^2 + 2r + 4 \tag{8.46}$$

$$\lambda^{(3),(4)} = \ln|-r^2 + 2r + 4|. \tag{8.47}$$

Die kritischen Parametergrenzen folgen aus

$$-r^2 + 2r + 4 = -1 \;\rightarrow\; r^2 - 2r - 4 - 1 = 0$$
$$\rightarrow r_{cr} = 1 \pm \sqrt{1+5} = 1 + \sqrt{6} \tag{8.48}$$
$$-r^2 + 2r + 4 = +1 \;\rightarrow\; r^2 - 2r - 4 + 1 = 0$$
$$\rightarrow r_{cr} = 1 \pm \sqrt{1+3} = 3 \tag{8.49}$$
$$r^2 - 2r - 4 = 0 \;\rightarrow\; r = 1 \pm \sqrt{1+4}$$
$$\rightarrow r = 1 + \sqrt{5} \quad \text{(Symmetrieachse)}, \tag{8.50}$$

somit gilt

$$x^{(3),(4)} \quad \text{ist stabil für} \quad 3 < r \leq 1 + \sqrt{6}. \tag{8.51}$$

Zusammenfassend liefert die Fixpunkt- und Stabilitätsanalyse (Ljapunov-Koeffizient $\lambda$) der logistischen Gleichung folgende Resultate:

$x^{(1)} = 0$  stabil für  $0 < r \leq 1$ ;  $\lambda^{(1)} = \ln|r|$
$x^{(2)} = 1 - 1/r$  stabil für  $1 < r \leq 3$ ;  $\lambda^{(2)} = \ln|2 - r|$
$x^{(1)}, x^{(2)}$  : stabile Fixpunkte

$x^{(3),(4)} = \frac{1}{2}(1 + \frac{1}{r}) \pm \frac{1}{2r}\sqrt{r^2 - 2r - 3}$
stabil für $3 < r \leq 1 + \sqrt{6}$ ;  $\lambda^{(3)(4)} = \ln|-r^2 + 2r + 4|$
$x^{(3),(4)}$ : stabile periodische Lösung (2er-Zyklus)

Weitere analytische Berechnungen sind sehr aufwendig. Man erhält numerisch eine Serie von Bifurkationen. Die ersten Periodenverdopplungen liegen bei den folgenden Parameterwerten $r_k$ (dort starten $2^k$ - Zyklen):

$r_1 = 3$ ;     $r_2 = 1 + \sqrt{6} = 3.449499$ ;   $r_3 = 3.544090$
$r_4 = 3.564407$ ;   $r_5 = 3.568759$ ;      $r_6 = 3.569692$
$r_7 = 3.569891$ ;   $r_8 = 3.569934$ ;      ...

## 8 Diskrete Abbildungen

Es existiert ein Grenzwert $r_\infty$, bei dem der Übergang ins Chaos erfolgt.

Betrachten wir im Vergleich das stationäre, periodische und chaotische Verhalten der logistischen Abbildung:

a) **Stationäres Regime** $[0, r_1 = 3]$

$0 < r < r_0 = 1$     stabiler Fixpunkt $x^{(1)} = 0$    (8.29)
$1 = r_0 < r < r_1 = 3$     stabiler Fixpunkt $x^{(2)} \neq 0$    (8.30)

b) **Periodisches Regime** $[r_1 = 3, r_\infty]$

$r_1 < r < r_2$     stabiler Orbit der Periode 2    (8.38)
$r_2 < r < r_3$     stabiler Orbit der Periode 4
$\vdots$

$r_n < r < r_{n+1}$     stabiler Orbit der Periode $2^n$
$\vdots$

$r = r_\infty$     stabile (aperiodische) Bahn der Periode $2^\infty \to \infty$

Die Bifurkationswerte $r_k$ folgen einer geometrischen Reihe mit $r_k = r_1 q^{k-1}$; $r_{k+1} = r_k q$, d.h. das Skalenverhalten ist vom Typ

$$r_k \approx r_\infty - c\hat{F}^{-k} \quad , \quad c = 2.6327 \tag{8.52}$$

$$\hat{F} = \lim_{k \to \infty} \frac{r_{k+1} - r_k}{r_{k+2} - r_{k+1}} \tag{8.53}$$

$$= 4.669202 : \text{universelle Feigenbaum-Konstante} \tag{8.54}$$

Bestimmen wir $r_\infty$ als kritischen Kontrollparameter für den Übergang zum Chaos:

$$r_k = r_\infty - c\hat{F}^{-k} \tag{8.55}$$

$$r_{k+1} = r_\infty - c\hat{F}^{-(k+1)} \tag{8.56}$$

$$r_\infty = r_{k+1} + c\hat{F}^{-k}\hat{F}^{-1} = r_{k+1} + (r_\infty - r_k)\hat{F}^{-1} \tag{8.57}$$

$$r_\infty \hat{F} = r_{k+1}\hat{F} + r_\infty - r_k \tag{8.58}$$

$$r_\infty(\hat{F} - 1) = \hat{F} r_{k+1} - r_k \tag{8.59}$$

$$r_\infty = \frac{\hat{F} r_{k+1} - r_k}{\hat{F} - 1} = 3.5699456 \tag{8.60}$$

Beim Parameterwert $r_\infty \approx 3.57$ erfolgt der Übergang in den Chaos-Bereich.

## c) Chaotisches Regime $[r_\infty, 4]$

Der chaotische Bereich hat periodische Fenster, sogenannte „Fenster der Ordnung im Meer des Chaos". Diese $r$-Fenster sind charakterisiert durch Zyklen der Periodenlänge 3, 5, 6, ... und weiterer Bifurkationen. Das chaotische Intervall vergrößert sich mit steigendem $r$, wobei die Iterationen bei $r = 4$ den gesamten Wertebereich $[0, 1]$ überdecken. Wir sprechen dann bei $r = 4$ vom „voll entwickelten Chaos".

Bei $r = r'_\infty = r_\infty$ beginnt der chaotische Bereich.

$\vdots$

Für $r'_{n+1} < r < r'_n$ werden $2^n$ Intervalle nacheinander besucht.

$\vdots$

Für $r'_2 < r < r'_1$ werden 2 Intervalle nacheinander besucht.
Für $r'_1 < r < r'_0 = 4$ existiert nur ein Aufenthaltsintervall maximaler Größe.

Im chaotischen Regime $[r_\infty, 4]$ existiert eine inverse Kaskade von Bifurkationen analog dem Feigenbaum – Szenario für den Bereich $[0, r_\infty]$. Die Abbildung 8.5 zeigt dieses schematisch.

Bei dem Parameterwert $r = 4$ haben wir ein exakt lösbares Modell, das chaotisches Verhalten zeigt, u.z.

$$x_{n+1} = 4x_n(1 - x_n). \tag{8.61}$$

Obwohl bei $r = 4$ eine typische Trajektorie im gesamten Intervall $[0, 1]$ ziellos umherirrt, kann doch überraschenderweise die logistische Abbildung (8.61) durch eine Variablentransformation analytisch gelöst werden. Verwenden wir die folgende Transformation

$$x_n = \frac{1}{2}[1 - \cos(2\pi y_n)] \equiv h(y_n), \tag{8.62}$$

so erhalten wir aus (8.61) mittels

$$\begin{aligned}
\frac{1}{2}[1 - \cos(2\pi y_{n+1})] &= \frac{4}{2}[1 - \cos(2\pi y_n)][1 - \frac{1}{2} + \frac{1}{2}\cos(2\pi y_n)] & (8.63) \\
&= [1 - \cos(2\pi y_n)][1 + \cos(2\pi y_n)] & (8.64) \\
&= 1 - \cos^2(2\pi y_n) & (8.65)
\end{aligned}$$

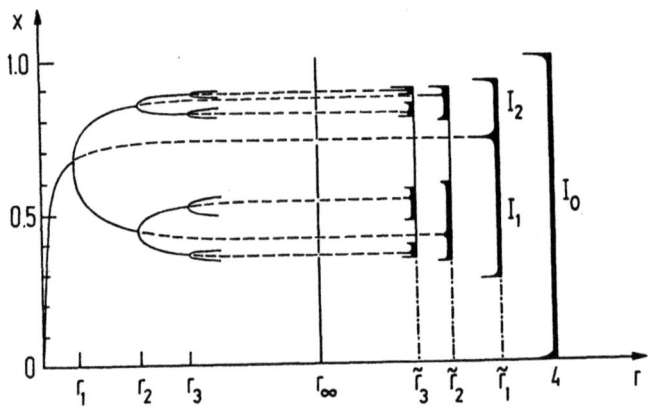

Abb. 8.5: Bifurkationskaskade im Bereich $r < r_\infty$ und ihr inverses Analogon für $r > r_\infty$ (nach Schuster, 1989).

$$= 1 - \frac{1}{2}[1 + \cos(4\pi y_n)] \tag{8.66}$$

$$= \frac{1}{2}[1 - \cos(4\pi y_n)] \tag{8.67}$$

das Resultat

$$\frac{1}{2}[1 - \cos(2\pi y_{n+1})] = \frac{1}{2}[1 - \cos(4\pi y_n)] \tag{8.68}$$

mit der Lösung

$$y_{n+1} = 2y_n \quad \text{mod } 1 \quad \text{bzw.} \quad y_n = 2^n y_0 \quad \text{mod } 1 \,. \tag{8.69}$$

Einsetzen in (8.62) liefert

$$x_n = \frac{1}{2}[1 - \cos(2\pi 2^n y_0)] = \sin^2(\pi 2^n y_0) \,, \tag{8.70}$$

wobei wegen $x_0 = \frac{1}{2}[1 - \cos(2\pi y_0)] = \sin^2(\pi y_0)$ für den Startwert $y_0$ gilt

$$y_0 = \frac{1}{2\pi}\arccos(1 - 2x_0) = \frac{1}{\pi}\arcsin\sqrt{x_0} \,. \tag{8.71}$$

Die elementare Lösungsfunktion lautet somit

$$x_n = \sin^2(2^n \arcsin\sqrt{x_0}) \,, \tag{8.72}$$

wobei $0 < x_0 < 1$ eine rationale bzw. irrationale Startzahl $x_0 = q/p$ ($q, p$ - ganzzahlig) sein kann. Diese führt zu unterschiedlichen Konsequenzen, so liefern rationale Startzahlen Fixpunkte und periodische Zahlenfolgen, z. B.

$x_0 = 0 \quad \rightarrow \quad x = 0$
$x_0 = \frac{1}{3} \quad \rightarrow \quad x = \frac{3}{4}$
$x_0 = \frac{1}{5} \quad \rightarrow \quad$ 2er Zyklus $\quad x = (5 \pm \sqrt{5})/8$
$x_0 = \frac{1}{7} \quad \rightarrow \quad$ 3er Zyklus ,

während irrationale Startwerte chaotisches Umherirren der Trajektorie produzieren. Der Ljapunov-Exponent hat für $r = 4$ den Wert $\lambda = \ln 2$.

Abschließend sei auf folgende Fragen hingewiesen:

- Was hat das Ganze mit Physik zu tun?

  ↪ Konzepte, Methoden sind nützlich für viele Fragestellungen aus der Biologie, Medizin, ...

- Hat die logistische Gleichung physikalische Relevanz?

  ↪ Es ist zwar „nur" eine Modellgleichung für nichtlineare Systeme, aber sie zeigt alles Typische für diskrete nichtlineare Systeme, so die Bifurkationskaskade für den Weg zum Chaos (Feigenbaum-Szenario), die sensitive Abhängigkeit von der Änderung der Anfangsbedingungen u.v.a.m.

- Was kann man analytisch berechnen?

  ↪ Insbesondere das Langzeitverhalten und seine Stabilität.

Es dauerte aber immerhin ca. 10 Jahre, ein solch „einfaches" Modell wie die logistische Gleichung vollständig zu verstehen.

## 8.2 Die Spitzdach–Abbildung

AUFGABE:

Untersuchen Sie analytisch und numerisch das folgende zeitdiskrete System, das unter dem Namen (asymmetrische) Spitzdach-Abbildung

$$x_{n+1} = f(x_n) \quad \text{mit} \quad f(x) = \begin{cases} rx & x \in [0, 1/r] \\ \frac{r}{r-1}(1-x) & x \in (1/r, 1] \end{cases}$$

bekannt ist. Der Fall $r = 2$ wird symmetrische Spitzdach-Abbildung oder Zelt-Abbildung genannt.

## 8 Diskrete Abbildungen

Erstellen Sie aus numerischen Befunden Histogramme über die Häufigkeitsverteilung der Trajektorie, aufgetragen über dem Wertebereich, indem Sie für möglichst kleine Teilintervalle aus $[0,1]$ die Anzahl der Aufenthalte einer typischen Bahnkurve registrieren.

Untersuchen Sie das Phänomen der „Intermittenz", der pseudostochastischen Unterbrechung einer regulären Bewegung.

LÖSUNG:

Die bereits bei der logistischen Abbildung (8.8) studierten Eigenschaften diskreter dynamischer Systeme sind typisch und gelten sinngemäß für alle stetig differenzierbaren Abbildungen $f\ [0,1] \to [0,1]$ mit einem quadratischen Maximum und negativer Schwarzscher Ableitung (Collet, Eckmann, 1980).

Betrachten wir jetzt die Spitzdach–Abbildung (im symmetrischen Fall auch Zelt–Abbildung genannt)

$$x_{n+1} = f(x_n) \quad \text{mit} \quad f(x) = \begin{cases} rx & x \in [0, 1/r] \\ \frac{r}{r-1}(1-x) & x \in (1/r, 1] \end{cases}, \quad (8.73)$$

so finden wir einen interessanten Zusammenhang zur logistischen Abbildung für $r = 4$ (8.61). Mittels der Transformationsbeziehung (vergleiche 8.71)

$$y = \frac{2}{\pi} \arcsin \sqrt{x} \qquad (8.74)$$

kann die logistische Abbildung (8.61)

$$f(y) = 4y(1-y) \qquad (8.75)$$

in die symmetrische Spitzdach–Abbildung

$$f(x) = \begin{cases} 2x & x \in [0, 1/2] \\ 2(1-x) & x \in (1/2, 1] \end{cases} \qquad (8.76)$$

überführt werden. Somit durchirrt wiederum jede typische Trajektorie (mit irrationalem Anfangswert) in unregelmäßiger Folge das gesamte Intervall $[0,1]$ gleichmäßig. Die Abbildung (8.76) ist ergodisch mit der Gleichverteilung $p(x) = 1$ als invariantem Maß (siehe Abb. 8.7). Bei jeder Iteration

## 8.2 Die Spitzdach-Abbildung

erfolgt eine Streckung mit anschließender Faltung. Es gibt zwei instabile Fixpunkte $x_{st}^{(1)} = 1/3$ und $x_{st}^{(2)} = 2/3$ und endlich viele Orbits der Periode $N = 1, 2, \ldots$, die, ausgehend von rationalen Startzahlen, aufgesucht werden. Der Ljapunov-Exponent ist wegen $|f'(x)| = 2$ unabhängig von $x$ und hat den Wert $\lambda = \ln 2$ (Lichtenberg, Lieberman, 1983; Jetschke, 1989).

Die Wirkung der Zelt-Abbildung (8.76) wird besonders deutlich, wenn wir $x$ als Dualzahl

$$x = 0, a_1 a_2 a_3 \ldots = \sum_{i=1}^{\infty} a_i 2^{-i} \quad \text{mit} \quad a_i = \{0, 1\} \tag{8.77}$$

schreiben. Für einen Anfangswert $x_0$ aus $[0, 1/2)$ (d.h. $a_1 = 0$) erfolgt bei jeder Iteration eine Rechtsverschiebung der Kommastelle (Bernoulli-Verschiebung) und für $x_0$ aus $[1/2, 1)$ (d.h. $a_1 = 1$) zusätzlich eine Invertierung einer jeden Dualstelle, d.h. aus (8.77) wird

$$f(x) = \begin{cases} 0, a_2 a_3 a_4 \ldots & \text{für } a_1 = 1 \\ 0, \bar{a}_2 \bar{a}_3 \bar{a}_4 \ldots & \text{für } a_1 = 1 \quad (\bar{a} = 1 - a) \end{cases}. \tag{8.78}$$

Startzahlen, die ab einer gewissen Stelle periodisch sind (rationale Zahlen), werden nach einer gewissen Einlaufzeit von den periodischen Orbits angezogen, während die Bahn irrationaler Anfangswerte vollkommen chaotisch ist.

Die allgemeine Spitzdach-Abbildung (8.73) zeigt für $r \simeq 1$ das Phänomen der Intermittenz; d.h. es treten pseudostochastische Unterbrechungen regulärer Bewegungen auf. Die Abbildung 8.6 zeigt für $r = 1.001$ relativ lange Phasen regulären Wachstums, unterbrochen durch kurze irreguläre Oszillationen um den instabilen Fixpunkt

$$x_{st} = \frac{r}{2r - 1} \tag{8.79}$$

und scheinbar zufälligen Sprüngen zu kleinen $x$–Werten.

Eine zum Feigenbaum-Diagramm für die logistische Abbildung (vergleiche Abbildung 8.3) analoge Darstellung für die Spitzdach-Iteration zeigt ausschließlich chaotisches Verhalten (mit kleinen regulären Fenstern). Da für $r > 1$ keine stabilen Fixpunkte und keine stabilen periodischen Orbits existieren, tragen somit fast alle Trajektorien chaotischen Charakter (positiver Ljapunov-Exponent).

180  8 Diskrete Abbildungen

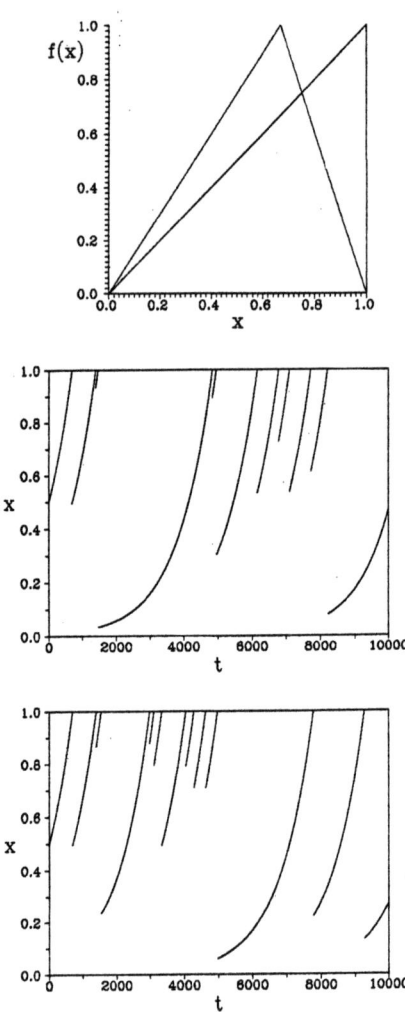

Abb. 8.6: Asymmetrische Spitzdach–Abbildung für zwei gewählte Parameterwerte $r = 1.001$ und $r = 1.5$ (oben). Typische Trajektorien mit Intermittenz der asymmetrischen Spitzdach–Abbildung (Parameter $r = 1.001$) mit geringfügig veränderten Startwerten $x_0 = 0.499$ (Mitte) und $x_0 = 0.500$ (unten) (Nobach, Mahnke, 1994).

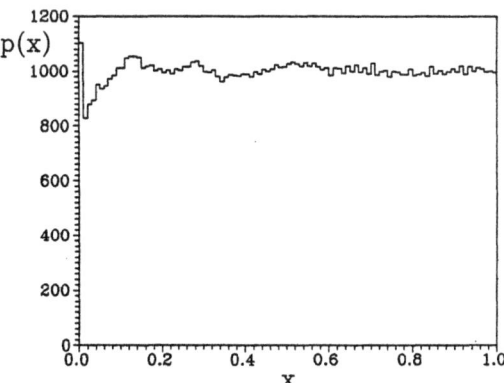

**Abb. 8.7:** Numerisch nach $10^5$ Iterationen ermitteltes Histogramm (das exakte Resultat ist die Gleichverteilung) des chaotischen Attraktors für die Spitzdach–Abbildung mit $r = 1.01$ und $x_0 = 0.5$ (Nobach, Mahnke, 1994).

## 8.3 Die Standard–Abbildung

AUFGABE:

Untersuchen Sie das reguläre und chaotische Verhalten eines periodisch angestoßenen Rotators. Nach (Chirikov, 1979) beschreibt die sogenannte Standard–Abbildung

$$x_{n+1} = x_n + y_n + k \sin x_n$$
$$y_{n+1} = y_n + k \sin x_n$$

den gekickten dämpfungsfreien Rotator mit einer periodischen harmonischen äußeren Kraft der Amplitude $k$.

Diskretisieren Sie die dynamische Bewegungsgleichung eines Rotators und leiten Sie die Gleichungen der Standardabbildung her. Variieren Sie den Kontrollparameter $k \geq 0$ und stellen sie die Folge der Werte $(x_n, y_n)$ in einer $2\pi$–periodischen Zustandsebene dar.

LÖSUNG:

Besitzt ein mathematisches Pendel genügend Energie, so beobachten wir eine Rotation der Masse. Im Vergleich zur Bewegungsgleichung eines ma-

## 8 Diskrete Abbildungen

thematischen Pendels (siehe Kapitel 2) sei die Dynamik eines freien gedämpften, zu den Zeitpunkten $t = nT$ angestoßenen, Rotators durch

$$\ddot{\alpha} + \gamma \dot{\alpha} = k f(\alpha) \sum_n \delta(t - nT) \tag{8.80}$$

gegeben. Vernachlässigen wir die Dämpfung ($\gamma = 0$), setzen für die Kraft $f(\alpha) = \sin \alpha$, so gilt zum Zeitpunkt eines Stoßes (Kicks)

$$\ddot{\alpha} = k \sin \alpha \tag{8.81}$$

bzw. unter Verwendung des Drehimpulses

$$\dot{\alpha} = p \tag{8.82}$$
$$\dot{p} = k \sin \alpha . \tag{8.83}$$

Diskretisieren wir diese Gleichungen, wobei wir die Zeitdauer $T$ zwischen zwei Stößen gleich eins setzen, so erhalten wir ein nichtlineares Differenzengleichungssystem für den Winkel und den Impuls ($n$ = Stoßzahl)

$$\alpha_{n+1} = f_1(\alpha_n, p_n) = \alpha_n + p_{n+1} \tag{8.84}$$
$$p_{n+1} = f_2(\alpha, p_n) = p_n + k \sin \alpha_n . \tag{8.85}$$

Durch Umbezeichnungen (Winkel $\alpha \to x$, Impuls $p \to y$) folgt aus (8.84, 8.85) eine zweidimensonale Abbildung der Form

$$x_{n+1} = x_n + y_n + k \sin x_n \tag{8.86}$$
$$y_{n+1} = y_n + k \sin x_n , \tag{8.87}$$

die in der Literatur (siehe u.a. Schuster, 1989; Mahnke, Schmelzer, Röpke, 1992; Steeb, 1994) als Standard– oder Chirikov–Abbildung bekannt ist. Der Kontrollparameter $k$ (Kraftstärke) kann von außen gesteuert werden und umfaßt den Wertebereich aller nichtnegativen Zahlen.

Sind alle Werte $(x_n, y_n)$ modulo $2\pi$, so ist der Zustandsraum beschränkt auf $Q = \{(x, y) \mid 0 \leq x < 2\pi, 0 \leq y < 2\pi\}$. Die Graphiken 8.8 zeigen die Wirkung der Standard–Abbildung im Zustandraum $Q$, wobei verschiedene Anfangswerte ($0 < x_0, y_0 < 2\pi$) ausgewählt und die Folge der iterierten Werte $(x_n, y_n)$ nach (8.86, 8.87) als Punkte markiert wurden, in Abhängigkeit der Kraftstärke $k$.

Im Grenzfall $k = 0$ entkoppeln die Iterationsgleichungen (8.86, 8.87) und

8.3 Die Standard-Abbildung 183

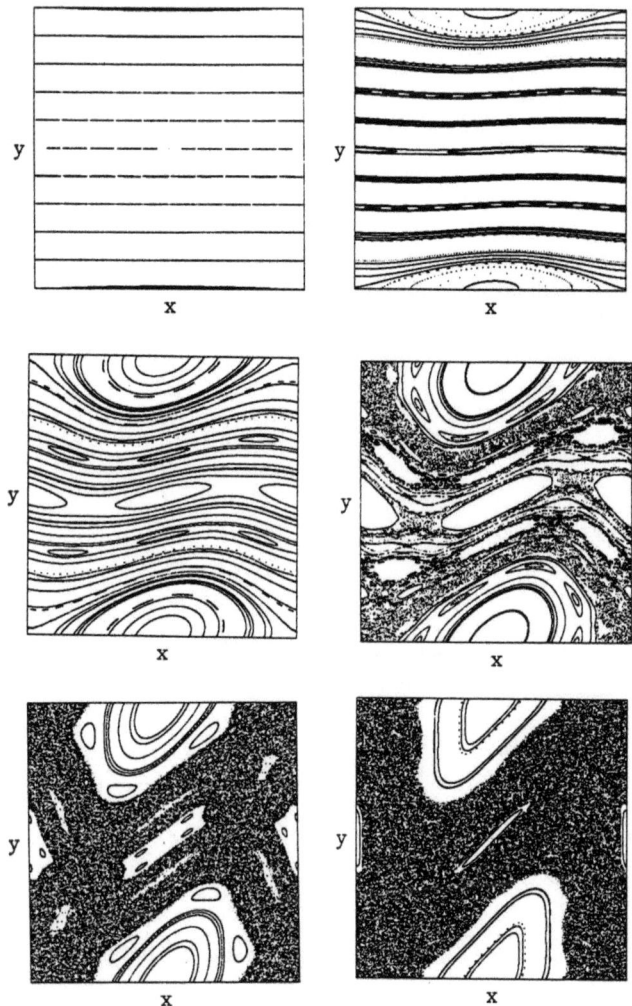

Abb. 8.8: Standard-Abbildung für verschiedene Werte des Kontrollparameters $k$. Oben: $k = 10^{-3}$, $k = 0.1$, Mitte: $k = 0.5$, $k = 1.0$, unten: $k = 1.5$, $k = 2.0$ (Nobach, Mahnke, 1994).

wir erhalten eine horizontale Linie bei $y_0$. Stellt $k$ eine kleine Störung dar, so wird das ideale reguläre Verhalten verändert (vergleiche Abb. 8.8 links oben). Es entstehen elliptische und hyperpolische Fixpunkte mit regulären Bahnkurven in ihrer Umgebung und bei steigendem $k$ ständig wachsende chaotische Bereiche. Die Abbildung 8.8 ist charakteristisch für nichtlineare Systeme und zeigt als Resultat reguläres Verhalten mit chaotischen Bändern.

Oberhalb einer kritischen Grenze $k_c \simeq 0.972$ des Kontrollparameters generiert die Standard-Abbildung ein diffusives Verhalten des Impulses. Die Schwankung des Impulses $p_n \equiv y_n$ wächst linear mit der Zeit (Stoßzahl $n$)

$$<(p_{n+1} - p_0)^2> \sim n \quad \text{für} \quad n \gg 1 \tag{8.88}$$

an.

## 8.4 Die Henon-Abbildung

AUFGABE:

Untersuchen Sie am Beispiel der zweidimensionalen dissipativen Henon-Abbildung (erstmalig veröffentlicht 1976)

$$\begin{aligned} x_{n+1} &= y_n + 1 - r x_n^2 \\ y_{n+1} &= b x_n \end{aligned}$$

mit den Parametern

$$r > 0 \quad ; \quad |b| < 1$$

das Szenario der Periodenverdopplungen und den Übergang ins Chaos (chaotischer Attraktor mit Blätterteigstruktur).

Berechnen Sie die Fixpunkte der Henon-Abbildung und untersuchen Sie deren Stabilität.

Wie verändert die Henon-Abbildung eine vorgegebene Menge von Anfangswerten (z.B. symmetrisch um den Ursprung (0,0) gelegen)? Variieren Sie den Dissipationsparameter $b$ und analysieren Sie insbesondere den Spezialfall $b = 0$ (quadratische Abbildung).

LÖSUNG:

Die zweidimensionale Henon-Abbildung

$$x_{n+1} = y_n + 1 - rx_n^2 \tag{8.89}$$
$$y_{n+1} = bx_n \tag{8.90}$$

enthält zwei Kontrollparameter, und zwar $r$ als Nichtlinearitätsparameter (Stärke der Nichtlinearität) und $b$ als Dissipationsparameter. Da die Funktionaldeterminante

$$J = \det \left| \frac{\partial(x_{n+1}, y_{n+1})}{\partial(x_n, y_n)} \right| = \begin{vmatrix} -2rx & 1 \\ b & 0 \end{vmatrix} = -b \tag{8.91}$$

negativ ist, haben wir es für $|b| < 1$ mit einer dissipativen (kontrahierenden) Abbildung zu tun. Die Flächeninhalte des Zustandsraumes werden bei jedem Iterationsschritt mit $|b|$ multipliziert. Im Grenzfall $|b| = 1$ geht die Henon-Abbildung in eine konservative (erhaltende) Abbildung über.

Die eindimensionale quadratische Abbildung

$$x_{n+1} = 1 - rx_n^2 \tag{8.92}$$

ist ein Spezialfall der Henon-Abbildung. Setzen wir in (8.89, 8.90) $b = 0$, so erhalten wir die Iteration (8.92). Wir wollen nun zeigen, daß sich die quadratische Abbildung (8.92) in die schon ausführlich diskutierte logistische Abbildung (8.8) transformieren läßt.

Dazu überführen wir zuerst (8.92) mittels Skalierung $x = x'/r$ in

$$x'_{n+1} = r - x_n'^2 , \tag{8.93}$$

dann mittels einer linearen Verschiebung $x' = x'' - a$ um einen noch unbekannten Wert $a$ in die Gleichung

$$x''_{n+1} = 2ax_n'' \left(1 - \frac{1}{2a}x_n''\right) + r + a - a^2 , \tag{8.94}$$

und zuletzt durch $x'' = 2a\,x'''$ in die Form

$$x'''_{n+1} = 2ax_n''' (1 - x_n''') + \frac{1}{2a}\left(r + a - a^2\right) . \tag{8.95}$$

## 8 Diskrete Abbildungen

Damit haben wir unser Ziel (8.8) fast erreicht. Setzen wir nun $2a = R$ und $r + a - a^2 = 0$, damit $r = R(R-2)/4$, so erhalten wir die logistische Gleichung ($x''' \equiv y$)

$$y_{n+1} = R y_n (1 - y_n) \,. \tag{8.96}$$

Mit anderen Worten: Setzen wir die lineare Transformation

$$x = \frac{4}{R-2}\left(y - \frac{1}{2}\right) \quad \text{mit} \quad r = \frac{R}{4}(R-2) \tag{8.97}$$

in die quadratische Abbildung (8.92) ein, so entsteht die logistische Abbildung (8.96).

Die stationären Zustände von (8.89, 8.90) folgen aus einer quadratischen Gleichung

$$x_{st} = b x_{st} + 1 - r x_{st}^2 \tag{8.98}$$

mit den Lösungen

$$x_{st}^{(1),(2)} = -\frac{1-b}{2r} \pm \frac{1}{2r}\sqrt{(1-b)^2 + 4r} \tag{8.99}$$

$$y_{st}^{(1),(2)} = b x_{st}^{(1),(2)} \,. \tag{8.100}$$

Die Fixpunkte sind reellwertig für Parameter, die der Bedingung $r \geq (1-b)^2/4$ genügen. Der erste Fixpunkt liegt in der rechten Hälfte der Zustandsebene, da $x_{st}^{(1)} > 0$ ist. Der zweite Fixpunkt liegt in der linken Hälfte der $x - y$ - Ebene, da die $x$-Komponente $x_{st}^{(2)}$ negativ ist.

Die Stabilität der Fixpunkte wird mit Hilfe der ersten Ableitungen ausgerechnet. Wir erhalten für die Eigenwerte $\lambda_{1,2} = -rx \pm \sqrt{r^2 x^2 + b}$. Die Stabilitätsbedingung ($\lambda_{1,2} < 1$) ist erfüllt für Werte $|x| < (1-b)/(2r)$. Setzen wir in diese Ungleichung die stationären Lösungen (8.99, 8.100) ein, so liefert die Analyse das Resultat, daß der erste Fixpunkt $(x_{st}^{(1)}, y_{st}^{(1)})$ im Intervall $(1-b)^2/4 < r < 3(1-b)^2/4$ reell und asymptotisch stabil ist und anschließend instabil wird, während der zweite Fixpunkt $(x_{st}^{(2)}, y_{st}^{(2)})$ stets instabil ist. Die Bifurkationskaskade, beginnend beim ersten kritischen Parameterwert

$$r_1 = \frac{3}{4}(1-b)^2 \,, \tag{8.101}$$

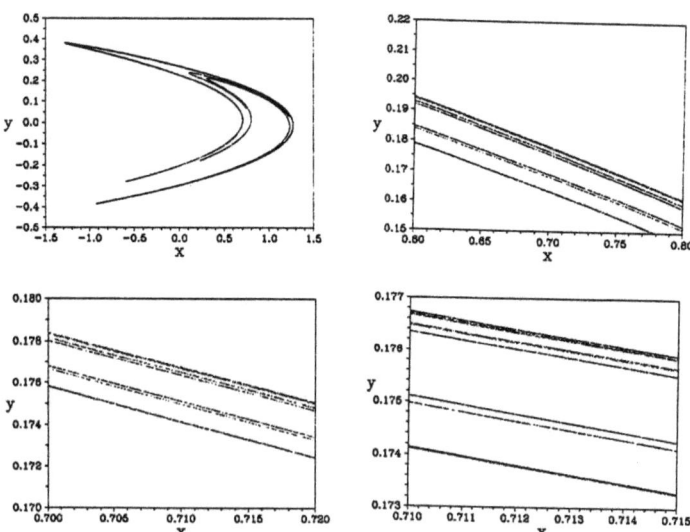

**Abb. 8.9:** Blätterteigstruktur des Henon-Attraktors (links oben), dargestellt nach $10^5$ Iterationen. Die entsprechenden Ausschnittsvergrößerungen wurden nach $10^5$ (rechts oben), $10^6$ (links unten) und $10^7$ (rechts unten) Iterationen erstellt (Nobach, Mahnke, 1994).

hängt in komplizierter Weise von den Kontrollparametern ab. Ein Orbit der Periode 2 ist stabil im Parameterintervall $r_1 < r < r_2$ mit

$$r_2 = (1-b)^2 + \frac{1}{4}(1+b)^2 \ . \tag{8.102}$$

Beim kritischen Wert $r_2$ findet eine weitere Bifurkation statt; ein Orbit der Periode 4 entsteht. Es treten im Intervall $r_1 < r < r_\infty$ Periodenverdopplungen auf, deren Vielfachheit für $r \to r_\infty$ gegen Unendlich strebt. Im Bereich $r_\infty < r < r_d$ existiert entsprechend numerischer Befunde (Henon, 1976) ein chaotischer Attraktor mit bemerkenswerter Selbstähnlichkeit, obwohl strenge mathematische Beweise dafür noch ausstehen. Jenseits von $r_d$ $(r > r_d)$ divergieren fast alle Trajektorien ins Unendliche.

Die Abbildung 8.9 ist ein numerisches Resultat der diskreten Gleichungen (8.89, 8.90) für die Parameterwerte $r = 1.4$ und $b = 0.3$. Der Fixpunkt (8.99, 8.100) wird instabil (8.101) bei $r_1 = 0.3675$. Die 2er Periode wird entsprechend (8.102) instabil bei $r_2 = 0.9125$. Der Übergang ins Chaos erfolgt für $b = 0.3$ bei $r_\infty \approx 1.058049$. Die exponentielle Divergenz von anfänglich dicht benachbarten Trajektorien ist numerisch überprüft worden, so daß aufgrund der ständigen Kontraktion, Streckung und Faltung der Attraktor aus vielen Schichten besteht (Blätterteigstruktur).

Sehr anschaulich werden die soeben gemachten Aussagen, wenn wir die Wirkung der nichtlinearen Henon–Abbildung auf einen konkreten Satz von Anfangswerten detailliert untersuchen. Wir fixieren die Kontrollparameter auf die Standardwerte $r = 1.4$, $b = 0.3$ und wählen die Anfangswerte $(x_0, y_0)$ symmetrisch zum Koordinatenursprung auf einem Kreis $x_0^2 + y_0^2 = R^2$ bzw. auf einer Ellipse $x_0^2/A^2 + y_0^2/B^2 = 1$. Innerhalb dieser Menge von Anfangswerten könnten wir ausgewählte Punkte markieren, deren Entwicklung wir speziell verfolgen wollen. Selbstverständlich ist der Kreis als Spezialfall der Ellipse durch $A^2 = B^2 = R^2$ zu erhalten. Das erste Bild der Abbildung 8.10 (Bild a) zeigt die Startsituationen.

Führen wir nun die erste Iteration aus. Nach einem Vorschlag von (Henon, 1976) zerlegen wir die Prozedur in drei Teilschritte und beobachten dabei insbesondere die markierten Anfangswerte. Zuerst führen wir eine flächenerhaltende ($J = 1$) Stauchung/Streckung in $y$-Richtung mittels

$$x' = x_0 \tag{8.103}$$
$$y' = 1 - r x_0^2 + y_0 \tag{8.104}$$

durch (siehe Abb. 8.10, Bild b), dann erfolgt eine flächenverkleinernde (dissipative) Stauchung in $x$-Richtung entsprechend

$$x'' = bx' \tag{8.105}$$
$$y'' = y' \tag{8.106}$$

(siehe Abb. 8.10, Bild c) und abschließend eine flächenerhaltende Drehspiegelung, die sich aus einer Drehung um 90° und einer Spiegelung an der $y$-Achse zusammensetzt

$$x_1 = y'' \tag{8.107}$$
$$y_1 = x''. \tag{8.108}$$

Die Abbildung 8.10 zeigt die Schritte der ersten Iteration (für einen Kreis als Startsituation) detailliert. Wir erkennen die Durchmischung der Menge der Anfangsbedingungen, so daß sich durch das ständige Strecken/Stauchen

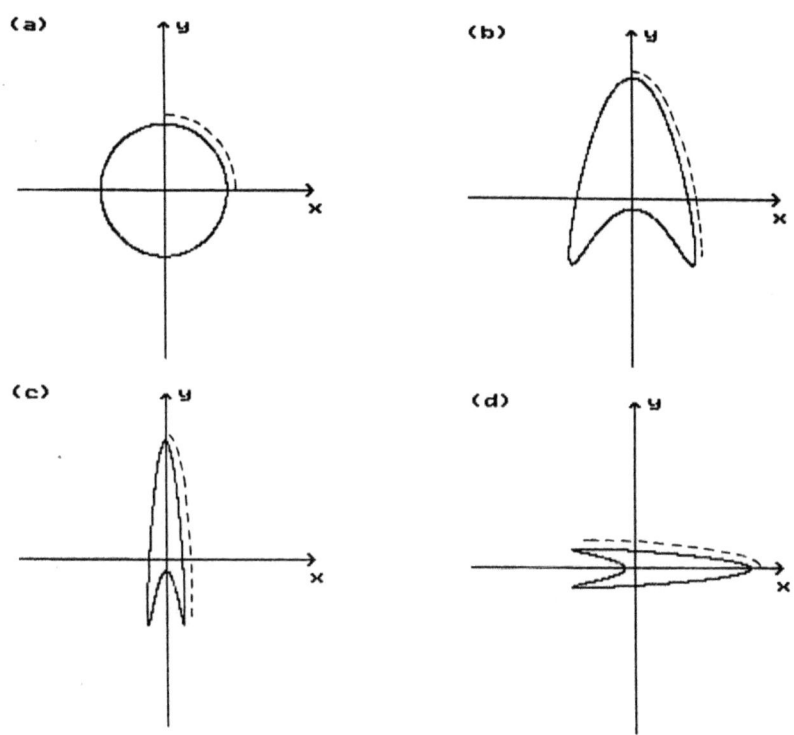

Abb. 8.10: Wirkung der Henon–Abbildung auf eine Menge von Anfangsbedingungen (Kreis, Bild a), über zwei Zwischenschritte (Bilder b und c) bis zum Ergebnis (Bild d) nach der ersten Iteration mit besonderer Kennzeichnung (gestrichelte Linie) der Entwicklung einer Teilmenge von Anfangswerten (Walter, Mahnke, 1994).

190   8  Diskrete Abbildungen

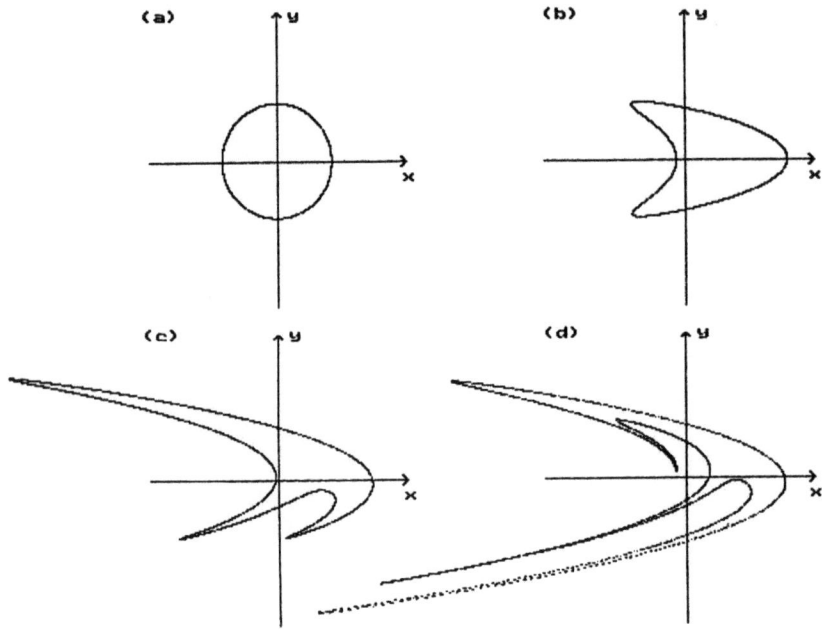

Abb. 8.11: Wirkung der Henon–Abbildung mit $b = 1.0$ auf eine Menge von Anfangsbedingungen ($n = 0$: Kreis, Bild a). Die folgenden Iterationsschritte $n = 1, 2, 3$, dargestellt in den Bildern b, c, d, zeigen die Deformation der Nachbarschaftsbeziehungen (Walter, Mahnke, 1994).

## 8.4 Die Henon-Abbildung

und Drehen die Nachbarschaftsverhältnisse bereits stark verändert haben.

Ein Einsetzen der Gleichungen (8.103 – 8.108) ineinander beweist, daß tatsächlich in Übereinstimmung mit (8.89, 8.90) die erste Iteration entsprechend

$$x_1 = 1 - rx_0^2 + y_0 \quad (8.109)$$
$$y_1 = bx_0 \quad (8.110)$$

durchgeführt wurde. Nehmen wir jetzt das Ergebnis der 1. Iteration $(x_1, y_1)$ (siehe Bild d der Abb. 8.10) als Ausgangssituation und wiederholen die Prozedur, so erhalten wir die Lösungen $(x_2, y_2)$ und so weiter. Für die ersten Schritte ($n = 0, 1, 2, 3, \ldots$) sind die Ergebnisse der Henon-Iteration mit dem Parameterwert $b = 1.0$ in der Abbildung 8.11 wiedergegeben. Die Durchmischung des Zustandsraumes nimmt zu, wie deutlich zu erkennen ist.

Die fraktale Dimension des Henon-Attraktors mit den bekannten Parameterwerten $r = 1.4, b = 0.3$ beträgt $d_f = 1.264 \pm 0.002$ (Lichtenberg, Lieberman, 1983) und kann experimentell mit der Überdeckungsmethode (siehe Abschnitt 10) ermittelt werden. Zur umfassenden Charakteristik der Struktur des Henon-Attraktors reicht aber eine reelle Zahl wie die Dimension $d_f$ nicht aus, da die verschiedenen Blätter des inhomogenen Attraktors mit unterschiedlicher Wahrscheinlichkeit durchlaufen werden (Schuster, 1989).

Detaillierte Untersuchungen zur Feigenbaum-Kaskade bei der Henon – Abbildung (8.89, 8.90) mit dem Parameter $b = 0.3$ sind u.a. in (Thompson, Stewart, 1986) zu finden. Der Quotient der Abstände der Folge der Periodenverdopplungen (8.53) konvergiert schnell gegen den Wert der universellen Feigenbaumkonstanten $\hat{F} = 4.6692$ (8.54). Ein der Abbildungen 8.3 und 8.4 analoges Feigenbaumdiagramm für die Henon-Iteration mit $b = 0.3$ und $r > 1$ als Kontrollparameter zeigt die Abbildung 8.12. Der dazugehörige Ljapunov-Exponent $\lambda$ (in $x_1$-Richtung) ist im unteren Teil der Grafik dargestellt.

192  8  Diskrete Abbildungen

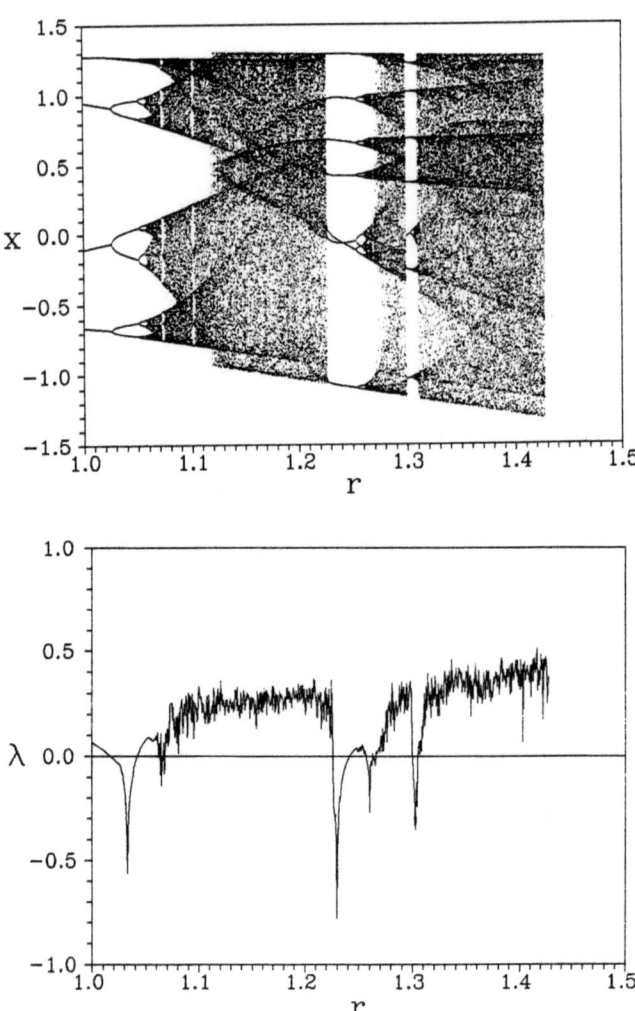

Abb. 8.12: Feigenbaumsches Bifurkationsdiagramm (oben) einschließlich dem Stabilitätskoeffizienten $\lambda$ (unten) für die Henon–Abbildung im Parameterbereich $b = 0.3$ und $1 < r < 1.4275$ (Nobach, Mahnke, 1994).

# Kapitel 9

# Chaotische Streuung und Billardsysteme

Die Unterscheidung in Bindungs- und Streuzustände spielt in der Physik eine entscheidende Rolle. Bereits bei der Analyse des mathematischen Pendels (siehe Kap. 2) verwendeten wir diese Begriffe. In der Physik sind eine Reihe von Streuprozessen ausführlich untersucht. Bekanntestes Beispiel ist die Rutherford–Streuung mit einem Coulomb–Potential als Wechselwirkungspotential zwischen Streuteilchen und Target. Ein aus dem Unendlichen anfliegendes Teilchen kommt in Wechselwirkung mit dem Streuzentrum, die Bahn wird dabei in der Regel gekrümmt und das Teilchen fliegt unter einem Streuwinkel wieder ins Unendliche. Ist die Bewegung kräftefrei, so ist die Bahnkurve in dem konstanten Potential geradlinig und die Streuung erfolgt nach den bekannten Stoßgesetzen (Reflexionsgesetz). Im Gegensatz zu den Streusystemen ist ein Bindungszustand dadurch charakterisiert, daß das Teilchen nicht ins Unendliche weglaufen kann. Wir erhalten das bekannte chaotische Verhalten der Trajektorien in gebundenen Systemen, wie wir es ausführlich bei verschiedenen nichtlinearen dynamischen Systemen untersucht haben.

Besteht beispielsweise das Streuzentrum aus mehreren harten Kugeln (oder im zweidimensionalen aus entsprechenden Scheiben), so wird ein unter dem Stoßparameter $y$ einfliegendes Teilchen in der Regel an eine Kugel anstoßen, elastisch reflektiert, eventuell an ein weiteres Hindernis stoßen und so weiter, um dann wieder ins Unendliche zu verschwinden (siehe linke Grafik der Abb. 9.1). Dieser Vorgang erzeugt eine komplizierte Bahnkurve und wird

# 194 9 Chaotische Streuung und Billardsysteme

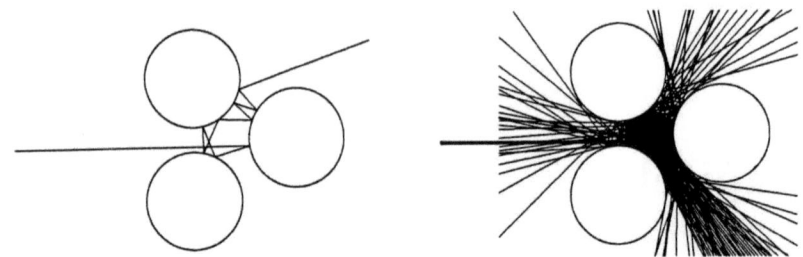

Abb. 9.1: Illustration zur chaotischen Streuung mit einem Lichtstrahl (links) und einem Bündel von Parallelstrahlen (rechts).

als chaotische Streuung bezeichnet. Wird der Stoßparameter geringfügig variiert, so kann sich die Bahnkurve drastisch ändern. Die rechte Grafik der Abbildung 9.1 zeigt, wie paralleles Licht (ein Bündel von Strahlen bzw. Teilchen) in ganz unterschiedliche Richtungen gestreut wird. Bezeichnen wir die Kugeln mit A, B und C. Die Folge von Buchstaben, die die Reihenfolge des Auftreffens auf die Hindernisse symbolisieren, kann dann entsprechend ihrer Länge und Sequenzfolge analysiert werden. Die Kodierung der Bahnen durch Symbolfolgen heißt symbolische Dynamik.

Das physikalische System „Tischbillard" besteht aus einem Massenpunkt, der sich völlig reibungsfrei auf einem Tisch (Fläche) bewegen kann und elastische Stöße mit einer geschlossenen Randkurve $C$ ausführt. Die Berandung der Billards ist im allgemeinen in Polarform $R = R(\varphi)$ gegeben; in der einfachsten Variante als Ellipse bzw. speziell als Kreis (Kreisbillard). Es gibt zwei unabhängige Variable, u.z. den Ort $s$, gemessen durch die Bogenlänge in Einheiten des Gesamtumfangs ($0 \leq s \leq 1$), und den Impuls $p = \cos\alpha$, wobei der Winkel $\alpha$ zwischen der Bahngeraden nach der Reflexion und der Tangente an die Randkurve gemessen wird ($-1 \leq p \leq 1$). Die Teilchenbewegung reduziert sich auf eine Folge von Reflexionen an der Randkurve

$$(s_n, p_n) \rightarrow (s_{n+1}, p_{n+1}), \tag{9.1}$$

wobei $n$ die Nummer der Reflexion darstellt. Die Bestimmung des jeweiligen nächsten Auftreffpunktes an der Bahnkurve erfolgt durch numerische Berechnung des Schnittpunktes der Bahngeraden mit der Randkurve (Korsch, Mirbach, Jodl, 1987).

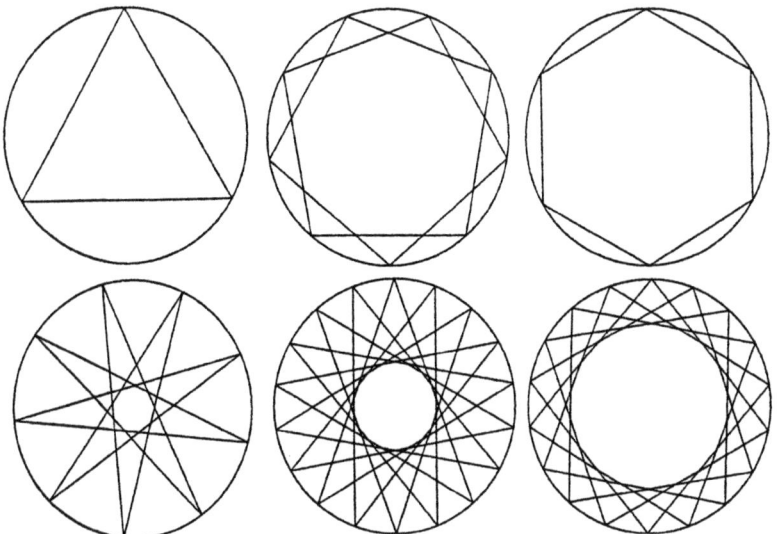

Abb. 9.2: Eine Auswahl periodischer Bahnen für ein Kreisbillard.

Ein Billard mit elliptischer Randkurve ist integrabel. Die zusätzliche Erhaltungsgröße ist das Produkt der Drehimpulse bezüglich der beiden Brennpunkte. Insbesondere gilt für das Kreisbillard, daß der Winkel $\alpha$ und damit die Projektion auf die Tangentenrichtung $p = \cos\alpha$ entlang einer Bahn konstant sind. Dieses bedeutet nichts anderes als Drehimpulserhaltung. Somit sind nur periodische und quasiperiodische Bewegungen zu beobachten. Bahnen mit einem rationalen Winkel $\alpha = \pi m/n$ sind periodisch. Sie schließen sich nach endlich vielen Umläufen wieder. Die Abbildung 9.2 zeigt einige periodische Bahnen für ein Kreisbillard.

Diese integrablen Billardsysteme, vermutlich ist das elliptische Billard das einzige, sind aber nicht die typischen Vertreter. Wie allgemein aus der Theorie der nichtlinearen dynamischen Systeme bekannt, ist die chaotische Dynamik das typische Verhalten. Stört man das elliptische Billard durch eine nichtelliptische Deformation, so werden diejenigen Kurven zerstört, die in der Nähe periodischer Bahnen liegen. Solch ein chaotisches Billard mit der Randkurve

$$R(\varphi) = R_0(1 + \varepsilon\cos\varphi), \tag{9.2}$$

wobei der Parameter $\varepsilon > 0$ die Stärke der kleinen Störung darstellt, wurde ausführlich an der Universität Kaiserslautern untersucht. Die Berechnungen und numerischen Resultate u.a. in (Korsch, Mirbach, Jodl, 1987) zusammengefaßt sind. Billardsysteme sind einfache Modelle, um die chaotische Streuung von Teilchen an anderen festen Körpern mittels elastischer Stöße zu studieren (Sinai–Gas).

## 9.1 Chaotische Streuung

AUFGABE:

Erstellen Sie eine Darstellung des Streuwinkels als Funktion des Stoßparameters für ein System aus drei harten Scheiben, die in einem gleichseitigen Dreieck auf einer $X$-$Y$-Ebene plaziert sind. Geben Sie für dieses Streusystem die Anzahl der Reflexionen über den Stoßparameter an.

LÖSUNG:

Die chaotische Streuung an einem Ensemble aus drei harten Scheiben ist praktisch mit der Lichtreflexion an drei außen verspiegelten Zylindern vergleichbar, wobei paralleles Licht senkrecht zu den Achsen einfällt und zwischen den Zylindern hin und her reflektiert wird. Die Abbildung 9.3 erklärt die vorgegebene Situation und die verwendeten Größen. Die Veränderung an der $X$-Achse gegenüber dem gewöhnlichen gespiegelte Koordinatensystem kommt durch die „Sichtweise" der Graphikkarte zustande.

Das Problem der Streuung wird auf eine Schnittpunktsermittlung zwischen Kreis und Gerade zurückgeführt.

$$y = mx + n \tag{9.3}$$
$$(y-b)^2 + (x-a)^2 = r^2 . \tag{9.4}$$

Dieses Gleichungssystem führt auf eine quadratische Gleichung mit zwei Wurzeln als Lösung

$$(m^2+1)x^2 + ((2m(n-b)-2a)x + (n-b)^2 + a^2 - r^2 = 0 . \tag{9.5}$$

Zu diesen $X$-Koordinaten der Schnittpunkte gibt es noch jeweils zwei $Y$-Werte

$$y = \pm\sqrt{(r^2-(x-a)^2)} + b . \tag{9.6}$$

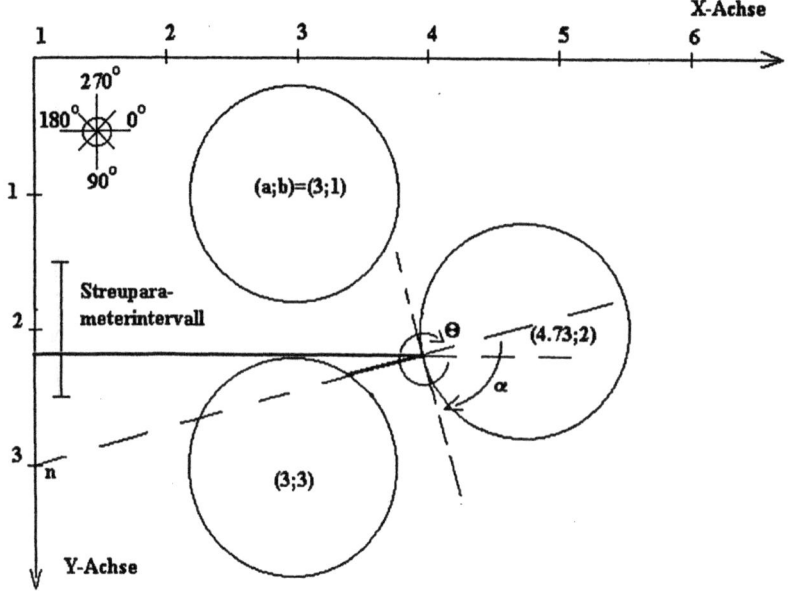

Abb. 9.3: Darstellung der drei Streuzentren (harte Scheiben) mit einem einfallenden und anschließend reflektierten Strahl. Der Bereich für das einfallende Licht ist als Streuparameterintervall gekennzeichnet (Selchow, Mahnke, 1994).

## 9 Chaotische Streuung und Billardsysteme

Aus den vier Koordinatenpaaren $\{x_{1/2}; y_1\}, \{x_{1/2}; y_2\}, \{x_{3/4}; y_3\}, \{x_{3/4}; y_4\}$ werden unter Zuhilfenahme des Anstiegs die zwei wirklich auf der Geraden liegenden Lösungen ausselektiert. Dieses Verfahren ist äquivalent zur Probe

$$y_{1;2;3;4} \stackrel{?}{=} m x_{1/2;3/4} + n \,. \tag{9.7}$$

Von den beiden aussortierten Lösungen wird die dem letzten Reflexionspunkt am nächsten liegende genommen. Zu diesem Punkt $\{x; y\}$ wird eine Linie gezogen. Für diesen Schnittpunkt wird dann der Anstieg der Kreistangente $\alpha$ berechnet. Die eigentliche Reflexion erfolgt nach der Formel

$$\Theta_{neu} = \Theta_{alt} - 2\alpha \,. \tag{9.8}$$

Mit Hilfe des neuen $\Theta$-Wertes ermittelt man den Anstieg $m$ und die Verrückung $n$ der neuen Lichtgeradengleichung.

Im ersten Schritt des Programms wird das Stoßparameterintervall fixiert. Die Abbildung 9.3 zeigt einen gewählten Bereich (Streuparameterintervall) mit einem einfliegenden Teilchen als Strahl. Durch den Streuparameter ist eindeutig bestimmt, welche der Scheiben als erste getroffen wird. Damit sind automatisch die ersten Mittelpunktskoordinaten $(a, b)$ des Kreises bekannt, die Scheibennummer wird registriert. Es gilt zunächst $\Theta = 0$ und $n = y$ (Einfall parallel zur $X$-Achse). Jetzt werden die ersten Schnittpunkte errechnet und der Reflexionspunkt ausselektiert. Nach erfolgter Reflexion werden die beiden anderen Scheiben und die neue Gerade wiederum nach Schnittpunkten untersucht, wobei natürlich nur bei einer Scheibe eine Lösung existieren darf. Diese Routine läuft solange ab, bis keine Lösungen mehr gefunden werden, das Teilchen (der Strahl) das Streuzentrum wieder verläßt. Dazu werden vom letzten Reflexionspunkt Geraden zu den Bildschirmecken gezogen. Der Strahl wird gemäß seines Winkels $\Theta$ in eines der enstehenden Segmente eingeordnet, der Schnittpunkt mit dem Bildschirmrand berechnet und der letzte Strich dorthin gezogen.

Mit Hilfe des vorhandenen Programms (Selchow, Univ. Rostock, 1994) werden zwei Dinge ausgewertet:

- **Die Anzahl der Reflexionen pro Teilchen in Abhängigkeit vom Streuparameterintervall.**
  Die mitgezählten Stöße werden in einem Feld abgespeichert. Die Anzahl der Teilintervalle ist durch die Konstante *Aufloesung* gegeben.

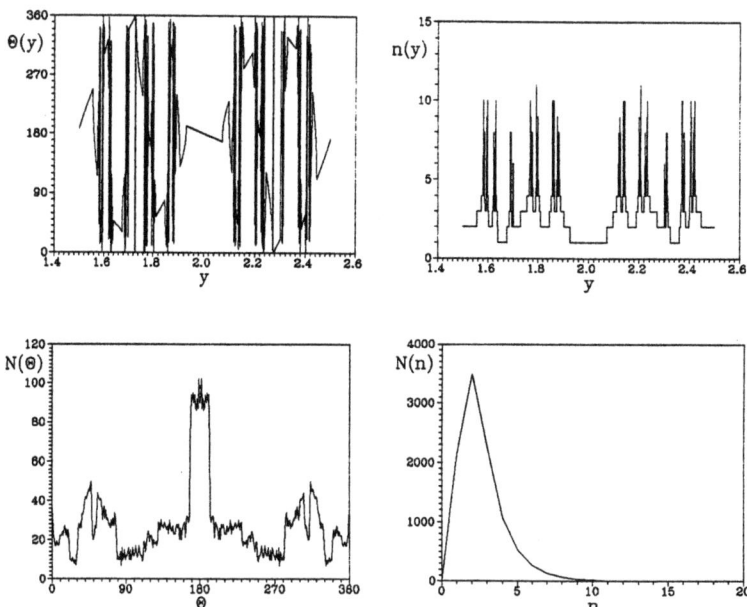

Abb. 9.4: Ergebnisse für 10000 einfallende Strahlen im $y$-Intervall von 1.4 bis 2.6 an Scheiben mit dem Radius $r = 0.7$. Dargestellt sind der Streuwinkel und die Reflexionszahl als Funktion des Stoßparameters $y$ (oben) und die Teilchenverteilung über dem Sreuwinkel bzw. über der Zahl der Reflexionen (unten) (Selchow, Mahnke, 1994).

- **Die Anzahl der pro Winkelintervall das Streuzentrum verlassenden Teilchen**
  Der Winkel des Strahles nach der letzten Reflexion ist bekannt. Nach diesem Wert wird eine Zählvariable in einem $360 * Vergroesserung$ Intervalle zählenden Feld erhöht.

Die erhaltenen Variablenfelder werden auf dem Bildschirm geplottet. Um die fraktalen Eigenschaften der Plots zu untersuchen, müssen die Intervallgrenzen geeignet gewählt werden. Das Progamm ist einfach gestaltet. die interessierenden Größen Radius der Streuer, Intervallgrenzen für die Plots und Teilchenzahl können leicht geändert werden.

Die Ergebnisse der Streuexperimente sind in den Abbildungen 9.4 – 9.6

200  9  Chaotische Streuung und Billardsysteme

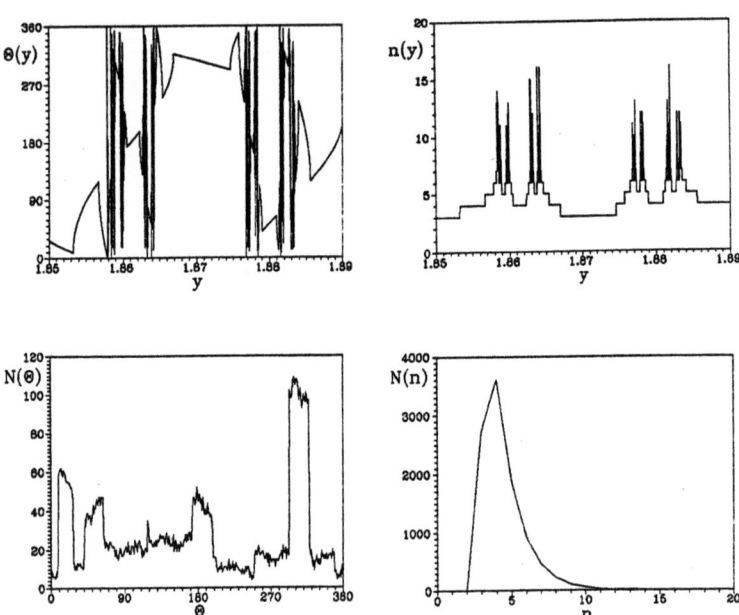

Abb. 9.5: Ergebnisse für 10000 einfallende Strahlen in einem kleinen $y$-Intervall von 1.85 bis 1.89 an Scheiben mit dem Radius $r = 0.7$. Ausschnittsvergrößerung der vorherigen Abbildung (Selchow, Mahnke, 1994).

9.1 Chaotische Streuung 201

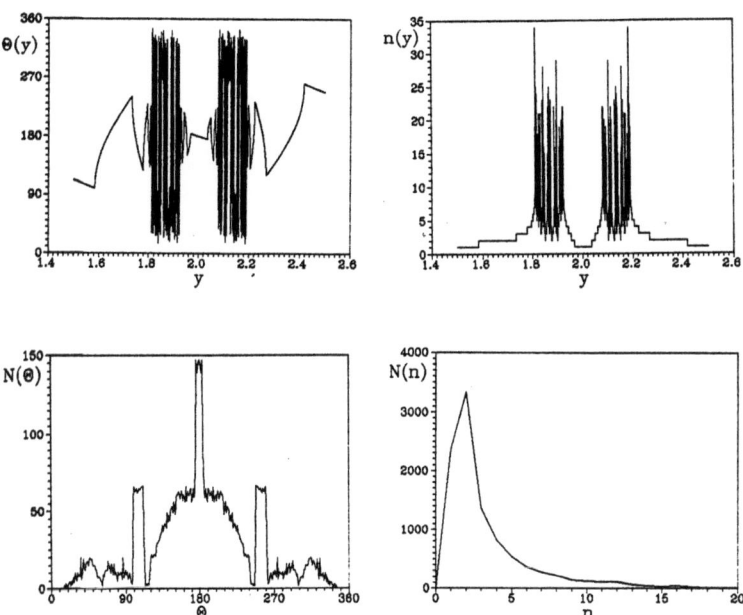

Abb. 9.6: Ergebnisse für 10000 einfallende Strahlen im $y$-Intervall von 1.4 bis 2.6 an großen Scheiben mit dem Radius $r = 0.9$. Dargestellt sind wiederum der Streuwinkel und die Reflexionszahl als Funktion des Stoßparameters $y$ (oben) und die Teilchenverteilung über dem Sreuwinkel bzw. über der Zahl der Reflexionen (unten) (Selchow, Mahnke, 1994).

zusammengefaßt. Dabei wurde sowohl die Größe der Streuzentren (Radius $r = 0.7$ in den Abbildungen 9.4 und 9.5, Radius $r = 0.9$ in der Abbildung 9.6) als auch das Stoßparameterintervall ($1.4 \leq y \leq 2.6$ in den Abbildungen 9.4 und 9.6, $1.85 \leq y \leq 1.89$ in der Abbildung 9.5) verändert.

## 9.2 Stadionbillard

AUFGABE:

Untersuchen Sie die Dynamik eines Stadionbillards. In diesem Fall ist der Tisch eine spezielle Fläche, begrenzt durch zwei Halbkreise (Radius $R$) und zwei tangentiale Geraden der Länge $L$. Entwickeln Sie ein Computerprogramm, daß für selbstgewählte Parameterwerte (z.B. insbesondere $R = L$) das Bewegungsverhalten auf dem Tisch (Ortsraum) und im von $s$ und $p$ aufgespannten Phasenraum darstellt. Zeigen Sie, daß chaotische Bahnen eine hochgradige Unvorhersagbarkeit haben, trotz ihres strengen Determinismus. Berechnen Sie numerisch die Trajektoriendivergenz, indem Sie den Abstand zwischen Trajektorie 1 und 2

$$d(n) = \sqrt{[s_1(n) - s_2(n)]^2 + [p_1(n) - p_2(n)]^2}$$

als Funktion der Zeit (Zahl der Stöße $n$) auftragen. Ziehen Sie Vergleiche zum integrablen Kreisbillard ($L = 0$) und zum gestörten elliptischen Billard mit einer Randkurve vom Typ $R(\varphi) = R_0(1 + \varepsilon \cos \varphi)$ (9.2).

LÖSUNG:

Ein typischer Vertreter der Tischbillardsysteme ist das Stadionbillard (Abb. 9.7) mit den beiden Geometrieparametern $R$ und $L$. Beginnend bei (beliebigen) Startwerten $(s_0, p_0)$ kann mittels der Iteration (9.1) die Trajektorie $(s_n, p_n)$ für $n \geq 1$ berechnet werden.

Zwei Situationen verdienen zur Gegenüberstellung besonderes Interesse, und zwar

1. Kreisbillard: $L = 0$ (elementare Geometrie)
   Impulserhaltung $p = \cos \alpha_0 = $ const.
   Integrables System mit regulären Bahnen.
   Bewegung ist periodisch für $\alpha_0 = \pi k/n$ (rationale Zahlen).

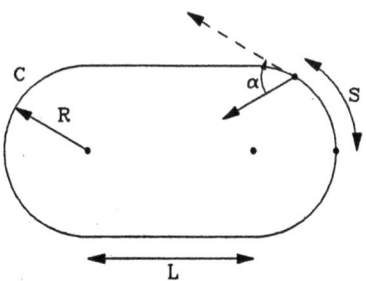

Abb. 9.7: Stadionbilliard mit den Parametern Radius $R$ und Länge $L$.

2. Spezielles Stadionbillard: $L = R$ (einfache Geometrie)
Impuls $-1 \leq p \leq 1$ ist keine Erhaltungsgröße.
Chaotisches Regime: Die Trajektorie verhält sich irregulär, die Phasenraumpunkte $(s_n, p_n)$ springen scheinbar zufällig im Zustandsraum hin und her (chaotischer Punkthimmel).
Besonders instabile Situationen sind die folgenden: $(s = 0,\ p = 0)$ und $(s = \frac{1}{4}L \dots \frac{3}{4}L,\ p = 0)$

Die Abbildung 9.8 zeigt eine Gegenüberstellung der Resultate für die beiden Fälle.

Die quantitative Beschreibung der chaotischen Dynamik erfolgt über die Berechnung des Ljapunov–Exponenten. Dazu betrachten wir zwei benachbarte Trajektorien $(s_1(0), p_1(0))$ und $(s_2(0) = s_1(0) + \delta s, p_2(0) = p_1(0) + \delta p)$ und berechnen die Zeitentwicklung des Abstandes

$$d(n) = \sqrt{[s_1(n) - s_2(n)]^2 + [p_1(n) - p_2(n)]^2} \ . \tag{9.9}$$

Die Zeit ist diskretisiert und wird bei diesen Stoßprozessen durch die Zahl $n$ der Reflexionen des betrachteten Teilchens an der Randkurve gemessen. Tragen wir dann den dimensionslosen Phasenraumabstand $d(n)/d(0)$ auf, wobei $d(0)$ der Anfangsabstand ist und in der Größenordnung von $10^{-7}$ liegt, so erhalten wir eine exponentielle Divergenz benachbarter Trajektorien nach dem bekannten Gesetz

$$d(n) = d(0)e^{\lambda n} \quad \text{für ein Stadionbillard} \quad L > 0 \ . \tag{9.10}$$

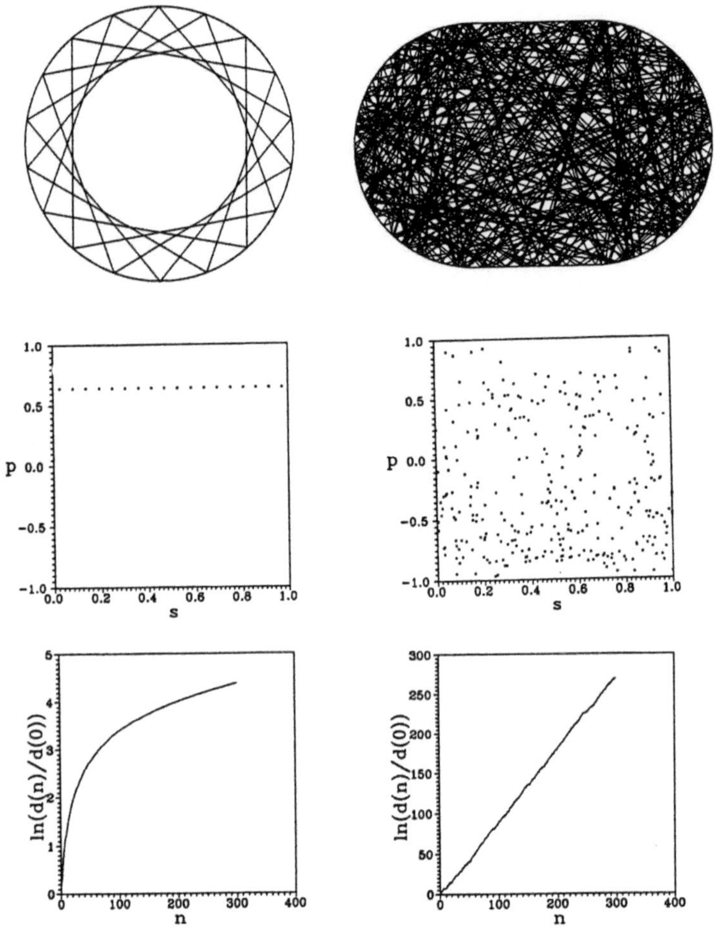

204  9 Chaotische Streuung und Billardsysteme

Abb. 9.8: Reguläres Kreisbillard (links) und chaotisches Stadionbillard (rechts) im Vergleich. Trajektorienfolge (oben) und Zustandsraumabbildung (Mitte) für jeweils 100 Stöße. Unten: Separation der Phasenraumtrajektorien, dargestellt durch den Abstand, als Funktion der Stoßzahl $n$ (Nobach, Mahnke, 1994).

Der Ljapunov-Exponent hängt von der Billardgeometrie ab. Für Kreisbillards ($L = 0$) finden wir eine lineare Divergenzrate

$$d(n) = \lambda n d(0) \quad \text{für ein Kreisbillard} \quad L = 0 \,. \tag{9.11}$$

Die untere Reihe der Abbildung 9.8 zeigt die Separation der Phasenraumtrajektorien für ein reguläres Billard (links) und ein chaotisches Stadionbillard (rechts). Dazu ist der Abstand (9.9) als $\ln[d(n)/d(0)]$ (9.10) über der Stoßzahl $n$ dargestellt. Die Anfangsdivergenz beträgt $d(0) = 10^{-7}$.

## 9.3 Lennard–Jones–Streuung

AUFGABE:

Führen Sie zweidimensionale Computersimulationen zur chaotischen Streuung von Molekülen in einem Gas durch. Wählen Sie zur Vereinfachung ein zweidimensionales quadratisches Gitter. An den Gitterpunkten sollen sich ideal harte Scheiben mit dem Durchmesser $d_0$ befinden. Untersuchen Sie die sensitive Abhängigkeit der Dynamik von den Anfangsbedingungen, in dem Sie die Stoßprozesse eines freien Testteilchens an den harten Scheiben (elastische Streuung) verfolgen. Variieren Sie die Startbedingungen geringfügig (z.B. die $x$–Komponente des Anfangsimpulses um $10^{-4}$) und berechnen Sie die Divergenzrate im Phasenraum.

Ersetzen Sie das ideale Gas harter Scheiben (zweidimensionale harte Kugeln) durch ein „weiches" Lennard–Jones–Gas, in dem Sie ein Wechselwirkungspotential vom Lennard–Jones–Typ

$$V(r) = 4\varepsilon \left[ \left(\frac{\sigma}{r}\right)^{12} - \left(\frac{\sigma}{r}\right)^{6} \right]$$

einführen.

LÖSUNG:

Die Bewegung eines Teilchens in einem System harter Scheiben (unendlich starke Abstoßung am Scheibenrand, ansonsten kräftefreie Bewegung zwischen den Scheiben) erfolgt analog zum Tischbillard mittels Reflexion an der Berandung der Scheibe (elastische Streuung). Die Abbildung 9.9 (linkes Bild) zeigt solch eine Situation. Die sensitive Abhängigkeit der Bahngeraden von der Änderung der Anfangsbedingungen ist leicht nachzuweisen.

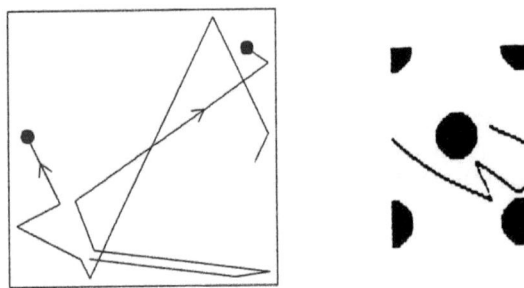

Abb. 9.9: Bewegung eines Teilchens in einem System harter (links) und weicher (rechts) Scheiben (nach Sperandeo–Mineo, Falsone, 1990).

Die Einführung eines weichen Potentials, beispielsweise vom Lennard–Jones–Typ mit Abstoßungs- und Anziehungstermen als 6–12-Potenzfunktionen, ändert die Situation nicht prinzipiell. Eine typische Trajektorie zeigt das rechte Bild der Abb. 9.9. Molekulare Trajektorien in spezifischen Materialien lassen sich aus Molekulardynamikrechnungen ermitteln (Abb. 9.10).

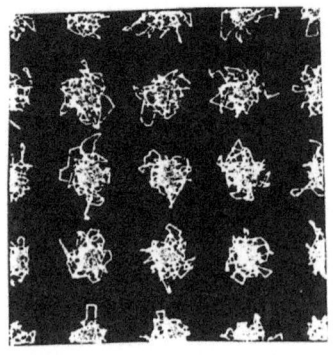
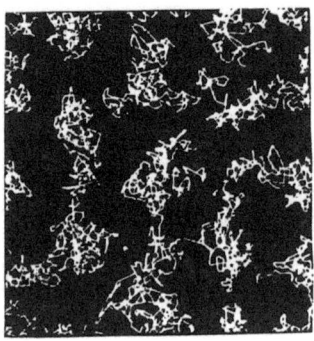

Abb. 9.10: Molekulardynamik-Trajektorien von Teilchen in fester (links) und flüssiger (rechts) Phase (nach Kirkaldy, Young, 1987).

# Kapitel 10

# Selbstähnlichkeit und Fraktale

Liegen die dynamischen Bewegungsgleichungen in linearer Form vor, so gilt für die Naturbeschreibung das Überlagerungsprinzip, d.h. eine Superposition von Lösungen einer linearen Bewegungsgleichung ist ebenfalls Lösung dieser Gleichung. Dieses Additionsprinzip

$$x_1(t) + x_2(t) = x_S(t) \tag{10.1}$$

ist grundlegend für alle Prozesse, deren Grundgleichungen linear sind. Die Gleichung (10.1) ist die mathematische Äquivalenz für die Aussage, daß das (lineare) Ganze genau die Summe seiner Teile ist. Das bekannteste Beispiel für diesen Sachverhalt sind die harmonisch gekoppelten Schwinger, die mit Hilfe der Normalmodenanalyse entkoppelt werden können, so daß sich die Gesamtlösung als Summe der Lösungen der unabhängigen Teilsysteme ergibt. Zu nennen sind neben den harmonischen mechanischen und elektromagnetischen Schwingungen auch die Holographie mit der Überlagerung von Bildsignal und Referenzstrahl, die Maxwell–Gleichungen, insbesondere elektrostatische Erscheinungen als Superposition von Coulomb–Feldern und die Quantenmechanik mit der linearen Schrödinger–Gleichung (Superposition der Wahrscheinlichkeitsamplituden).

Im Gegensatz dazu gilt für die nichtlineare Physik das hierarchische Prinzip von Selbstähnlichkeit und Skalenverhalten. Für das (nichtlineare) Ganze gilt nicht mehr die einfache Summenformel (10.1). Bei der Herausbildung von Ordnungsstrukturen in nichtlinearen Systemen wird das Fehlen eines natürlichen Maßstabes beobachtet. Oftmals ist das Lösungsverhalten $x(t)$ auf unterschiedlichen Zeitskalen $t$ ähnlich. Diese Skalenähnlichkeit bzw. Affininvarianz wird durch einen positiven Streck- oder Stauchfaktor $\lambda$ und einen Skalenexponenten $\nu$ beschrieben und lautet

$$x(\lambda t) = \lambda^\nu x(t) . \tag{10.2}$$

Aus dieser Selbstähnlichkeitsrelation läßt sich das zeitliche Verhalten als Potenzgesetz bestimmen, indem der Parameter $\lambda$ so gewählt wird, daß das Produkt $\lambda t = c$ konstant bleibt. Das Potenzgesetz

$$x(t) \sim t^\nu , \tag{10.3}$$

wobei die $t$-Streckung durch eine entsprechende $x$-Skalierung kompensiert wird, und die Skaleninvarianz bedingen einander gegenseitig und sind Ausdruck, wie bereits erwähnt, für das Fehlen eines natürlichen Zeitmaßstabes bei den untersuchten nichtlinearen Phänomenen.

Die bislang für zeitliche Abläufe erläuterten Aussagen gelten analog auch für räumliche Strukturen. Sind die Ordnungsparametergleichungen nichtlinear, so fehlt in diesem Fall ein natürlicher Längenmaßstab. Die Physik der Phasenübergänge (Renormierungsgruppentheorie nach Kadanoff und Wilson) ist ein typisches Beispiel dafür. Skalenunabhängige Phänomene heißen im allgemeinen allometrisch (Großmann, 1990).

Für die isotherme Kompressibilität $\kappa_T$ gilt in der Nähe des Phasenübergangs ($T_c$ ist die kritische Temperatur) das Potenzgesetz

$$\kappa_T \sim |T - T_c|^{-\nu} \tag{10.4}$$

mit dem kritischen Exponenten $\nu$. Im Fall eines van der Waals–Gases gilt für den Exponenten der ganzzahlige Wert $\nu = 1$.

Fraktale sind selbstähnliche Strukturen, in denen die Meßgrößen (z.B. die Länge zwischen zwei Punkten) von der Feinheit des Maßstabes zum Messen abhängen. So lassen sich in Fraktalen auf den ersten Blick keine skalenunabhängigen Größen angeben, da sich aufgrund der ständigen Verfeinerungen und Wiederholungen nur maßstabsabhängige Zahlen finden lassen. Bezeichnen wir die Maßstabslänge der $n$-ten Verfeinerung mit $\varepsilon$, so gilt für die Meßgröße $N(\varepsilon)$ ein Skalenverhalten des Typs

$$N(\lambda \varepsilon) = \lambda^\nu N(\varepsilon) \tag{10.5}$$

und damit das Potenzgesetz

$$N(\varepsilon) \sim \bar{\varepsilon}^{\nu} = \frac{1}{\varepsilon^{d_F}}. \tag{10.6}$$

Anstelle des Skalenexponenten $\nu$ wird jetzt die fraktale Dimension $d_F = -\nu$ verwendet. Im Grenzwert ständiger Verfeinerungen $n \to \infty$ gilt für die fraktale Dimension

$$d_F = \lim_{\varepsilon \to 0} \frac{\ln N(\varepsilon)}{\ln(1/\varepsilon)}. \tag{10.7}$$

Eine Möglichkeit, die fraktale Dimension von Kurven, Flächen und höherdimensionalen Gebilden (Menge $A$) zu bestimmen, ist die Überdeckungsmethode. Dazu wird $A$ mit endlich vielen kleinen Einheiten (Quadrate der Kantenlänge $\varepsilon$ bzw. Kugeln mit Radius $\varepsilon$ oder ähnlichem der Größe $\varepsilon$) überdeckt. Mittels Auszählen wird die minimale Anzahl $N(A, \varepsilon)$ von Einheiten bestimmt, die $A$ vollständig überdecken. Anschließend wird $\varepsilon$ verkleinert und die Prozedur wiederholt. Aus dem Anstieg der Funktion $N(A, \varepsilon)$ über $1/\epsilon$ (in logarithmischer Darstellung näherungsweise eine Gerade) läßt sich die fraktale Dimension $d_F$ des Objektes $A$ bestimmen.

Haben nicht alle Einheiten die gleiche Ausdehnung $\varepsilon$, sondern werden unterschiedliche Maßstäbe $\varepsilon_i$ zugelassen, so liefert die Überdeckung mit den $\varepsilon_i$ eine gebrochene Dimension $d_H$ (Hausdorff–Dimension), die stets kleiner als die (üblicherweise in der Physik verwendete) fraktale Dimension $d_F$ ist. Glatte (nichtfraktale) Objekte haben die bekannten euklidischen Dimensionen $d = 1, 2, 3, \ldots$ der Linie, der Fläche, des Volumens usw.

Während mathematische Fraktale, die in der einfachsten Form auf zweidimensionalen linearen affinen Abbildungen $f$ basieren

$$f\begin{pmatrix} x \\ y \end{pmatrix} = \begin{pmatrix} a_{11} & a_{12} \\ a_{21} & a_{22} \end{pmatrix} \begin{pmatrix} x \\ y \end{pmatrix} + \begin{pmatrix} b_1 \\ b_2 \end{pmatrix}, \tag{10.8}$$

eine unbegrenzte Selbstähnlichkeit über alle Größenklassen (Verfeinerungen) besitzen, sind reale Fraktale in der Natur in der Regel nur selbstähnlich über einen begrenzten Bereich von Skalenfaktoren. Eine Ursache ist das komplizierte Wechselspiel zwischen verschiedenen linearen und nichtlinearen Faktoren.

Bei zahlreichen Aggregationsprozessen (Verdampfung von Eisen und Kondensation im Vakuum, Ausfällung aus einer wässrigen Lösung, Aggrega-

# 210  10 Selbstähnlichkeit und Fraktale

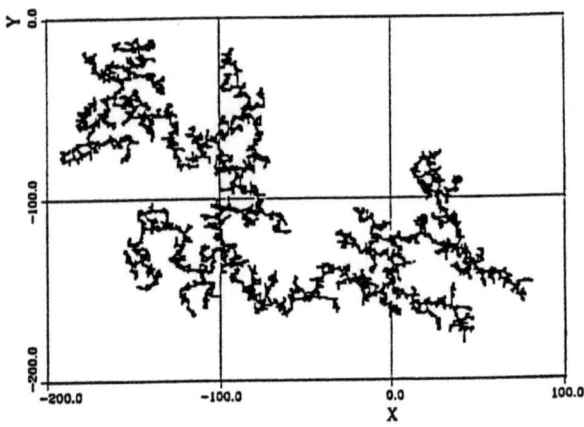

Abb. 10.1: Beispiel für ein zweidimensionales Cluster–Cluster–Aggregat aus ca. 5000 Teilchen (nach Tietze, 1992).

tion bei der Herausbildung von Silicagelen) entstehen Cluster mit fraktalen Eigenschaften. Hierbei unterscheidet man zwischen Teilchen–Cluster–Aggregation und Cluster–Cluster–Aggregation. Beim zuerst genannten Prozeß werden frei diffundierende Teilchen (Monomere) an einen ortsfesten Cluster angelagert. Es entstehen fraktale Gebilde, die ein Zentrum besitzen. Bei der Cluster–Cluster–Agregation reagieren (bewegliche) Cluster aller Größen miteinander. Das Resultat dieses Prozesses sind nichtzentrale Gebilde wie in Abbildung 10.1 dargestellt.

Eine theoretische Deutung der entstehenden diffusionslimitierten Aggregationscluster (DLA–Cluster) kann im einfachsten Fall im Rahmen des Witten–Sander–Modells vorgenommen werden. Bei der numerischen Simulation dieses Prozesses wird ein Teilchen im Zentrum plaziert. Weitere Teilchen beginnen eine Zufallsbewegung auf einer Oberfläche mit dem Radius $r_1$; kommen diese Teilchen bei der Zufallswanderung in die Umgebung des zentralen Teilchens bzw. Aggregats, so erfolgt – nach definierten Regeln – eine Anlagerung. Beim Überschreiten eines weiten Abstandes $r_2$ ($\gg r_1$) wird das Teilchen eliminiert und damit der Prozeß neu gestartet. Der erläuterte Algorithmus stellt eine numerische Realisierung eines Diffusionsprozesses (vergleiche Abschnitt 7) dar, beschrieben durch eine zeitunabhängige Diffusionsgleichung

$$\Delta c = 0 , \qquad (10.9)$$

wobei $c$ die Konzentration der Teilchen ist. Analog führen auch andere Prozesse, die durch eine Laplace – Gleichung (10.9) beschrieben werden können, zur Ausbildung fraktaler Objekte.

Beispiele dafür sind:

a) die Wärmeleitung bei Erstarrungsprozessen

$$\Delta T = 0 \qquad (10.10)$$

mit dem Dendritenwachstum,

b) Auflösungsprozesse poröser Medien

$$\Delta c = 0 \qquad (10.11)$$

mit fraktalen Hohlraumstrukturen, wie z.B. in Koks und Gips,

c) elektrische Phänomene ($V$ ist das elektrische Potential)

$$\Delta V = 0 \qquad (10.12)$$

mit fraktale Mustern beim elektrischen Durchbruch und elektrischen Entladungen, den sog. Lichtenbergschen Figuren, und

d) die Druckausbreitung in Festkörpern bzw. Flüssigkeiten

$$\Delta p = 0 . \qquad (10.13)$$

Neben der schon klassischen Aufgabe „Wie lang ist die Küste Großbritaniens?" (Kurzantwort: $d_F \simeq 1.25$, d.h. die Küstenlänge ist maßstabsabhängig) werden jetzt verstärkt in der Biologie (Physiologie der Tiere und Pflanzen) fraktale Strukturen untersucht. Beispiele sind Mechanismen (Transportprozesse), die weniger als volumenfüllend aber mehr als flächig sind, wie das Wurzelsystem der Pflanzen, die Adernstruktur bei Blättern, Schwämmen, Korallen, Kiemen, Lungen, die fraktale Verzweigung des Blutgefäßsystems und Nervensystems. Die fraktale Geometrie der Natur im Überblick liefern u.a. die Fachbücher (Mandelbrot, 1982) und (Kaye, 1989).

## 10.1 Nichtlinearität 3. Grades

AUFGABE:

Untersuchen Sie anhand der einfachen Gleichung

$$\dot{x} = -ax - bx^3 \quad ; \quad x(0) = x_0 ,$$

bestehend aus einem linearen Term und einer nichtlinearen Potenzfunktion 3. Grades, die begrenzte Selbstähnlichkeit. Zeigen Sie, daß bei einer großen „Reynoldszahl" $Re = x_0^2 b/a \gg 1$ Skaleninvarianz auftritt. Betrachten Sie insbesondere die beiden Grenzfälle: Lineares Verhalten, Superpositionsprinzip ($b = 0$) und reine Nichtlinearität, Selbstähnlichkeit über alle Skalenfaktoren ($a = 0$).

LÖSUNG:

Laut Aufgabenstellung ist die Bewegung eines Systems, beschrieben durch die nichtlineare Gleichung

$$\dot{x} = -ax - bx^3 \quad ; \quad x(0) = x_0 , \tag{10.14}$$

hinsichtlich seiner Skaleninvarianz in einem begrenzten Bereich zu analysieren.

Betrachten wir zuerst das lineare System ($b = 0$), so wissen wir, daß für diesen dissipativen Prozeß (gewöhnliche Reibung) das Überlagerungsprinzip gilt. Die Lösung ist eine Exponentialfunktion. Sie läßt sich als Superposition schreiben, u.z. für zwei Anfangsbedingungen

$$x_1 = x_{01} \exp(-at) \quad ; \quad x_2 = x_{02} \exp(-at) \tag{10.15}$$

folgt wiederum

$$x_S(t) = (x_{01} + x_{02}) \exp(-at) = x_{0S} \exp(-at) . \tag{10.16}$$

Für das reine nichtlineare System

$$\dot{x} = -bx^3 \quad ; \quad x_0 = 0 \quad \text{mit } b > 0 \tag{10.17}$$

gilt das Skalenprinzip uneingeschränkt über alle Größenklassen (Zeitskalen). Die exakte Lösung von (10.17) lautet unter Berücksichtigung der Anfangsbedingung

$$x(t) = \frac{x_0}{\sqrt{1 + 2bx_0^2 t}} . \tag{10.18}$$

## 10.1 Nichtlinearität 3. Grades

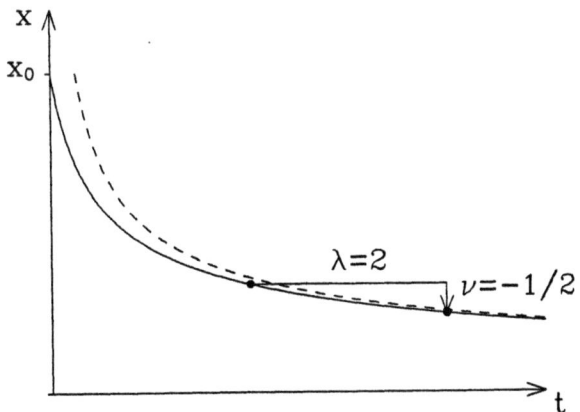

Abb. 10.2: Lösungsverhalten (exakte Lösung und Näherung für große Zeiten) für eine reine Nichtlinearität 3. Grades mit $b = 1$ und Kennzeichnung der Selbstähnlichkeit (Nobach, Mahnke, 1994).

Bemerkenswert ist, daß nach einer kurzen Initialisierungsphase der $t$-Summand im Nenner von (10.18) überwiegt, so daß näherungsweise für große Zeiten ($t > 2bx_0^2$) unabhängig vom Anfangswert gilt

$$x(t) \simeq \frac{1}{\sqrt{2bt}} \sim t^{-\frac{1}{2}}. \tag{10.19}$$

Das Lösungsverhalten $x \sim t^{-1/2}$ (Potenzgesetz) ist auf unterschiedlichen Zeitskalen ähnlich, wie aus der Abbildung 10.2 deutlich wird.

Für das bisher ermittelte Potenzgesetz (10.19)

$$x(t) = (2bt)^\nu \quad \text{mit} \quad \nu = -1/2 \tag{10.20}$$

wird die $t$-Streckung durch eine $x$-Skalierung aufgefangen

$$t \to \lambda t \quad : \quad x(\lambda t) = (2b\lambda t)^{-1/2} = \lambda^{-1/2} x(t) \tag{10.21}$$

(z.B. Zeit verneunfacht $\lambda = 9$, Amplitude gedrittelt $x(\lambda t)/x(t) = 9^{-1/2} = 1/3$), so daß das Prinzip der Selbstähnlichkeit (10.2)

$$x(\lambda t) = \lambda^\nu x(t) \quad \text{mit} \quad \nu = -1/2 \tag{10.22}$$

für alle Streck- bzw. Stauchfaktoren $\lambda > 0$ gültig ist. Der Parameter $b$ aus (10.17) spielt in diesen Fällen keine Rolle, da er im Gegensatz zum linearen Beispiel nicht als Zeitkonstante $\tau = 1/a$ fungiert.

Kehren wir nun zur Ausgangsgleichung (10.14) zurück und zeigen, daß die Skaleninvarianz in der Regel nur über einen begrenzten Bereich von Skalenfaktoren gilt. Die Ursache für diese begrenzte Selbstähnlichkeit liegt im Wechselspiel zwischen Linearität und Nichtlinearität.

Die Integration der Bewegungsgleichung (10.14) liefert (ein Formelmanipulationssystem zeigt das Ergebnis in Sekundenschnelle auf dem Computerbildschirm an) die Lösung

$$x(t) = \left[ -\frac{b}{a} + \left( \frac{b}{a} + \frac{1}{x_0^2} \right) \exp(2at) \right]^{-1/2}. \qquad (10.23)$$

Dieser Resultat legt nahe, einen dimensionslosen Parameter

$$Re = \frac{b}{a} x_0^2 \qquad (10.24)$$

einzuführen, den wir nach einem Vorschlag von (Großmann, 1990) auch „Reynoldszahl" nennen. Bei gleichzeitiger Benutzung dimensionsloser Variablen

$$X = \frac{x}{x_0} \quad ; \quad T = \frac{t}{\tau} = at \qquad (10.25)$$

besitzen sowohl die Bewegungsgleichung (10.14)

$$\frac{dX}{dT} = -X - Re\, X^3 \qquad (10.26)$$

als auch die Lösung (10.23)

$$X(T) = [-Re + (1 + Re) \exp(2T)]^{-1/2} \qquad (10.27)$$

eine sehr übersichtliche Form. Ist der lineare Term in (10.27) vergleichsweise zum nichtlinearen deutlich kleiner, d.h. es gilt $a \ll bx_0^2$ bzw. $Re \gg 1$, so können wir näherungsweise die Resultate (10.18, 10.19) verwenden. Andererseits gilt für $Re \ll 1$ das exponentielle Zerfallsgesetz $X(T) = \exp(-T)$ als gute Näherung (exakt für $Re = 0$). Das Langzeitverhalten ist in jedem Fall exponentiell. Wir erhalten aus (10.27) durch Reihenentwicklung

$$X(T) \simeq \frac{1}{\sqrt{Re}} \exp(-T). \qquad (10.28)$$

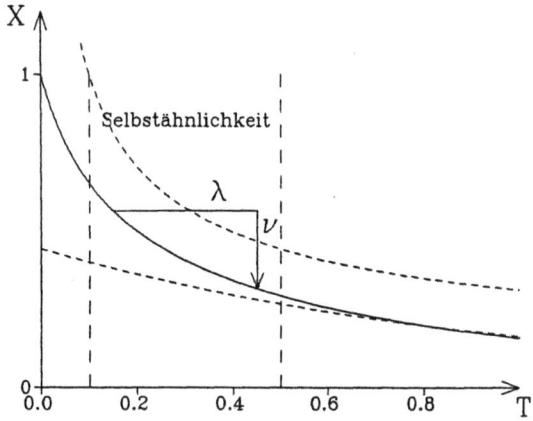

**Abb. 10.3:** Exaktes Zeitverhalten (durchgezogene Kurve) und verschiedene Näherungen für ein gemischtes System (Linearität und Nichtlinearität 3. Grades) mit einer Reynoldszahl $Re = 5$ (Nobach, Mahnke, 1994).

Die Analyse des Systemverhaltens von (10.14), bzw. unter Verwendung von (10.24, 10.25) in dimensionsloser Form (10.26), zeigt (siehe Abb. 10.3) für den Fall großer Reynoldszahlen $Re \gg 1$ näherungsweise drei Etappen:

1. **Transientregime**
   Kurzzeitverhalten $0 \leq T \lesssim 1/(2Re)$
   Anfangswert dominiert

$$X(T) \simeq X(0) = 1 \tag{10.29}$$

2. **Ähnlichkeitsregime**
   Mittleres Zeitintervall $1/(2Re) \lesssim T \lesssim 1/2$
   Potenzgesetz (10.19) der Form

$$X(T) = \frac{1}{\sqrt{1 + 2ReT}} \simeq \frac{1}{\sqrt{2ReT}} \sim T^{-\frac{1}{2}} \tag{10.30}$$

3. **Superpositionsregime**
   Langzeitverhalten $1/2 \lesssim T < \infty$
   Exponentialgesetz (10.28) der Form

$$X(T) \simeq \frac{1}{\sqrt{Re}} \exp(-T). \tag{10.31}$$

Ist $Re \leq 1$, so entfällt das Ähnlichkeitsregime (10.30), da der lineare Term in der Bewegungsgleichung (10.26) dominiert.

Zusammenfassend läßt sich für unser Beispiel feststellen:

a) Nur für große Reynoldszahlen ($Re \gg 1$) tritt überhaupt Skaleninvarianz (fraktale Dimension $d_F = -\nu = 1/2$) auf, u.z. nur innerhalb eines gewissen mittleren Zeitintervalls.

b) Zeitverläufe mit unterschiedlichen Parametern $a, b, x_0$ sind ähnlich, wenn sie dieselbe Reynoldszahl $Re = x_0^2 b/a$ haben (Reynoldssches Ähnlichkeitsgesetz).

## 10.2 Koch–Kurve

AUFGABE:

Konstruieren Sie das folgende mathematische Fraktal, dessen Konstruktionsvorschrift der schwedische Mathematiker Helge von Koch erstmalig 1904 angab: Eine Basisgrade wird in drei gleiche Abschnitte geteilt, der mittlere Teil durch ein gleichseitiges Dreieck dieser Länge ersetzt und anschließend die Grundseite des Dreiecks entfernt. Eine ständige Wiederholung dieser Prozedur führt auf die Koch–Kurve, dessen fraktale Dimension sowohl analytisch aus dem Skalengesetz als auch numerisch mittels Überdeckungsmethode zu bestimmen ist. Erweitern Sie den Algorithmus auf die Konstruktion von regulären Koch–Schneeflocken und solche mit einem Zufallselement.

LÖSUNG:

Die Konstruktion eines idealen Fraktals, der Koch–Kurve, wurde erstmalig durch den Schwedischen Mathematiker Helge von Koch beschrieben. Die Orginalarbeit erschien im Jahre 1904 im 1. Band des *Arkiv för Matematik*, ein weiterer Artikel zwei Jahre später im Journal *Acta Mathematica* (Koch, 1904, 1906). Die Abbildung 10.4 zeigt die Konstruktionsprozedur aus der Orginalarbeit von Koch.

Ausgangspunkt ist eine Linie der Länge $\ell_0$ (setze $\ell_0 = 1$). Diese Basisgerade wird in drei gleiche Abschnitte der Länge $\ell_0/3$ geteilt, der mittlere Teil durch ein gleichseitiges Dreieck dieser Länge ersetzt und anschließend

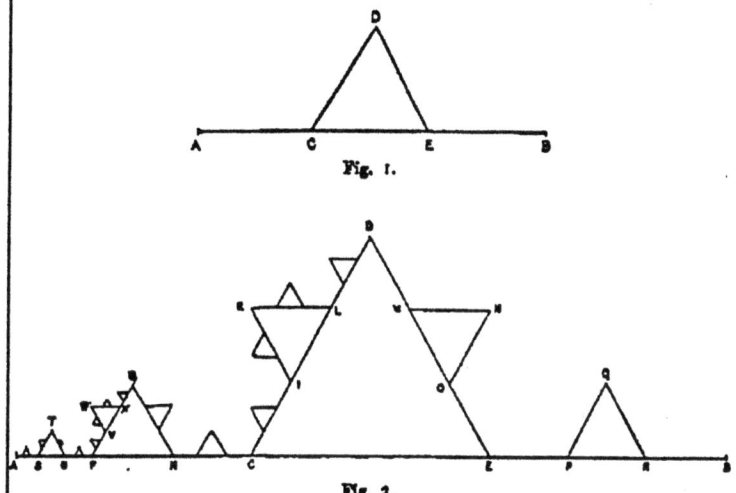

Abb. 10.4: Ausschnitt aus einem Orginalartikel von H. v. Koch mit der Konstruktionsvorschrift für die fraktale Koch-Kurve (nach Peitgen, Jürgens, Saupe, 1992).

die Grundseite des Dreiecks entfernt. In diesem ersten Schritt sind bei der Drittlung vier Teilstrecken entstanden. Nun wird auf jeder Teilstrecke der Länge $\ell_0/3$ diese Prozedur wiederholt. Im zweiten Schritt entstehen somit $4^2$ Teilgeraden der Länge $\ell_0/3^2$. Diese Konstruktion wird nun ständig fortgeführt: Skalierung der 4 Teile um den Faktor 3. In der Grenze ständiger Verfeinerungen $n \to \infty$ bzw. Maßstabslänge $\varepsilon \to 0$ entsteht somit eine Strecke (euklidische Dimension $d = 1$) mit unendlicher Länge. Da der Flächeninhalt (euklidische Dimension $d = 2$) Null ist, erwarten wir für die Koch–Kurve eine fraktale (gebrochene) Dimension mit $1 < d_F < 2$.

Seien $\varepsilon$ die Maßstabslänge der $n$–ten Verfeinerung (als der Bruchteil der Ausgangslänge $\ell_0$) und $N(\varepsilon)$ die Anzahl von Teilstrecken dieser Größe, so gilt für den beschriebenen hierarchischen Prozeß der Koch–Kurve in der $n$–ten Stufe

$$\varepsilon = \frac{1}{3^n} \quad ; \quad N(\varepsilon) = 4^n \ . \tag{10.32}$$

Verwenden wir jetzt als maßstabsunabhängige Größe die bereits eingeführte fraktale Dimension $d_F$ (10.7), dann erhalten wir aus dem Potenzgesetz für selbstähnliche Objekte (Fraktale)

$$N(\varepsilon) = \varepsilon^{-d_F} \tag{10.33}$$

mit (10.32) das Resultat

$$d_F = \lim_{\varepsilon \to 0} \frac{\ln N(\varepsilon)}{\ln(1/\varepsilon)} = \lim_{n \to \infty} \frac{\ln 4^n}{\ln 3^n} = \frac{\ln 4}{\ln 3} \simeq 1.261 \ . \tag{10.34}$$

Die fraktale Dimension der Koch–Kurve beträgt somit $d_F = \ln 4/\ln 3 \simeq 1.26$.

Eine Überprüfung dieses Resultates mit der Überdeckungsmethode (auch als Box–Counting–Methode bekannt) zeigt die Abbildung 10.5. Dazu wird ein Raster (Gitter) aus Quadraten (Boxen) der Kantenlänge $\varepsilon$ ($1 \geq \varepsilon > 0$) über eine Koch–Kurve der $n$–ten Iteration ($n \gg 1$) gelegt. Dann wird die Überdeckungszahl $N(\varepsilon)$ als minimale Anzahl der Quadrate bestimmt, durch die die Koch–Kurve hindurchgeht. Anschließend werden die Boxen sukzessive verkleinert und die Zählungen wiederholt. Wir erhalten bei logarithmischer Auftragung von $N$ über $1/\varepsilon$ Punkte, die näherungsweise auf einer Geraden liegen. Der Anstieg dieser (genäherten) Geraden ist die Box–Counting–Dimension $d_B$. Dieser experimentell gewonnene Wert

## 10.2 Koch-Kurve

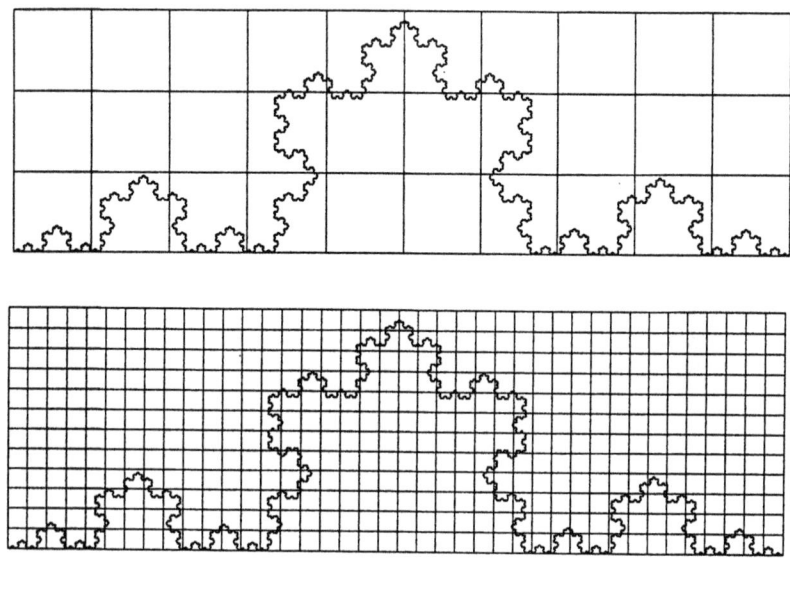

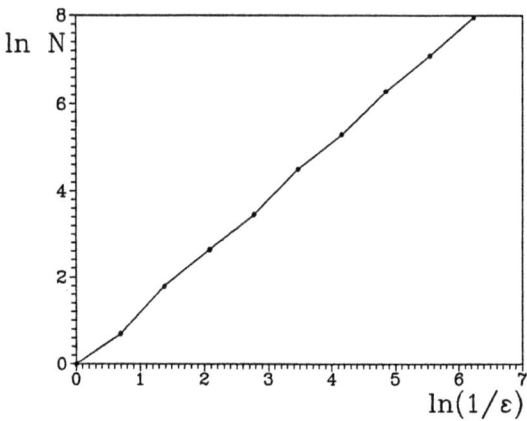

Abb. 10.5: Experimentelle Bestimmung der fraktalen Dimension der Koch-Kurve mithilfe der Überdeckungsmethode (Nobach, Mahnke, 1994).

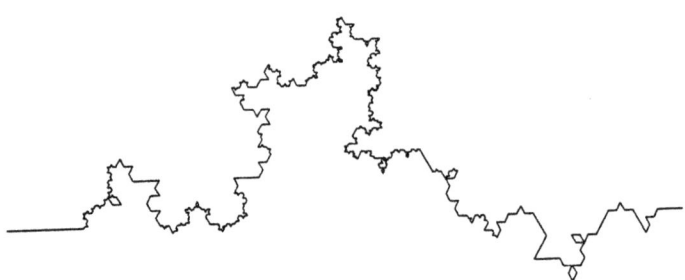

Abb. 10.6: Beispiel einer Koch–Kurve mit einem Zufallselement (Nobach, Mahnke, 1994).

stimmt sehr gut mit der theoretisch bestimmten fraktalen Dimension $d_F$ des Objektes überein.

In unserem Beispiel, der Koch–Kurve, lesen wir aus dem Diagramm der Abb. 10.5 (untere Grafik) eine computerexperimentell ermittelte Dimension $d_B \approx 8.0/6.2 = 1.29$ ab. Dieser Wert der Box–Counting–Dimension ist näherungsweise in Übereinstimmung mit dem exakten Resultat $d_F = 1.26$ (10.34).

Die Generierung der Koch–Kurve (siehe Abb. 10.4) erfolgt nach einem einfachen Algorithmus. Bauen wir in dieses Bildungsgesetz ein Zufallselement ein, so daß eine zufällige Auswahl unter zwei oder mehreren Möglichkeiten vorgenommen werden muß, so enstehen stochastische Koch–Kurven. Die Abbildung 10.6 zeigt ein solches Beispiel, wobei unter drei Generatoren zufällig gewählt wurde. Die erste Möglichkeit ist die normale Prozedur (Spitze nach oben), die zweite die dazu inverse (Spitze nach unten), bei der dritten Variante passiert gar nichts (keine Spitze). Der Zufall in fraktalen Konstruktionen (Chaotisierung deterministischer klassischer Fraktale) ist der erste und einfachste Ansatz für die Erzeugung wirklichkeitsnaher Formen (Peitgen, Jürgens, Saupe, 1992).

## 10.3 Affine Abbildungen

AUFGABE:

Generieren Sie sowohl die bekannten Fraktale in der Ebene wie das Sierpinski–Dreieck, die Koch–Kurve, den Farn und das Blatt als auch neue zweidimensionale Fraktale (evtl. mit einem Zufallselement) mittels einer linearaffinen Abbildung. Diese Abbildung besteht aus einer Streckung/Stauchung einschließlich Drehung und einer linearen Verschiebung. So wird ein Ortsvektor (Punkt $P$) mit den Koordinaten $(x, y)$ in den neuen Punkt $f(P)$ mit den Koordinaten $(x', y')$ durch die Gleichungen

$$x' = a_{11}x + a_{12}y + b_1$$
$$y' = a_{21}x + a_{22}y + b_2$$

transformiert. Zu jeder Abbildung bzw. Transformation

$$\begin{pmatrix} x' \\ y' \\ 1 \end{pmatrix} = \begin{pmatrix} a_{11} & a_{12} & b_1 \\ a_{21} & a_{22} & b_2 \\ 0 & 0 & 1 \end{pmatrix} \begin{pmatrix} x \\ y \\ 1 \end{pmatrix} = f \begin{pmatrix} x \\ y \\ 1 \end{pmatrix}$$

gehören somit sechs zu wählende Koeffizienten, so daß zu $N$ Abbildungen $f_1, \ldots, f_N$ vom oben genannten Typ $6N$ Daten gehören.

LÖSUNG:

Affine lineare Transformationen

$$x' = a_{11}x + a_{12}y + b_1 \tag{10.35}$$
$$y' = a_{21}x + a_{22}y + b_2 \tag{10.36}$$

sind durch die sechs Koeffizienten $a_{11}, a_{12}, a_{21}, a_{22}, b_1, b_2$ bestimmt. Die Tabelle 10.1 enthält die entsprechenden Daten für die bekanntesten zweidimensionalen Fraktale (Peitgen, Jürgens, Saupe, 1992).

Am Beispiel der in der vorigen Aufgabe diskutierten Koch–Kurve erläutern wir den Algorithmus. Startpunkt ist eine gerade Linie der Länge eins. Die Anfangskoordinaten der Strecke seien $P_A = (0; 0)$, die Endkoordinaten $P_E = (1; 0)$. Wenden wir die Abbildung (Transformation) $f_1$, d.h. $a_{11} = 1/3, a_{12} = 0, a_{21} = 0, a_{22} = 1/3, b_1 = 0, b_2 = 0$, auf den Anfangs– und Endpunkt an, so erhalten wir $f_1(P_A) = (0; 0)$ und $f_1(P_E) = (1/3; 0)$.

|  |  | $a_{11}$ | $a_{12}$ | $a_{21}$ | $a_{22}$ | $b_1$ | $b_2$ |
|---|---|---|---|---|---|---|---|
| Sierpinski-Dreieck | $f_1$ | 0.5 | 0.0 | 0.0 | 0.5 | 0.0 | 0.0 |
|  | $f_2$ | 0.5 | 0.0 | 0.0 | 0.5 | 0.5 | 0.0 |
|  | $f_3$ | 0.5 | 0.0 | 0.0 | 0.5 | 0.25 | 0.433 |
| Farn | $f_1$ | 0.0 | 0.0 | 0.0 | 0.17 | 0.0 | 0.0 |
|  | $f_2$ | 0.84962 | 0.0255 | −0.0255 | 0.84962 | 0.0 | 0.3 |
|  | $f_3$ | −0.1554 | 0.235 | 0.19583 | 0.18648 | 0.0 | 0.12 |
|  | $f_4$ | 0.1554 | −0.235 | 0.19583 | 0.18648 | 0.0 | 0.3 |
| Koch-Kurve | $f_1$ | 0.33333 | 0.0 | 0.0 | 0.33333 | 0.0 | 0.0 |
|  | $f_2$ | 0.33333 | 0.0 | 0.0 | 0.33333 | 0.66666 | 0.0 |
|  | $f_3$ | 0.16667 | −0.28867 | 0.28867 | 0.16667 | 0.33333 | 0.0 |
|  | $f_4$ | −0.16667 | 0.28867 | 0.28867 | 0.16667 | 0.66666 | 0.0 |
| Blatt | $f_1$ | 0.64987 | −0.013 | 0.013 | 0.64987 | 0.175 | 0.0 |
|  | $f_2$ | 0.64948 | −0.026 | 0.026 | 0.64948 | 0.165 | 0.325 |
|  | $f_3$ | 0.3182 | −0.3182 | 0.3182 | 0.3182 | 0.2 | 0.0 |
|  | $f_4$ | −0.3182 | 0.3182 | 0.3182 | 0.3182 | 0.6 | 0.0 |

Tabelle 10.1: Koeffizienten der affinen Abbildungen für die bekanntesten deterministischen Fraktale.

Damit wurde die Ausgangslinie auf ein Drittel verkürzt, aber nicht gedreht. Nun kommt die nächste Transformation $f_2$, d.h. $a_{11} = 1/3, a_{12} = 0, a_{21} = 0, a_{22} = 1/3, b_1 = 2/3, b_2 = 0$, an die Reihe. Wiederum angewendet auf die Ausgangslinie erhalten wir eine weitere auf ein Drittel gestauchte Strecke mit den Koordinaten $f_2(P_A) = (2/3; 0)$ und $f_2(P_E) = (1; 0)$. Die dritte und vierte Abbildung $f_3, f_4$ erzeugt die Spitze. Wenden wir $f_3$, d.h. $a_{11} = 1/6, a_{12} = -\sqrt{3}/6, a_{21} = \sqrt{3}/6, a_{22} = 1/6, b_1 = 1/3, b_2 = 0$, auf $P_A$ und $P_E$ an, so folgt $f_3(P_A) = (1/3; 0)$ bzw. $f_3(P_E) = (1/2; \sqrt{3}/6)$. Zuletzt liefert $f_4$, d.h. $a_{11} = -1/6, a_{12} = \sqrt{3}/6, a_{21} = \sqrt{3}/6, a_{22} = 1/6, b_1 = 2/3, b_2 = 0$, das Ergebnis $f_4(P_A) = (2/3; 0)$ bzw. $f_4(P_E) = (1/2; \sqrt{3}/6)$. Damit wurde die Koch-Kurve in der 1. Generation erzeugt. Diese soeben erläuterte Prozedur müssen wir nun auf jede Teilstrecke der Koch-Kurve 1. Ordnung anwenden und erhalten dann die Koch-Kurve 2. Ordnung.

Die mit Hilfe der Koeffizienten aus Tabelle 10.1 generierten bekannten Fraktale sind in den folgenden Abbildungen zu sehen. Während die Grafik 10.7 das Sierpinski-Dreieck und den Farn zeigen, sind in der folgenden Grafik 10.8 die Koch-Kurve und das Blatt dargestellt worden.

## 10.4 DLA–Cluster

AUFGABE:

Von besonderem Interesse sind Aggregationsprozesse, bei denen fraktale Cluster entstehen. Bei dieser Teilchen-Cluster-Aggregation werden frei bewegliche Teilchen (Monomere) an einem ortsfesten Cluster angelagert. Simulieren Sie diesen Prozeß (genannt Witten–Sander-Algorithmus bzw. diffusionslimitierte Aggregation DLA) auf dem Computer. Bestimmen Sie die fraktale Dimension für diese zweidimensionalen Gebilde, die aus einem Zentrumspunkt herausgewachsen.

LÖSUNG:

Bei zahlreichen Aggregationsprozessen (Verdampfung von Eisen und Kondensation im Vakuum, Ausfällung aus einer wässrigen Lösung, Aggregation bei der Bildung von Gelen, Dendritenwachstum, elektrochemische Schichtablagerungen, dielektrischer Durchbruch) haben die sich herausbildenden Cluster Eigenschaften von Fraktalen.

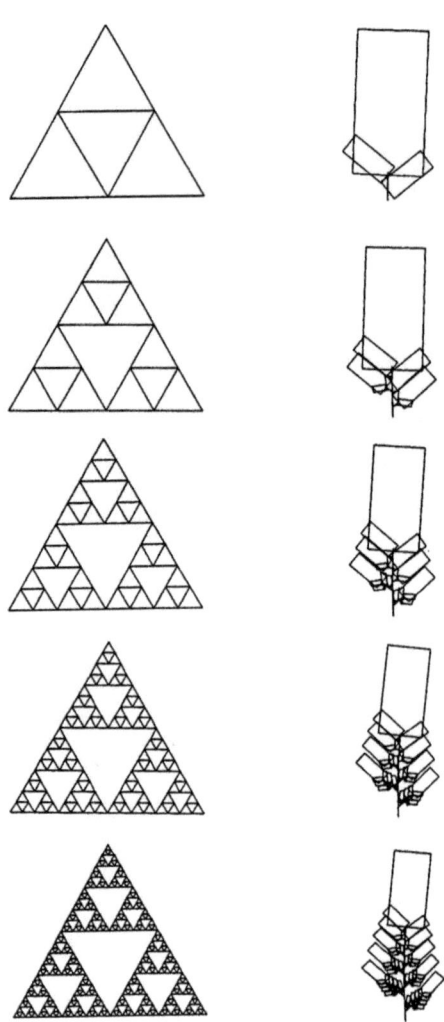

Abb. 10.7: Erzeugung deterministischer Fraktale mittels affiner Abbildungen: Sierpinski–Dreieck (links) und Farn (rechts) (Nobach, Mahnke, 1994).

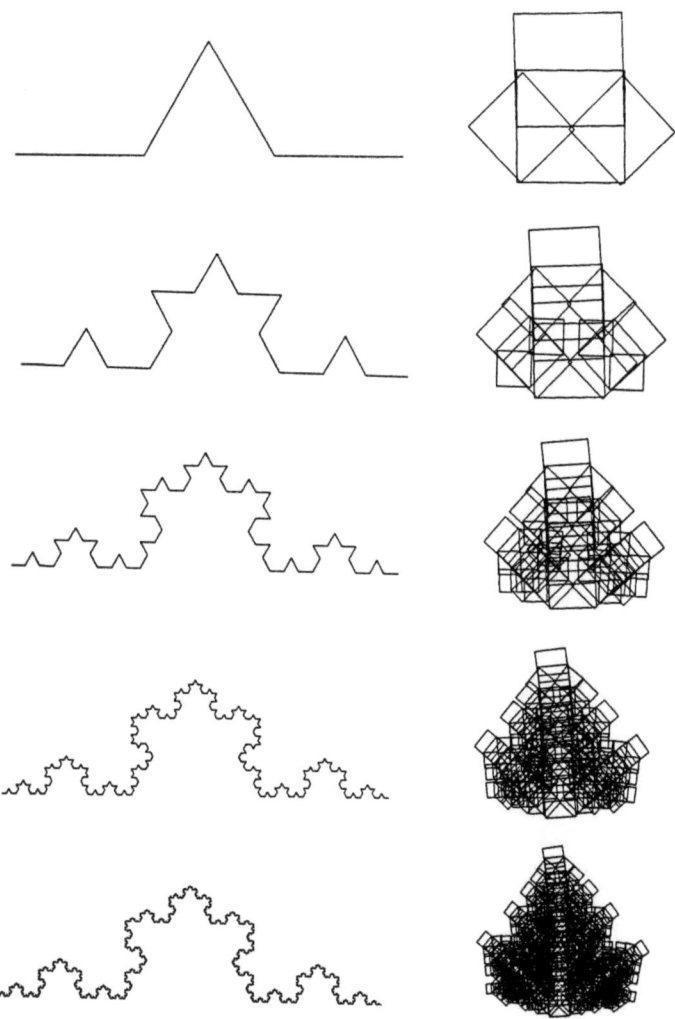

Abb. 10.8: Erzeugung deterministischer Fraktale mittels affiner Abbildungen: Koch–Kurve (links) und Blatt (rechts) (Nobach, Mahnke, 1994).

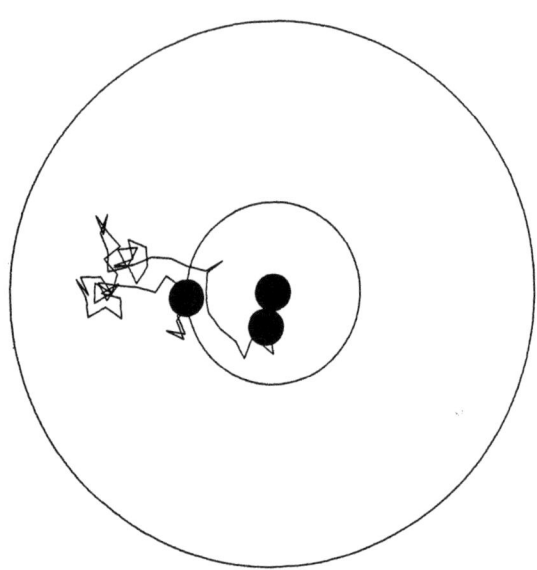

Abb. 10.9: Illustration des Witten–Sander–Algorithmus zur Aggregation fraktaler Cluster.

Eine theoretische Deutung für die diffusionslimitierte Teilchen–Cluster–Aggregation (DLA) kann im einfachsten Fall im Rahmen des (zweidimensionalen) Witten – Sander – Modells (siehe Abb. 10.9) vorgenommen werden. Bei der numerischen Simulation dieses Prozesses wird ein Teilchen (Monomer) als ortsfester Wachstumskeim im Zentrum einer Ebene plaziert. Dann beginnt ein weiteres Teilchen eine Zufallsbewegung (Brownsche Bewegung) auf einer Oberfläche (im Zweidimensionalen auf dem Umfang eines Kreises) mit dem Radius $r_1$; kommt dieses Monomer bei der Zufallswanderung in die unmittelbare Umgebung des zentralen Teilchens bzw. Aggregats, so erfolgt – nach definierten Regeln – eine Anlagerung. Beim Überschreiten eines Abstandes $r_2 \gg r_1$ wird das sich zu weit entfernende Teilchen eliminiert und der Prozeß neu gestartet. Nach mehrmaliger Wiederholung des Algorithmus wächst durch Bindung von Teilchen aneinander im Zentrum ein Cluster, dessen maximaler Clusterradius $r_{max}$ nicht in die Größenordnung des Startradius kommen darf. Deshalb empfehlen wir folgende Skalierung

(in Gittereinheiten)

$$r_1 = r_{max} + 5 \quad \text{als Startradius} \tag{10.37}$$

$$r_2 \simeq 3 r_{max} \quad \text{als Abschneideradius}, \tag{10.38}$$

schematisch dargestellt in der Abbildung 10.9 mit entsprechenden Zufallstrajektorien.

Der erläuterte Algorithmus stellt eine numerische Realisierung eines stationären Diffusionsprozesses dar. Der Start eines Teilchens von $r_1$ aus ist einem Herandiffundieren aus dem Unendlichen gleichbedeutend. Das Witten–Sander–Modell beschreibt eine Gleichung für Diffusionsprozesse

$$\Delta c = 0 \tag{10.39}$$

mit zeitunabhängiger Konzentration bzw. Dichte $c$.

Die Abbildung 10.10 zeigt ein entsprechendes Resultat. Der Startkreis $r_1$ sollte, um Rechenzeit zu sparen, so klein wie möglich sein; bei eigenen DLA–Simulationen hat sich (10.37) bewährt. Beim herkömmlichen Witten–Sander–Modell wird der Zufallsbewegung der Monomere (damit auch dem Clusterwachstum) ein quadratisches Gitter unterlegt. Somit spiegelt die Clusterstruktur auch die der Unterlage wieder (Abb. 10.10).

Witten–Sander–Cluster unterschiedlicher Größe sind im statistischen Sinn selbstähnlich. Bei nicht zu kleinen Clusterradien $R$ (gemessen in Vielfachen der Gitterkonstanten) gilt das Skalenverhalten für Fraktale mit einer Masse $M$ (ebenfalls dimensionslos als Vielfaches der Monomermasse) in der Form

$$M(R) \sim R^{d_F}. \tag{10.40}$$

Die fraktale Dimension $d_F$ beträgt $d_F \simeq 1.71$ bei zweidimensionalen bzw. $d_F \simeq 2.5$ bei dreidimensionalen Witten–Sander–Modellen auf einem quadratischen bzw. kubischen Gitter (Meakin, 1988). Um statistische Schwankungen einzuschränken, sollte bei der Bestimmung der Clustergröße anstelle der maximalen Ausdehnung ($R = r_{max}$) besser der Trägheitsradius ($R = R_G$)

$$R_G = \sqrt{\frac{1}{N} \sum_{i=1}^{N} R_i^2} \tag{10.41}$$

228  10 Selbstähnlichkeit und Fraktale

Abb. 10.10: Fraktale Cluster, generiert nach dem einfachen Witten-Sander-Algorithmus, mit einer Haftwahrscheinlichkeit $p = 1$ (Nobach, Mahnke, 1994).

10.4 DLA-Cluster 229

Abb. 10.11: Simulation fraktaler Cluster–Cluster–Aggregate (4 Bindungsrichtungen, 1000 Teilchen pro Cluster) unter Berücksichtigung verschiedenen Haftwahrscheinlichkeiten. Links: Haftwahrscheinlichkeit $p = 1.0$, $d_F = 1.67$; Rechts: Haftwahrscheinlichkeit $p = 0.01$, $d_F = 1.79$ (nach Tietze, 1992).

verwendet werden, wobei $R_i$ der Abstand des $i$-ten Teilchens vom Schwerpunkt des Clusters (Aggregat aus $N$ Monomeren) ist.

Die sowohl nach dem einfachen Witten–Sander–Modell als auch nach Modellen mit verschiedenen Modifikationen (Rauschunterdrückung, Funktionalität, Wechselwirkungspotentiale) generierten Cluster zeigen eine interessante verzweigte Struktur. Diese dendritenartige Struktur wird dadurch verursacht, daß die am weitesten herausragenden Clusterenden (tips) einen Großteil der diffundierenden Monomere einfangen. Die innen liegenden Bereiche der Cluster (fjords) sind weitesgehend abgeschirmt. Die Untersuchungen zeigen, daß DLA–Cluster aus einer stabilen (semi frozen) und einer noch wachsenden Region bestehen.

Die Abbildung 10.11 dokumentiert ein Beispiel für einen Cluster–Cluster–Aggregationsprozeß. Sie zeigt zweidimensionale Cluster–Cluster–Aggregate mit 1000 Teilchen pro Cluster und vier Bindungsrichtungen bei unterschiedlichen Haftwahrscheinlichkeiten.

# Kapitel 11

# Solitonen

Neben den verschiedenartigen nichtlinearen dissipativen Strukturen existieren weiterhin nichtlineare dispersive Strukturen. Die Solitonen als Gebilde bemerkenswerter Stabilität sind das bekannteste Beispiel von Strukturen, die durch das Zusammenspiel von Nichtlinearität („Aufsteilung") und Dispersion („Zerfließen") entstehen. Das Soliton als nichtzerfließendes Wellenpaket ist somit ein Kompromiß im Wettstreit dieser entgegengesetzt wirkenden Tendenzen. Dieses Phänomen, daß ein einzelner Wellenberg (z.B. „Wasserbuckel") kilometerweit ohne Formveränderung durch einen flachen Kanal läuft, wurde erstmalig von John Scott Russell 1834 beobachtet. Er beschreibt 1844 seine Beobachtung solch einer solitären Erscheinung mit folgenden Worten (zitiert nach Meinel, Neugebauer, Steudel, 1991):

*Ich beobachtete die Bewegung eines Schiffes, das von zwei Pferden schnell durch einen engen Kanal gezogen wurde. Das Schiff stoppte plötzlich, nicht so jedoch die Masse von Wasser, die es in Bewegung gesetzt hatte. Diese sammelte sich am Bug des Schiffes in einem Zustand lebhaftester Bewegung, ließ ihn dann plötzlich hinter sich, rollte vorwärts mit großer Geschwindigkeit, wobei sie die Form einer großen einzelnen Erhebung annahm, eines abgerundeten, glatten und wohldefinierten Wasserbuckels, der seinen Weg fortsetzte durch den Kanal, anscheinend ohne Änderung der Form oder der Geschwindigkeit. Ich folgte ihr zu Pferde und überholte sie, wobei sie immer noch vorwärts rollte mit einer Geschwindigkeit von etwa acht oder neun Meilen pro Stunde und ihre ursprüngliche Gestalt von etwa 30 Fuß Länge und ein oder anderthalb Fuß Höhe beibehielt. Die Höhe nahm allmählich ab und nach einer Jagd von ein oder zwei Meilen verlor ich sie in den Win-*

*dungen des Kanals. Das war im Monat August 1834 mein erstes zufälliges Zusammentreffen mit diesem einzigartigen und schönen Phänomen.*

Aus der Erfahrung der linearen Physik wissen wir, daß Wellenpakete aufgrund der Dispersion auseinanderlaufen. Eine lokalisierte Anregung, beispielsweise eine Superposition von Wellen unterschiedlicher Wellenlängen in einem Wellenpaket, läuft im allgemeinen mit der Zeit auseinander, da die Phasengeschwindigkeit für die verschiedenen Moden (Elementarwellen der Wellenlänge $\lambda$) unterschiedlich ist. Dieser Zerstreuungseffekt wird insbesondere durch die Dispersionsrelation zwischen Frequenz $\omega$ und Wellenzahl $k$

$$\omega = \omega(k) \tag{11.1}$$

oder die Abhängigkeit Phasengeschwingigkeit von Wellenlänge

$$v_{Ph} = \frac{\omega(k)}{k} = v_{Ph}(\lambda) \tag{11.2}$$

beschrieben.

Eine gewisse Sonderstellung nehmen die elektromagnetischen Wellen im Vakuum ein, die durch eine lineare Bewegungsgleichung ohne Dispersionseffekt beschrieben werden. Aus den Maxwell–Gleichungen folgt die bekannte Wellengleichung für eine Feldfunktion $u(x,t)$

$$\frac{\partial^2 u}{\partial x^2} - \frac{1}{c^2}\frac{\partial^2 u}{\partial t^2} = 0 \tag{11.3}$$

mit einer linearen Dispersionsrelation (11.1)

$$\omega = \pm ck \tag{11.4}$$

bzw. (11.2)

$$v_{Ph} = \pm c \, . \tag{11.5}$$

Alle Elementarwellen (Moden unterschiedlicher Wellenlänge $\lambda$) haben somit die gleiche Phasengeschwingigkeit $|v_{Ph}| = c$ (Lichtgeschwindigkeit), so daß Wellenpakete dieser linearen Theorie ausnahmsweise nicht zerfließen.

Eine Wurzel der modernen Solitonentheorie ist die Korteweg–de Vries–Gleichung (KdV–Gleichung), die aus den hydrodynamischen Grundgleichungen hergeleitet werden kann und die Auslenkung $u(x,t)$ der Wasseroberfläche gegenüber der ungestörten Oberfläche in einem flachen eindimensionalen Kanal beschreibt. Die nichtlineare partielle KdV-Differentialgleichung lautet in der Standardform

$$\frac{\partial u}{\partial t} + \frac{\partial^3 u}{\partial x^3} + 6u\frac{\partial u}{\partial x} = 0 \, . \tag{11.6}$$

Ein gewisses Lehrbuchbeispiel für Solitonen ist die Sinus–Gordon–Gleichung (SG–Gleichung), die im Vergleich zu (11.3) einen nichtlinearen Term enthält. Die SG–Gleichung, bekannt in der Theorie der pseudospärischen Flächen von Enneper seit 1870, lautet in der Standardform (alle Konstanten gleich eins gesetzt)

$$\frac{\partial^2 u}{\partial x^2} - \frac{\partial^2 u}{\partial t^2} = \sin u \, . \tag{11.7}$$

Interessanterweise folgt diese Solitonengleichung als Kontinuumsnäherung aus einer Kette von mathematischen Pendeln mit harmonischer Kopplung. Dieses Modell (Pendelkette aus endlich vielen Schwingern als dynamisches System oder elastisches Band als Kontinuum) heißt Frenkel-Kontorova–System und kann auf anharmonische Wechselwirkungen erweitert werden. Computerexperimente zu Ketten oder Ringen aus endlich vielen nichtlinear-gekoppelten Oszillatoren werden seit Fermi, Pasta und Ulam (1955) durchgeführt. Es sind solitäre Lösungen beobachtet worden, wobei in diesen Fällen die Energie in einer lokalen Anregung akkumuliert bleibt und somit auf einen kleinen Raumbereich konzentriert ist. Dies steht im Gegensatz zu den linearen Oszillatorsystemen (harmonische Wechselwirkungen), wo die Energie auf alle Partner zerstreut wird und somit gleichmäßig im (eindimensionalen) Volumen verteilt ist.

Weitere Beispiele für Solitonen sind:

1. Solitäre Anregungen in dichten Plasmen (ionenakustische Solitonen, Langmuirwellen)

2. Solitonen in Molekülsystemen (Davydov-Solitonen)

3. Pulsausbreitung in nichtlinear-gekoppelten Systemen (Phasenfronten)

4. Dichtewellensolitonen in der Astrophysik.

## 11.1 Das mathematische Pendel

AUFGABE:

Wiederholen Sie kurz das Standardbeispiel der Physik für nichtlineare Systeme mit einem Freiheitsgrad: Untersuchen Sie das mathematische Pendel bei beliebigen Auslenkungen (Winkel $\alpha$)

- numerisch: Schreiben Sie ein Computerprogramm zur numerischen Lösung der kanonischen Bewegungsgleichungen bei Verwendung eines Runge–Kutta–Verfahrens 4. Ordnung,
- und analytisch: Berechnen Sie den Grenzfall zwischen Schwingungs- und Rotationsregime (Separatrix) und charakterisieren Sie die Winkel–Zeit–Funktion $\alpha_{sx}(t)$.

LÖSUNG:

Die Lagrange–Funktion (2.7) für einen Massenpunkt unter dem Einfluß der Schwerkraft ($\omega_0^2 = g/l$) lautet

$$L(\alpha, \dot{\alpha}) = \frac{1}{2}ml^2\dot{\alpha}^2 - ml^2\omega_0^2(1 - \cos\alpha) \,. \tag{11.8}$$

Die dynamischen Gleichungen sind die kanonischen Bewegungsgleichungen, wobei wir die Skalierung so wählen, daß $ml^2 = 1$ gesetzt werden kann. Es gilt für die Lagrange– bzw. Hamilton–Gleichungen (2.10, 2.11)

$$\dot{\alpha} = p_\alpha \tag{11.9}$$
$$\dot{p}_\alpha = -\omega_0^2 \sin\alpha \,. \tag{11.10}$$

In diesem konservativen System gilt weiterhin Energieerhaltung

$$\frac{1}{2}p_\alpha(t)^2 + \omega_0^2(1 - \cos\alpha(t)) = \frac{E'}{ml^2} \equiv E \,, \tag{11.11}$$

so daß die Trajektorien $p_\alpha = p_\alpha(\alpha; E, \omega_0)$ in Abhängigkeit von der Energie $E$ und der Stärke des Gravitationsfeldes ($\omega_0^2 \geq 0$) aus

$$p_\alpha(\alpha) = \pm 2\sqrt{\frac{E}{2}}\sqrt{1 - \frac{2\omega_0^2}{E}\sin^2\frac{\alpha}{2}} \tag{11.12}$$

folgen.

## 11.1 Das mathematische Pendel

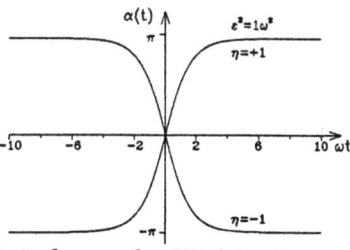

Abb. 11.1: Zeitliche Veränderung des Winkels eines mathematischen Pendels entlang der Separatrix als Kink- bzw. Antikinklösung.

Aus (11.12) folgt weiterhin die Kink- oder Soliton-Lösung für den Spezialfall $E = 2\omega_0^2$ zu

$$\alpha_{sx}(t) = 4\arctan\left[\exp\left(\pm\omega_0 t\right)\right] - \pi \,. \tag{11.13}$$

Sie beschreibt das Winkel–Zeit–Gesetz für den Grenzfall (Separatrix) zwischen Librations- und Rotationsverhalten. Die Abbildung 11.1 zeigt die Funktion (11.13) als Bewegung der Masse zwischen den Umkehrpunkten $\pm \pi$.

Für die numerische Lösung von Differentialgleichungssystemen 1. Ordnung existieren eine Reihe von Verfahren, die in der entsprechenden Literatur (hauptsächlich in der Numerischen Mathematik) ausführlich beschrieben werden. Weiterhin gibt es fertige Programmpakete (Software), in denen diese numerischen Verfahren implementiert sind. Ist man mit der numerischen Analyse noch nicht so vertraut, empfiehlt es sich, zuerst ein numerisches Verfahren (in unserem Fall die Runge–Kutta–Integration) selbst zu programmieren, um so die Physik auf dem Computer besser zu verstehen. Hinzuweisen ist auch auf entsprechende Lernprogramme, in denen physikalische Fragestellungen mit numerischen Berechnungen verknüpft sind (Koonin, Meredith, 1990).

Die Bewegungsgleichungen seien durch einen Satz von Differentialgleichungen 1. Ordnung gegeben

$$\frac{dx}{dt} = v(x) \,, \tag{11.14}$$

wobei die unabhängige Variable $x$ und das Vektorfeld $v$ im allgemeinen $n$-dimensionale Vektoren sind. Die Aufgabe besteht nun darin, das Differentialgleichungssystem (11.14) bei Vorgabe des Anfangswertes $x_0 = x(t_0)$ mit

## 11 Solitonen

einem numerischem Verfahren zu lösen. Dazu wird die Zeit $t$ diskretisiert, u.z. $t = [t_0, t_1, \ldots, t_i, \ldots, t_N]$, wobei $t_{i+1} = t_i + h$ mit $h$ als Schrittweite (z.B. mit einer festen Schrittweite der Zeitdauer $h = 1/N$).

Ein bekanntes Einschrittverfahren ist die Euler–Rekursionsformel

$$x(t+h) = x(t) + hv(x(t)) + O(h^2) \,, \tag{11.15}$$

dessen Fehler aber nur linear mit kleiner werdender Schrittweite abnimmt, so daß diese Integrationsformel für nichtlineare Bewegungsgleichungen wenig geeignet ist.

Ein bewährtes Mehrschrittverfahren zur Integration gekoppelter nichtlinearer Bewegungsgleichungen ist das Runge–Kutta–Verfahren 4. Ordnung. Der Algorithmus kann wie folgt aufgeschrieben werden, wobei die $k_i$ als Zwischenvariable auftreten:

$$x(t+h) = x(h) + \frac{1}{6}(k_1 + 2k_2 + 2k_3 + k_4) + O(h^5) \tag{11.16}$$

mit den Koeffizienten

$$k_1 = hv(x(t)) \tag{11.17}$$

$$k_2 = hv(x(t) + \frac{1}{2}k_1) \tag{11.18}$$

$$k_3 = hv(x(t) + \frac{1}{2}k_2) \tag{11.19}$$

$$k_4 = hv(x(t) + k_3) \,. \tag{11.20}$$

In einer einfachen FORTRAN-Version lautet das Runge–Kutta–Unterprogramm zusammen mit den Bewegungsgleichungen vf (vektorfeld) des mathematischen Pendels wie folgt:

```
c
c       Runge-Kutta-Verfahren 4. Ordnung
c       --------------------------------
c
        subroutine ruku(x,h)
        real*8 x(2),xt(2),k1(2),k2(2),k3(2),k4(2),h
c
        call vf(x,k1)
        do i=1,2
```

```fortran
         k1(i)=h*k1(i)
      end do
      do i=1,2
         xt(i)=x(i)+k1(i)/2.0d0
      end do
      call vf(xt,k2)
      do i=1,2
         k2(i)=h*k2(i)
      end do
      do i=1,2
         xt(i)=x(i)+k2(i)/2.0d0
      end do
      call vf(xt,k3)
      do i=1,2
         k3(i)=h*k3(i)
      end do
      do i=1,2
         xt(i)=x(i)+k3(i)
      end do
      call vf(xt,k4)
      do i=1,2
         k4(i)=h*k4(i)
      end do
      do i=1,2
         x(i)=x(i)+(k1(i)+2*k2(i)+2*k3(i)+k4(i))/6.0d0
      end do
      end
c
c     Bewegungsgleichungen des mathematischen Pendels
c     ------------------------------------------------
c
      subroutine vf(x,dx)
      real*8 x(2),dx(2),omega2
      common omega2
c
      dx(1)=x(2)
      dx(2)=-omega2*dsin(x(1))
      end
```

## 11.2 Periodische und quasiperiodische Bewegungen

AUFGABE:

Betrachten Sie zwei identische mathematische Pendel (Länge $l$, Masse $m$), die harmonisch über eine Feder gekoppelt sind. Untersuchen Sie im Fall kleiner Ausschläge das dynamische Gleichungssystem, in dem Sie durch Einführung neuer Summen- und Differenzvariablen eine Entkopplung vornehmen. Vergleichen Sie die Bewegungstypen für rationale und irrationale Frequenzverhältnisse.

LÖSUNG:

Harmonisch gekoppelte mathematische Pendel gehören in der Näherung kleiner Auslenkungen zur linearen Physik. Die Bewegungsgleichungen $dx/dt = v(x)$ können entkoppelt und damit vollständig gelöst werden. Haben die beiden Pendel die (gemeinsame) Schwingungseigenfrequenz $\omega_0$ und herrscht zwischen ihnen eine harmonische Kopplung mit der Frequenz $\omega_1$, so lautet die Summe aus kinetischer und potentieller Energie

$$H = \frac{1}{2m}\left(p_1^2 + p_2^2\right) + \frac{1}{2}m\omega_0^2\left(x_1^2 + x_2^2\right) + \frac{1}{2}m\omega_1^2(x_1 - x_2)^2 \ . \quad (11.21)$$

Die kanonischen Bewegungsgleichungen sind linear und lassen sich kompakt in Matrixschreibweise zusammenfassen

$$\begin{pmatrix} \dot{x}_1 \\ \dot{p}_1 \\ \dot{x}_2 \\ \dot{p}_2 \end{pmatrix} = \begin{pmatrix} 0 & 1/m & 0 & 0 \\ -m(\omega_0^2 + \omega_1^2) & 0 & m\omega_1^2 & 1/m \\ 0 & 0 & 0 & 1/m \\ m\omega_1^2 & 0 & -m(\omega_0^2 + \omega_1^2) & 0 \end{pmatrix} \begin{pmatrix} x_1 \\ p_1 \\ x_2 \\ p_2 \end{pmatrix}$$

$$(11.22)$$

Die in jedem Physiklehr- und Übungsbuch empfohlene Transformation

$$X_1 = \frac{1}{\sqrt{2}}(x_1 + x_2) \quad ; \quad X_2 = \frac{1}{\sqrt{2}}(x_1 - x_2) \quad (11.23)$$

$$P_1 = \frac{1}{\sqrt{2}}(p_1 + p_2) \quad ; \quad P_2 = \frac{1}{\sqrt{2}}(p_1 - p_2) \quad (11.24)$$

führt auf eine einfache Unterstruktur der zuvor berechneten Matrix und damit auf die Entkopplung in zwei unabhängige Teilsysteme. Die Transformationsmatrix $T$

$$T = \frac{1}{\sqrt{2}} \begin{pmatrix} 1 & 0 & 1 & 0 \\ 0 & 1 & 0 & 1 \\ 1 & 0 & -1 & 0 \\ 0 & 1 & 0 & -1 \end{pmatrix} \tag{11.25}$$

ist gleich ihrer Inversen: $T^{-1} = T$. Somit erhalten wir nach Durchführung der Transformation die neuen Bewegungsgleichungen zu

$$\begin{pmatrix} \dot{X}_1 \\ \dot{P}_1 \\ \dot{X}_2 \\ \dot{P}_2 \end{pmatrix} = \begin{pmatrix} 0 & 1/m & 0 & 0 \\ -m\omega_0^2 & 0 & 0 & 0 \\ 0 & 0 & 0 & 1/m \\ 0 & 0 & -m(\omega_0^2 + 2\omega_1^2) & 0 \end{pmatrix} \begin{pmatrix} X_1 \\ P_1 \\ X_2 \\ P_2 \end{pmatrix} \tag{11.26}$$

mit den neuen Schwingungsfrequenzen (Normalmoden der Schwingung)

$$\omega_S = \omega_0 \qquad \text{Symmetrie, Gleichtakt} \tag{11.27}$$
$$\omega_A = \sqrt{\omega_0^2 + 2\omega_1^2} \qquad \text{Antisymmetrie, Gegentakt} . \tag{11.28}$$

Die Lösungen $X_i(t)$ als Weg–Zeit–Gesetze (in den transformierten Variablen) sind elementar und lauten bekannterweise

$$X_1(t) = \frac{P_1(0)}{m\omega_S} \sin(\omega_S t) + X_1(0) \cos(\omega_S t) \tag{11.29}$$
$$X_2(t) = \frac{P_2(0)}{m\omega_A} \sin(\omega_A t) + X_2(0) \cos(\omega_A t) . \tag{11.30}$$

Nehmen wir die Rücktransformation unter Berücksichtigung spezieller Anfangsbedingungen (nur ein Pendel um $a_1$ ausgelenkt)

$$x_1(0) = a_1 \; ; \quad x_2(0) = 0 \; ; \quad p_1(0) = 0 \; ; \quad p_2(0) = 0 \tag{11.31}$$

vor, so erhalten wir abschließend

$$\begin{aligned} x_1(t) &= \frac{1}{2} a_1 \left( \cos(\omega_S t) + \cos(\omega_S t) \right) \\ &= a_1 \cos\left[ \left( \frac{\omega_S + \omega_A}{2} \right) t \right] \cos\left[ \left( \frac{\omega_A - \omega_S}{2} \right) t \right] \end{aligned} \tag{11.32}$$

$$\begin{aligned} x_2(t) &= \frac{1}{2} a_1 \left( \cos(\omega_S t) - \cos(\omega_S t) \right) \\ &= a_1 \sin\left[ \left( \frac{\omega_S + \omega_A}{2} \right) t \right] \sin\left[ \left( \frac{\omega_A - \omega_S}{2} \right) t \right] . \end{aligned} \tag{11.33}$$

## 11.3 Das Frenkel–Kontorova–Modell

AUFGABE:

Behandeln Sie den Kontinuumsgrenzfall vieler gleichartiger Oszillatoren mit harmonischer Wechselwirkung (Frenkel–Kontorova–Modell). Leiten Sie die entsprechende Wellengleichung für die Auslenkung $\alpha(x,t)$ her und diskutieren Sie die Lösungen.

LÖSUNG:

Sind viele gleichartige Oszillatoren (Winkel $\alpha_i$), die in einem mathematischen Pendelpotential der üblichen Form $m\omega_0^2(1-\cos\alpha_i)$ (vgl. 11.8) schwingen, miteinander über ein Wechselwirkungspotential nächster Nachbarn $ml^2 V(\alpha_{i+1} - \alpha_i)$ verbunden, so entspricht dies einer gekoppelten Pendelkette. Die Lagrange–Funktion für endlich viele gekoppelte Pendel ($ml^2 = 1$) lautet

$$L(\alpha_i, \dot\alpha_i) = \sum_{i=0}^{N+1} \left[ \frac{\dot\alpha_i^2}{2} - \omega_0^2(1-\cos\alpha_i) - V(\alpha_{i+1} - \alpha_i) \right] . \qquad (11.34)$$

Für die harmonische Approximation der Kopplung mit Kopplungsstärke $k$ ($k \geq 0$) gilt

$$V(\alpha_{i+1} - \alpha_i) \approx V_{harm}(\alpha_{i+1} - \alpha_i) = \frac{k^2}{2}(\alpha_{i+1} - \alpha_i)^2 . \qquad (11.35)$$

Das Verhalten einer harmonischen Pendelkette (11.34, 11.35) mit beispielsweise $N = 10$ Mitgliedern kann nun numerisch untersucht werden. Zusätzlich müssen die Randbedingungen für die beiden äußeren Pendel ($i = 0, i = N+1$) formuliert werden.

Wir betrachten nun den Kontinuumsgrenzfall $\alpha_i(t) \to \alpha(x,t)$ einer Pendelkette mit harmonischer Wechselwirkung, der unter dem Begriff Frenkel–Kontorova–Modell bekannt ist. Ein breites elastisches Band (z.B. Gummiband) entspricht so einem Modell. Die Lagrange–Gleichung für die Auslenkung $\alpha(x,t)$ unter Verwendung von (11.34) lautet in der Kontinuumsnäherung

$$\ddot\alpha - V''(\alpha')\alpha'' + \omega_0^2 \sin\alpha = 0 , \qquad (11.36)$$

## 11.3 Das Frenkel–Kontorova–Modell

wobei $\dot\alpha = \partial\alpha/\partial t$ und $\alpha' = \partial\alpha/\partial x$ die Ableitungen nach der Zeit $t$ und dem Ort $x$ sind.

Unter Verwendung des Ansatzes $\alpha(x,t) = \alpha(\Theta)$ für eine fortschreitende Welle (vergleiche mit einer ebenen Welle $\alpha(x,t) = \alpha_0 \exp(kx - \omega t)$) der Phase $\Theta = x - vt$, wobei $v$ die Ausbreitungsgeschwindigkeit ist, folgt ($\alpha' = \partial\alpha/\partial\Theta = \partial\alpha/\partial x$)

$$[V''(\alpha') - v^2]\alpha'' = \omega_0^2 \sin\alpha. \qquad (11.37)$$

Diese Differentialgleichung läßt sich nun als dynamisches System schreiben. In der harmonischen Näherung (für das Potential (11.35) gilt bezüglich der zweiten Ableitung: $V''(\alpha') = k^2 =$ const) folgt aus (11.37) das Gleichungssystem

$$\alpha' = \omega \qquad (11.38)$$

$$\omega' = \frac{\Omega^2}{1-u^2}\sin\alpha, \qquad (11.39)$$

wobei $u^2 = v^2/k^2$ und $\Omega^2 = \omega_0^2/k^2$. Dieses konservative System besitzt eine Konstante der Bewegung, und zwar gilt

$$\frac{\omega(\Theta)^2}{2} + \frac{\Omega^2}{1-u^2}(\cos\alpha(\Theta) - 1) = E. \qquad (11.40)$$

Das Gleichungssystem (11.38, 11.39) mit Ableitungen nach der Phase $\Theta$ ist analog dem dynamischen System (11.9, 11.10) des mathematischen Pendels mit Ableitungen nach der Zeit $t$. In beiden Fällen gilt Energieerhaltung (11.11, 11.40). Beim Frenkel–Kontorova–Modell tritt als neuer Kontrollparameter die Phasenausbreitungsgeschwindigkeit $u \equiv v/k$ auf. Wir haben große ($u^2 > 1$) und kleine ($u^2 < 1$) Ausbreitungsgeschwindigkeiten zu unterscheiden. Im nichtstationären Fall bei genügend großen Übertragungsgeschwindigkeiten ($u^2 > 1$) entspricht die Frenkel-Kontorova-Kette (11.38, 11.39) einem mathematischen Pendel, welches um die untere instabile Gleichgewichtslage schwingt. Dabei entspricht die Kreisfrequenz $\omega_0^2 \geq 0$ des mathematischen Pendels jetzt dem Verhältnis $\Omega^2/(u^2-1) \geq 0$, so daß für die dimensionslose Gesamtenergie des Systems gilt

$$\varepsilon^2 = \frac{E}{2\omega_0^2} = \frac{(u^2-1)E}{2\Omega^2}. \qquad (11.41)$$

## 11 Solitonen

Wie in (Schmelzer, Ulbricht, Mahnke, 1994) nachlesbar, besitzt das elastische Band für kleine Energien ($\varepsilon^2 < 1$) „Gardinenstruktur", d.h. Wellen mit geringer Amplitude breiten sich schnell über die Kette aus, wobei sich die Auslenkung $\alpha(\Theta)$ maximal zwischen $+\pi$, Null und $-\pi$ periodisch ändert. Der aperiodische Grenzfall ($\varepsilon^2 = 1$) ist ein sich mit der Phasengeschwindigkeit $u$ ausbreitendes Soliton. Für größere Energiewerte ($\varepsilon^2 > 1$) besitzt die Kette „Schraubenstruktur", d.h. das Band ist verdrillt. Dies entspricht dem Rotationsfall des mathematischen Pendels.

Die Dynamik einer elastischen Pendelkette ist analog zum dynamischen Verhalten eines einzelnen mathematischen Pendels, wie anhand der Bewegungsgleichungen nachgewiesen wurde. Betrachtet man das elastische Band in einer Ebene senkrecht zur Ausbreitungsrichtung (senkrecht zur $x$-Koordinate), so sehen wir die Bewegungstypen eines mathematischen Pendels, und zwar Rotation, aperiodischer Grenzfall und Libration. Dieses entspricht in $x$-Richtung Schraubenstruktur, Soliton und Gardinenstruktur.

Wird das harmonische Wechselwirkungspotential $V(q) \sim q^2$ in der diskreten Pendelkette bzw. im kontinuierlichen Frenkel–Kontorova–Modell durch ein nichtharmonisches Potential mit einem Anharmonizitätsparameter $B$, das für $B \to 0$ in den harmonischen Grenzfall übergeht, ersetzt, so gibt es qualitativ neue Effekte (Schmelzer, Ulbricht, Mahnke, 1994).

## 11.4 Die Sinus–Gordon–Gleichung

AUFGABE:

Berechnen Sie einfache Solitonenlösungen der Sinus–Gordon–Gleichung und diskutieren Sie die Ergebnisse.

LÖSUNG:

Das Frenkel–Kontorova–Modell in der Kontinuumsnäherung (11.36) führt unmittelbar auf die Sinus–Gordon–Gleichung, indem wir für das nichtlineare Potential $V$ die harmonische Näherung einsetzen. Wir erhalten aus (11.36) die Gleichung

$$\frac{\partial^2 \alpha}{\partial t^2} - k^2 \frac{\partial^2 \alpha}{\partial x^2} + \omega_0^2 \sin \alpha = 0 \,, \tag{11.42}$$

### 11.4 Die Sinus–Gordon–Gleichung

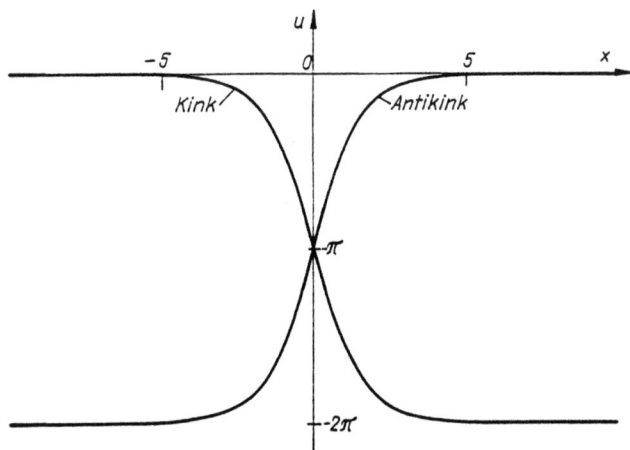

Abb. 11.2: Kink- und Antikink-Lösung der Sinus-Gordon-Gleichung (nach Meinel, Neugebauer, Streudel, 1991)

bzw. nach Überführung in Normalform (dazu setzen wir die Kontrollparameter gleich eins und verwenden die allgemeine Feldgröße $u(x,t)$ anstelle des Winkels $\alpha(x,t)$) die bekannte nichtlineare Wellengleichung (11.7)

$$\frac{\partial^2 u}{\partial x^2} - \frac{\partial^2 u}{\partial t^2} = \sin u \; . \tag{11.43}$$

Diese SG–Gleichung läßt sich nun wiederum mittels Koordinatentransformation $x = T + X$, $t = T - X$ auf die Form

$$\frac{\partial^2 u}{\partial X \partial T} = \sin u \tag{11.44}$$

bringen, die neben der trivialen Lösung $u_0 = 0$ noch eine weitere Lösung $u = -u_0 - 4\arctan\alpha_1$ mit $\alpha_1 = C\exp(X/a + aT)$ besitzt. Somit erhalten wir als Lösung

$$u(X,T) = -4\arctan\left[C\exp\left(\frac{X}{a} + aT\right)\right] \tag{11.45}$$

mit den beiden Konstanten $C > 0$ und $a$. Der Fall $a > 0$ wird als Soliton bezeichnet, der Fall $a < 0$ als Antisoliton. Die Abbildung 11.2 zeigt die solitäre bzw. Kink-Antikink-Lösung ($a = \pm 1$).

Nach Rücktransformation läßt sich die Ein–Soliton–Lösung (11.45) schreiben als

$$u(x,t) = -4\arctan\left[\exp\left(\pm\frac{x - x_0 - vt}{\sqrt{1-v^2}}\right)\right] \qquad (11.46)$$

mit den Abkürzungen

$$v = \frac{1-a^2}{1+a^2} \qquad (11.47)$$

$$x_0 = (1+v)X_0 = -a(1+v)\ln C \ . \qquad (11.48)$$

Neben dieser einfachen Lösung (Ein–Soliton–Resultat) gibt es weitere mathematisch komplizierte Resultate. Die Zwei–Soliton–Lösung wird als „Breather"–Soliton bezeichnet. Sie stellt eine räumlich lokalisierte und zeitlich pulsierende („atmende") Struktur dar. Wir verweisen zu diesen Fragen auf die entsprechende Fachliteratur, insbesondere auf (Meinel, Neugebauer, Streudel, 1991; Gaponov–Grekhov, Rabinovich, 1992).

---

# Kapitel 12

# Stochastische Prozesse – Mastergleichungsformalismus

In der statistischen Physik des Gleichgewichts und des Nichtgleichgewichts nehmen die stochastischen Prozesse eine zentrale Stellung ein. Stochastische Differentialgleichungen zur Beschreibung nichtlinearer Vorgänge verfeinern die Betrachtungen, die auf makroskopischer Ebene durch deterministische dynamische Bewegungsgleichungen erfolgen. Insbesondere die Markov–Prozesse mit ihren Grundgleichungen (Mastergleichung, Fokker–Planck–Gleichung) spielen in der Praxis eine wesentliche Rolle. In diesem Kapitel wird eine kurze Einführung in die Theorie der stochastischen Prozesse gegeben, so daß dann die für die folgenden Aufgaben benötigten Gleichungen einschließlich ihrer numerischen Behandlung zur Verfügung stehen. Interessante Anwendungen stochastischer Prozesse in der Physik erhalten u.a. die Handbücher (Honerkamp, 1990; Röpke, 1987; Gardiner, 1985; van Kampen, 1981).

Zufallsvariable, die sich zeitlich verändern, wie dies z.B. bei einem eindimensionalen Zufallswanderer der Ort ist, beschreiben einen stochastischen Prozeß. Durch die Angabe der zeitabhängigen Dichtefunktionen, beginnend bei der einzeitigen Wahrscheinlichkeitsdichte $p_1(x_1, t_1)$, über die zweizeitige Dichte $p_2(x_1, t_1; x_2, t_2)$ bis hin zu höheren $n$–zeitigen Verteilungsfunktionen $p_n(x_1, t_1; \ldots; x_n, t_n)$, wird der Zufallsprozeß vollständig beschrieben. Dabei gibt $p_n(x_1, t_1; \ldots; x_n, t_n)$ die Wahrscheinlichkeit an, daß die stochastische

Variable den Wert $x_1$ zum Zeitpunkt $t_1$, den Wert $x_2$ zum Zeitpunkt $t_2$ u.s.w. besitzt. Für vollständig unkorrelierte stochastische Prozesse reicht die Kenntnis der einzeitigen Wahrscheinlichkeitsdichte $p_1(x_1, t_1)$ aus, da sich alle weiteren Verteilungen $p_n$ mit $n \geq 2$ durch Produkte

$$p_2(x_1, t_1; x_2, t_2) = p_1(x_1, t_1) p_1(x_2, t_2) \tag{12.1}$$

berechnen lassen.

Der Markov-Prozeß stellt nun die einfachste Variante für einen korrelierten Prozeß dar, weil eine idealisierte Kausalbeziehung nur zwischen zwei verschiedenen Zeitpunkten existiert. Dieser Zufallsprozeß ist vollständig durch die ersten beiden Wahrscheinlichkeitsdichten $p_1(x_1, t_1)$ und $p_2(x_1, t_1; x_2, t_2)$ charakterisiert bzw. alternativ durch $p_1(x_1, t_1)$ und die bedingte Wahrscheinlichkeit $p_2(x_2, t_2 | x_1, t_1)$, die die Wahrscheinlichkeit dafür angibt, daß $x_2$ zum Zeitpunkt $t_2$ vorliegt, falls bei $t_1$ ($t_1 < t_2$) der Wert $x_1$ vorlag. Es gilt im Gegensatz zu den unkorrelierten Prozessen (12.1) die Beziehung

$$p_2(x_1, t_1; x_2, t_2) = p_2(x_2, t_2 | x_1, t_1) p_1(x_1, t_1) \,. \tag{12.2}$$

Diese Markov-Eigenschaft erlaubt, alle mehrzeitigen Verteilungen $p_n$ mit $n > 2$ zu berechnen. So gilt für die dreizeitige Wahrscheinlichkeitsverteilung ($t_1 < t_2 < t_3$)

$$p_3(x_1, t_1; x_2, t_2; x_3, t_3) = p_2(x_3, t_3 | x_2, t_2) p_2(x_2, t_2 | x_1, t_1) p_1(x_1, t_1) \,. \tag{12.3}$$

Integrieren wir (12.3) über $x_2$ und dividieren anschließend durch $p_1(x_1, t_1)$, so erhalten wir eine funktionale Beziehung für die bedingte Wahrscheinlichkeit eines Markov-Prozesses

$$p_2(x_3, t_3 | x_1, t_1) = \int dx_2 \, p_2(x_3, t_3 | x_2, t_2) p_2(x_2, t_2 | x_1, t_1) \,. \tag{12.4}$$

Diese Gleichung heißt Chapman-Kolmogorov-Gleichung.

Eine differentielle Formulierung der Grundgleichung (12.4) erhalten wir, indem wir für die bedingte Wahrscheinlichkeit eine Potenzreihenentwicklung bezüglich der Zeitdifferenz $\tau$ ($t_2 = t_1 + \tau$) durchführen und anschließend den Grenzübergang für $\tau \to 0$ betrachten. Für das Kurzzeitverhalten der Wahrscheinlichkeit $p_2(\cdot|\cdot)$ gelte

$$p_2(x, t+\tau | x'', t) = [1 - \bar{w}(x, t)\tau]\delta(x - x'') + \tau w(x, x'', t) + O(\tau^2) \,. \tag{12.5}$$

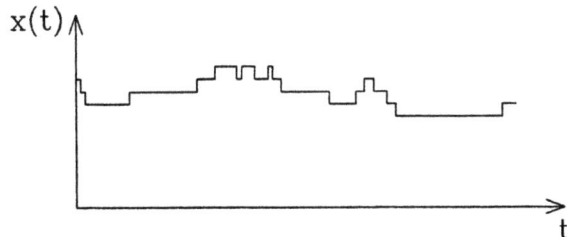

Abb. 12.1: Skizze zum zeitlichen Verlauf einer stochastischen Variablen $x(t)$ im kontinuierlichem Zustandsraum.

Die neue Größe $w(x, x'', t)$ wird als Übergangsrate (bzw. nicht ganz exakt auch Übergangswahrscheinlichkeit) von $x''$ nach $x$ ($x \neq x''$) zum Zeitpunkt $t$ bezeichnet. Aus der Normierungsbedingung $\int dx p_2(x, t+\tau | x'', t) = 1$ folgt

$$\bar{w}(x,t) = \int dx'' w(x'', x, t). \tag{12.6}$$

Der Ansatz (12.5) bedeutet, daß die stochastische Variable nach jedem Zeitschritt $\tau$ mit einer gewissen Wahrscheinlichkeit ihren Wert verändert oder mit der komplementären Wahrscheinlichkeit diesen Wert beibehält. Typische Trajektorien sind somit von Sprüngen unterbrochene Linien $x(t) =$ const, wobei im Fall kontinuierlicher Zufallvariablen die Sprunghöhe im allgemeinen sehr klein ist (siehe Abb. 12.1).

Aus der Chapman-Kolmogorov-Gleichung (vgl. (12.4)) folgt mit (12.5)

$$\begin{aligned} p_2(x, t+\tau | x', t) &= \int dx'' p_2(x, t+\tau | x'', t) p_2(x'', t | x', t') \\ &= \int dx'' [1 - \bar{w}(x,t)\tau] \delta(x - x'') p_2(x'', t | x', t') \\ &\quad + \int dx'' \tau w(x, x'', t) p_2(x'', t | x', t') \end{aligned} \tag{12.7}$$

und unter Verwendung von (12.6) und dem anschließenden Grenzübergang $\tau \to 0$ die Gleichung

$$\begin{aligned} \frac{\partial}{\partial t} p_2(x, t | x', t') &= \int dx'' w(x, x'', t) p_2(x'', t | x', t') \\ &\quad - \int dx'' w(x'', x, t) p_2(x, t | x', t'). \end{aligned} \tag{12.8}$$

Diese führt unmittelbar nach Multiplikation mit $p_1(x',t')$ und Integration über $x'$ auf die differentielle Formulierung der Chapman–Kolmogorov-Gleichung

$$\frac{\partial}{\partial t}p_1(x,t) = \int dx' w(x,x',t)p_1(x',t) - \int dx' w(x',x,t)p_1(x,t) ,\quad (12.9)$$

die in der Literatur als Mastergleichung bezeichnet wird. Diese grundlegende Gleichung (12.9) hat die Form einer Bilanz mit Zuflüssen (Hinsprungraten $w(x,x',t)$ von $x'$ nach $x$) und Abflüssen (Rücksprungraten $w(x',x,t)$ von $x$ nach $x'$). Verallgemeinern wir von einer Variablen $x$ auf den mehrdimensionalen Fall $\underline{x}$ und verwenden von $t$ unabhängige Übergangsraten (zeitlich homogener Prozeß), so lautet die Mastergleichung (12.9) für die Wahrscheinlichkeitsverteilung $p_1(x,t) \Rightarrow P(\underline{x},t) \equiv P(x_1,x_2,\cdots,x_n,\cdots x_N,t)$ im diskreten Fall

$$\frac{\partial}{\partial t}P(\underline{x},t) = \sum_{x' \neq x}\{w(\underline{x},\underline{x}')P(\underline{x}',t) - w(\underline{x}',\underline{x})P(\underline{x},t)\} . \quad (12.10)$$

Durch eine Entwicklung der Verteilungsfunktion $p_1(x,t)$ an der Stelle $x$ in eine Taylorreihe erhalten wir aus der Mastergleichung (12.9) die folgende Kramers–Moyal-Entwicklung (van Kampen, 1981)

$$\frac{\partial}{\partial t}p_1(x,t) = \sum_{n=1}^{\infty} \frac{(-1)^n}{n!}\left(\frac{\partial}{\partial x}\right)^n [M_n(x,t)p_1(x,t)] \quad (12.11)$$

mit den Momenten

$$\begin{aligned}M_n(x,t) &= \int dx'(x'-x)^n w(x',x,t) \\ &= \lim_{\tau \to 0}\frac{1}{\tau}\int dx'(x'-x)^n p_2(x',t+\tau|x,t) .\end{aligned} \quad (12.12)$$

Mit der Forderung, daß alle höheren Momente $M_n(x,t) = 0$ für $n \geq 3$ verschwinden, ist ein sogenannter Diffusionsprozeß definiert, dessen Grundgleichung somit wegen (12.11) lautet

$$\frac{\partial}{\partial t}p_1(x,t) = -\frac{\partial}{\partial x}[M_1(x,t)p_1(x,t)] + \frac{1}{2}\frac{\partial}{\partial x^2}[M_2(x,t)p_1(x,t)] \quad (12.13)$$

und den Namen Fokker–Planck-Gleichung trägt. Der erste Term auf der rechten Seite von (12.13) wird als Driftterm (Konvektionsterm), der zweite als Diffusionsterm (Fluktuationsterm) bezeichnet. Wir gehen an dieser

Stelle nicht weiter auf die Diskussion der Fokker–Planck–Gleichung ein, die sich selbstverständlich auch auf den mehrdimensionalen Fall verallgemeinen läßt, und verweisen auf die Monographie (Risken, 1984) zu dieser Thematik.

Eine große für die Anwendungen bedeutsame Klasse von stochastischen Prozessen umfaßt die der Einschrittprozesse, bei denen nur ein Übergang zwischen unmittelbar benachbarten Zuständen $\underline{x}$ und $\underline{x}'$ in einem Zeitschritt möglich ist. Die Erreichbarkeit weit entfernter nicht in der Umgebung von $\underline{x}$ liegender Zustände ist in einem Schritt nicht möglich. Für die entsprechende homogene Übergangswahrscheinlichkeit $w(\underline{x}', \underline{x})$ gilt dann

$$w(\underline{x}', \underline{x}) \begin{cases} \neq 0 & \text{, falls } \underline{x}' \text{ in Umgebung von } \underline{x} \\ = 0 & \text{, andernfalls .} \end{cases} \qquad (12.14)$$

Entsprechend der diskreten Natur der stochastischen Variablen (z.B. ganzzahlige nichtnegative Besetzungszahlen) und dem konkreten physikalischen Modell sind sowohl die Umgebung, die mittels Einschrittübergängen erreichbar ist, als auch die Ränder, genau zu spezifizieren. Die Abbildung 12.2 zeigt die von $x$ erreichbare Umgebung in einem zweidimensionalen Modell.

Die zeitliche Entwicklung der Verteilungsfunktion $p_1(x, t)$ als Lösung der Bewegungsgleichungen (12.9, 12.10) bzw. (12.13) kann in den physikalisch relevanten nichtlinearen Aufgabenstellungen meist nur numerisch ermittelt werden. Vielfach interessieren Aussagen über das Langzeitverhalten des Systems für $t \to \infty$. In diesen Fällen ist die Kenntnis der stationären Wahrscheinlichkeitsverteilung $p_1^{eq}(x)$ von Interesse. Die stationäre ($\partial p_1(x, t)/\partial t = 0$) Fokker–Planck–Gleichung (12.13) besitzt im Gleichgewicht die bekannte Exponentialform

$$p_1^{eq}(x) = C \exp\left[2 \int_{x_0}^{x} \frac{M_1(x')}{M_2(x')} dx'\right] \qquad (12.15)$$

als Lösung, wobei die Konstante $C$ aus der Normierungsbedingung zu ermitteln ist.

Die stationäre Lösung $P^{eq}(\underline{x})$ der vieldimensionalen Mastergleichung (12.10) folgt aus

$$0 = \sum_{\underline{x}' \neq \underline{x}} \left\{ w(\underline{x}, \underline{x}') P^{eq}(\underline{x}') - w(\underline{x}', \underline{x}) P^{eq}(\underline{x}) \right\} \qquad (12.16)$$

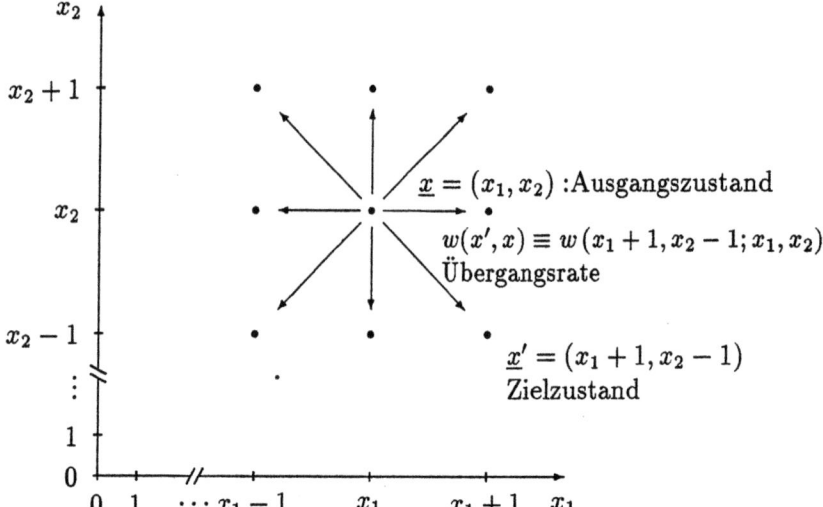

Abb. 12.2: Schematische Darstellung möglicher Übergänge vom Zustand $\underline{x} = (x_1, x_2)$ nach $\underline{x}'$ in einem Einschrittprozeß.

und sei unter Hinweis auf (12.15) und die Gesamtheiten der statistischen Mechanik als Gleichgewichtsverteilungsfunktion der Form

$$P^{eq}(\underline{x}) = P_{\text{Norm}} \exp\left(-\beta \Phi(\underline{x})\right) \tag{12.17}$$

gegeben, wobei als Potentialfunktion $\Phi(\underline{x})$ oftmals die Energie fungiert und somit $\beta = 1/kT$ ist. Diesen Ansatz (12.17) der stationären Dichte benutzen wir und fordern, daß dieses Resultat sogar zusätzlich zu (12.16) für die detaillierte Bilanz

$$0 = w(\underline{x}, \underline{x}') P^{eq}(\underline{x}') - w(\underline{x}', \underline{x}) P^{eq}(\underline{x}) \tag{12.18}$$

gültig ist. Die Gleichgewichtsforderung (12.18) ist stärker als die der Stationarität, da sogar der Einzelstrom von $\underline{x}$ nach $\underline{x}'$ mit dem von $\underline{x}'$ nach $\underline{x}$ übereinstimmen soll. Das System durchlebt wie in der gewöhnlichen Thermodynamik eine Folge von Gleichgewichtszuständen und nähert sich dem stationären Zustand an.

Aus diesen Überlegungen können wir eine Konstruktionsvorschrift für eine Mastergleichung angeben. Zuerst sind die mikroskopisch berechneten oder phänomenologisch ermittelten Übergangsraten in eine Richtung, z.B. die Übergangswahrscheinlichkeiten $w(\underline{x}, \underline{x}')$ von $\underline{x}'$ nach $\underline{x}$ anzugeben. Um kontrollieren zu können, ob die Mastergleichung auch die gewünschte Dichte $P^{ex}(\underline{x})$ als stationäre Lösung besitzt, fordern wir, daß die Bedingung des detaillierten Gleichgewichts (12.18) erfüllt ist. Mit (12.17) folgt somit für die Rücksprungwahrscheinlichkeit $w(\underline{x}', \underline{x})$ von $\underline{x}$ nach $\underline{x}'$ aus

$$w(\underline{x}, \underline{x}') \exp(-\beta \Phi(\underline{x}')) = w(\underline{x}', \underline{x}) \exp(-\beta \Phi(\underline{x})) \qquad (12.19)$$

der Ausdruck

$$w(\underline{x}', \underline{x}) = w(\underline{x}, \underline{x}') \exp(-\beta \Delta \Phi) \qquad (12.20)$$

mit

$$\Delta \Phi = \Phi(\underline{x}') - \Phi(\underline{x}) . \qquad (12.21)$$

Damit sind die Hin- und Rücksprungwahrscheinlichkeiten bekannt und können unter Beobachtung der Einschrittbeschränkung (12.14) in die Mastergleichung (12.10) eingesetzt werden. Diese gilt es nun zu lösen.

Numerische Verfahren zur Lösung der Mastergleichung werden in (Honerkamp, 1990, Kap. 6) recht ausführlich beschrieben. Ohne die zeitliche Lösung der Wahrscheinlichkeitsverteilung $P(\underline{x}, t)$ direkt aus der Mastergleichung zu gewinnen, werden wir in den folgenden Aufgaben den stochastischen Prozeß mit bekannten Übergangsraten simulieren und dann aus genügend vielen Realisierungen die gewünschten statistischen Größen berechnen. Zur Erzeugung dieser stochastischen Trajektorien stehen gewisse Standardalgorithmen zur Verfügung, wobei entweder der Zeitschritt $\tau$ bis zum nächsten Ereignis mittels einer Wartezeitverteilung zufällig ermittelt wird oder eine feste Schrittweite zur Anwendung kommt.

## 12.1 Linearer Clusterzerfall

AUFGABE:

Konstruieren Sie für einen eindimensionalen reinen Einschrittodesprozeß die entsprechende Mastergleichung. Lösen Sie das Zerfallsproblem für den Fall einer linearen Übergangswahrscheinlichkeit. Vergleichen Sie die analytischen Resultate (Anfangssituation sei ein Cluster aus $n_0$ Teilchen) mit den stochastischen Trajektorien.

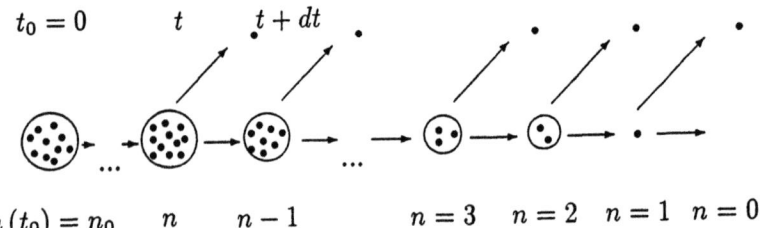

**Abb. 12.3:** Schematische Darstellung des stochastischen Clusterzerfalls unter Abgabe jeweils eines Monomers (•).

LÖSUNG:

Als instruktives Anwendungsbeispiel für einen eindimensionalen stochastischen Einschrittprozeß behandeln wir den Zerfall eines Clusters. Dieses dem radioaktiven Zerfall analoge Beispiel beschreibt das Schrumpfen eines atomaren oder Molekülclusters. Die Zufallsvariable $n(t)$ ist die Anzahl von elementaren Teilchen (Monomeren), die zur Zeit $t$ im Cluster gebunden sind. Durch Abdampfen eines Monomers kann sich die Clustergröße $n$ nach einem Zeitintervall $dt$ auf $n-1$ verringern. Der Clusterzerfall ist somit ein Beispiel für einen sogenannten Todesprozeß, bei dem keine Wachstumsmöglichkeit existiert. Die Abbildung 12.3 illustriert das stochastische Modell für den Zerfall eines Clusters unter Abgabe jeweils eines Monomers.

Definieren wir $P(n,t)$ als die Wahrscheinlichkeit, einen Cluster der Größe $n$ zur Zeit $t$ vorzufinden, dann beschreibt die Mastergleichung für Einschrittzerfallsprozesse

$$\frac{\partial}{\partial t}P(n,t) = w^-(n+1)P(n+1,t) - w^-(n)P(n,t) \qquad (12.22)$$

mit der Zerfallsrate $w(n',n) = w(n-1,n) \equiv w^-(n)$ den Prozeß. Sei die Übergangswahrscheinlichkeit $w^-(n)$ proportional zur Clustergröße $n$, also

$$w^-(n) = \alpha n , \qquad (12.23)$$

so haben wir ein analytisch lösbares lineares Problem vor uns. Der Parameter $\alpha$ kann hierbei als die Wahrscheinlichkeit, daß sich zu irgendeinem

## 12.1 Linearer Clusterzerfall

Zeitpunkt ein bestimmtes Monomer aus dem Cluster herauslöst, gedeutet werden. Die Lebensdauer des Monomers in einem Cluster ist folglich $1/\alpha$. Ist die Anfangsbedingung $n(t=0) = n_0$, so lautet für den linearen Clusterzerfall (12.22, 12.23) die exakte zeitabhängige Lösung

$$P(n,t) = \binom{n_0}{n} e^{-n\alpha t} \left(1 - e^{-\alpha t}\right)^{n_0 - n} , \qquad (12.24)$$

wie sich leicht durch Einsetzen beweisen läßt. Für den Mittelwert gilt das bekannte exponentielle Zerfallsgesetz

$$<n>(t) = \sum_n n P(n,t) = n_0 e^{-\alpha t} , \qquad (12.25)$$

für die Varianz erhalten wir

$$\ll n^2 \gg (t) \equiv <n^2> - <n>^2 = n_0 e^{-\alpha t} \left(1 - e^{-\alpha t}\right) . \qquad (12.26)$$

Ähnlich wie bei einem Diffusionsprozeß zerfließt die Anfangsverteilung $P(n = n_0, t = 0) = 1$ („ein Cluster der Größe $n_0$, keine freien Monomere") und driftet dem Endzustand $P(n = 0, t \to \infty) = 1$ („kein Cluster, nur freie Monomere") entgegen. Das Langzeitresultat $n = 0$ ist somit ein natürlicher absorbierender Rand der Verteilung.

Die exakte Lösung (12.24) kann man aus der Mastergleichung (12.22) erhalten, in dem eine erzeugende Funktion

$$F(z,t) = \sum_n z^n P(n,t) = \sum_n z^n \frac{1}{n!} \frac{\partial^n}{\partial z^n} F(z,t) \bigg|_{z=0} \qquad (12.27)$$

benutzt wird. Nach Multiplikation mit $z^n$ und Summation über alle $n$ folgt aus einer Differential–Differenzen–Gleichung (12.22, 12.23) eine partielle Differentialgleichung des Typs

$$\frac{\partial}{\partial t} F(z,t) = \alpha \frac{\partial}{\partial z} F(z,t) - \alpha z \frac{\partial}{\partial z} F(z,t) , \qquad (12.28)$$

die unter Beachtung der Randbedingung $F(1,t) = 1$ (Erhaltung der Wahrscheinlichkeit) die Lösung

$$F(z,t) = \left[1 - (1-z) e^{-\alpha t}\right]^{n_0} \qquad (12.29)$$

besitzt. Mit

$$\frac{\partial^n}{\partial z^n} F(z,t) \bigg|_{z=0} = \frac{n_0!}{(n_0 - n)!} e^{(-n\alpha t)} \left[1 - e^{(-\alpha t)}\right]^{(n_0 - n)} \qquad (12.30)$$

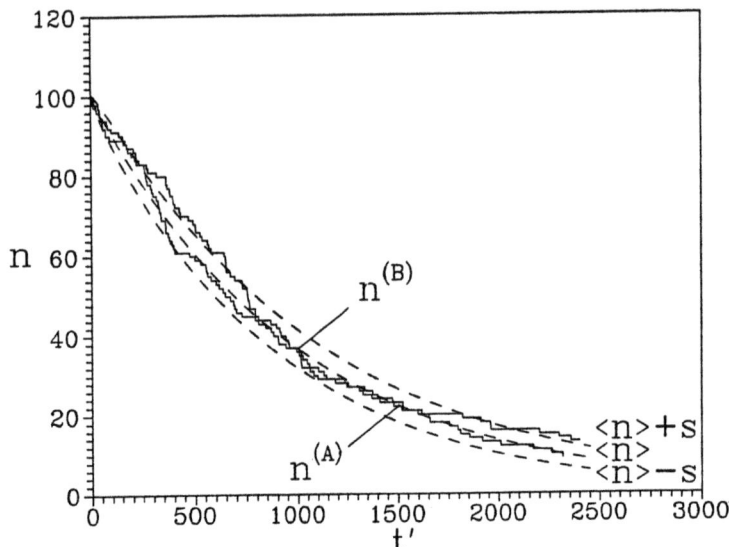

Abb. 12.4: Stochastische Trajektorien $n^{(A)}$ und $n^{(B)}$ für den linearen Clusterfall, der Mittelwert $<n>$ und die Schwankungsbreite $<n> \pm s$ über der dimensionslosen Zeit $t' = \alpha t$ (Nobach, Mahnke, 1994).

erhält man unter Beachtung von (12.27) die angegebene Wahrscheinlichkeitsverteilung $P(n,t)$ und daraus alle Momente $<n^m>(t) = \sum n^m P(n,t)$ (vgl. 12.25, 12.26).

Wir wollen nun in einem Test einen Vergleich zwischen dem exakten analytischen Resultat (12.24) und der stochastischen Lösung der Mastergleichung (12.22, 12.23) mittels Simulation stochastischer Trajektorien vornehmen. Dazu verwenden wir entsprechend den Ausführungen in der Einführung zu diesem Abschnitt, siehe auch (Honerkamp, 1990), einen festen Zeitschritt (Variante A) und einen stochastisch vorgewählten Zeitschritt (Variante B). Die Resultate jeweils einer Realisierung sind zusammen mit der mittleren Clustergröße (12.25) und der Schwankungsbreite $s \equiv \sqrt{\ll n^2 \gg}$ (12.26) in der Abbildung 12.4 aufgetragen. Als Anfangsclustergröße $n_0$ wurde ein Keim aus 100 Teilchen gewählt; der Parameter $\alpha$ fixiert zu 0.001 s$^{-1}$.

In der Variante A müssen wir den Zeitschritt $dt$ so klein wählen, daß die Bedingung $w^-(n)dt < 1$ stets erhalten bleibt. Mit dem linearen Ansatz

(12.23) folgt $dt < (\alpha n)^{-1}$. Fixieren wir $\alpha = 10^{-q}$ s$^{-1}$ und $n_0 = 100$ Teilchen, so erfüllt $dt < 10^{q-2}$ s die Forderung und wir wählen $dt = 10^{q-4}$ s bzw. in dimensionsloser Schreibweise $\alpha dt = dt' = 10^{-4}$. Dann ermitteln wir eine Zufallszahl $\xi$ gleichverteilt aus dem Intervall $[0, 1]$. Liegt diese Zahl im Intervall $[0, \alpha n dt] \equiv [0, n dt']$, so findet ein stochastisches Ereignis statt, die Clustergröße wird von $n$ auf $n' = n - 1$ verkleinert, und anschließend die Zeit $t$ um $dt$ erhöht. Ist andererseits $\xi > \alpha n dt$, so findet kein Zufallsprozeß statt, sondern es wird einfach $t$ nach $t + dt$ verschoben. Dieser Algoritmus wurde zur Erzeugung von Häufigkeitsverteilungen im Clustergrößenraum zu unterschiedlichen Zeiten verwendet. Die numerischen Resultate für jeweils 1000 Realisierungen sind als gefüllte Kreise zusammen mit der analytischen Lösung (12.24) als gestrichelte Linie in der Abbildung 12.5 dargestellt worden. Die Ergebnisse für drei sehr unterschiedliche Zeitpunkte (frühe Zeit $t_1 = 0.046$ s, Abb. 12.5 oben; mittlere Zeit $t_2 = 0.693$ s, Abb. 12.5 Mitte; späte Zeit $t_3 = 3.465$ s, Abb. 12.5 unten) zeigen, daß qualitative Übereinstimmung besteht. Erst bei genügend vielen Realisierungen stimmt die numerisch ermittelte Häufigkeitsverteilung auch quantitativ mit der in diesem Beispiel bekannten exakten Wahrscheinlichkeitsverteilung überein.

**Beim stochastischen Zeitschritt (Variante B)** wird die Zeitdauer, bis ein Ereignis eintritt, zufällig mittels einer Wartezeitverteilung ermittelt. Die Wahrscheinlichkeit, daß nach der Zeit $t$ ein Übergang stattfindet, beträgt

$$p = \alpha n e^{-\alpha n t} dt \equiv f(t) dt \,. \tag{12.31}$$

Um eine Zufallszahl mit dieser Dichteverteilung $f(t)$ (12.31) zu erhalten, können wir eine aus dem Intervall $[0, 1]$ gleichverteilte Zufallszahl $\xi$ umrechnen, in dem wir die Inverse dieser Verteilungsfunktion benutzen. Somit gilt für die Länge $dt$ der Warteschleife $t \to t + dt$ der Wert

$$dt = -\frac{1}{w^-(n)} \ln \xi = -\frac{1}{\alpha n} \ln \xi \,. \tag{12.32}$$

Die Abbildung 12.4 zeigt u.a. eine stochastische Trajektorie $n^B(t)$ für den linearen Clusterzerfall, die mit diesem Verfahren erzeugt wurde.

Beide Lösungsverfahren liefern verläßliche Simulationsresultate, wie dies in der entsprechenden Literatur nachgewiesen wurde. Wir verweisen insbesondere auf die Fachbücher von (Stratonovich, 1963, 1967; Haken, 1978; Ebeling et al., 1990; Gardiner, 1985). Beim praktischen Einsatz beider Verfahren ist festzustellen, daß die Variante A (fester Zeitschritt) zwar schneller

256  12 Stochastische Prozesse – Mastergleichungsformalismus

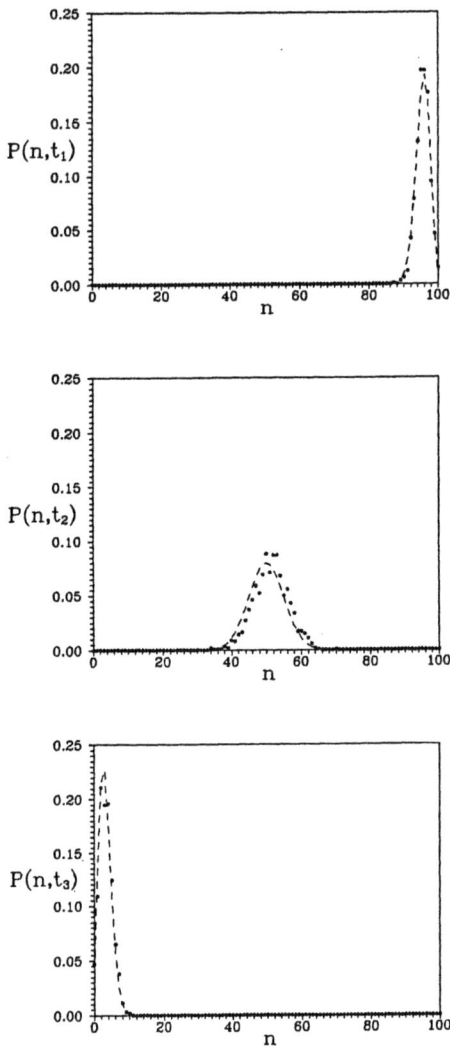

Abb. 12.5: Vergleich zwischen der numerischen Lösung der Mastergleichung für den linearen Clusterzerfall (Algorithmus mit festem Zeitschritt) und dem analytischen Resultat zu unterschiedlichen Zeitpunkten $t_1 < t_2 < t_3$ (Nobach, Mahnke, 1994).

ist, aber, falls die Bedingung $w^-(n)dt < 1$ nicht erfüllt ist, die Simulation mit einem kleineren Zeitschritt neu gestartet werden muß. Die Variante B (variabler Zeitschritt) ist wegen der ln–Bildung in (12.32) zwar langsamer, aber insgesamt stabiler, da das ständige Beachten bzw. Überprüfen einer Bedingung (Ungleichung) wie bei Variante A entfällt.

## 12.2 Evolution eines Clusters in einer Box

AUFGABE:

Gegeben sind ein endliches $d$–dimensionales System (Box mit einem Volumen $V = L^d$) mit $M_0$ Teilchen darin. Diese Teilchen sind entweder frei ($N_1 = M_0 - n$ Monomere) oder in einem Cluster der Größe $n$ gebunden. Durch Anlagerungsprozesse (Kondensation eines Monomers an den Cluster) kann die Clustergröße von $n$ auf $n + 1$ wachsen, andernfalls (Verdampfen eines Monomers vom Cluster) kann sich die Zahl der im Tropfen gebundenen Teilchen um eins verringern. Stellen Sie für diesen Einschrittprozeß die Mastergleichung auf, machen Sie plausible Annahmen für die beiden Übergangswahrscheinlichkeiten. Berechnen Sie die stationäre Verteilung und die Gleichgewichtsclustergröße $n_{st}$.

LÖSUNG:

Die vorhandenen $M_0$ Teilchen sind entweder in einem Cluster gebunden oder befinden sich als freie Monomere im Volumen. Aufgrund der Erhaltung der Gesamtteilchenzahl ($N_1$ Monomere und ein Keim der Größe $n$) in einem finiten System

$$M_0 = N_1 + n = \text{const} \tag{12.33}$$

können wir z.B. die Clustergröße $n$ als Zahl der im Keim gebundenen Teilchen als unabhängige stochastische Variable wählen. Für diesen eindimensionalen Einschrittprozeß (Anlagerung und Abdampfen mit den entsprechenden Übergangsraten, siehe Abb. 12.6) lautet die Mastergleichung

$$\frac{\partial}{\partial t}P(n,t) = w^+(n-1)P(n-1,t) + w^-(n+1)P(n+1,t) \\ - \left[w^+(n) + w^-(n)\right]P(n,t)\,. \tag{12.34}$$

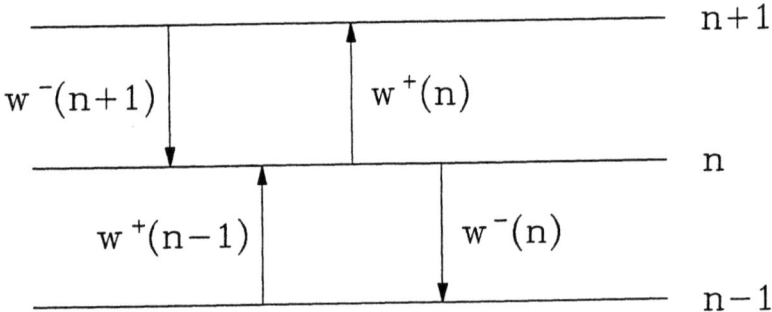

**Abb. 12.6:** Schema der erlaubten Übergänge mit den entsprechenden Wahrscheinlichkeiten.

Setzen wir die Zeitableitung in der Mastergleichung gleich Null, so folgt die stationäre Lösung $P^{eq}(n)$ (vgl. 12.16) aus

$$0 = w^+(n-1)P^{eq}(n-1) - w^-(n)P^{eq}(n) \\ + w^-(n+1)P^{eq}(n+1) - w^+(n)P^{eq}(n) \,. \tag{12.35}$$

Ist der Netto–Strom der Wahrscheinlichkeiten, der vom Zustand $n-1$ zum Nachbarzustand $n$ fließt

$$J_n = w^+(n-1)P^{eq}(n-1) - w^-(n)P^{eq}(n) \,, \tag{12.36}$$

für alle Zustände $n$ gleich, so liegt Stationarität vor, d.h.

$$0 = J_n - J_{n+1} \quad \text{mit} \quad J_{n+1} = J_n = J \,. \tag{12.37}$$

Verschwindet dieser Strom (detaillierte Bilanz: $J = 0$, vgl. (12.18)), so erhalten wir aus der Gleichung (12.37) mit $J = 0$ die Gleichgewichtsbedingung

$$P^{eq}(n) = \frac{w^+(n-1)}{w^-(n)} P^{eq}(n-1) \,. \tag{12.38}$$

Somit ergibt sich für alle Clustergrößen $n > 1$ die folgende Gleichgewichtsverteilung

$$P^{eq}(n) = \frac{w^+(n-1)w^+(n-2)\ldots w^+(1)w^+(0)}{w^-(n)w^-(n-1)\ldots w^-(2)w^-(1)} P^{eq}(0) \,, \tag{12.39}$$

## 12.2 Evolution eines Clusters in einer Box

wobei die noch unbekannte Größe $P^{eq}(0)$ aus der Normierungsbedingung $\sum P^{eq}(n) = 1$ folgt.

Für den diskutierten Einkeimfall (ein Cluster im Bad von Monomeren) gilt es nun, realistische Ansätze für die Übergangsraten zu begründen. Für die Anlagerungswahrscheinlichkeit $w^+$ benutzen wir einen Stoßzahlansatz proportional zur Dichte der freien Teilchen $(M_0-n)/L^d$ und einen Stoßparameter $n^{\gamma/d}$ als Potenzfunktion der Clustergröße. Somit schlagen wir folgenden Ansatz für die Aggregation vor, und zwar

$$w_d^+(n) = \alpha_+ \, n^{\gamma/d} (M_0 - n)/L^d \,. \tag{12.40}$$

Die verwendeten Größen bedeuten:

| | |
|---|---|
| $d = 1, 2, \ldots$ | Dimensionalität des Problems |
| $M_0$ | fixierte Gesamtteilchenzahl in der Box |
| $n$ | Clustergröße (Anzahl der im Cluster gebundenen Monomere) |
| $L$ | charakteristische Systemlänge |
| $L^d$ | Systemvolumen |
| $\gamma = d, d-1, \ldots, 1$ | Geometrieparameter |

Die Verdampfungswahrscheinlichkeit $w^-$ sei (Arrhenius–Ansatz)

$$w_d^-(n) = \alpha'_- \, n^{\gamma/d} \exp\left(\frac{f_n - f_{n-1}}{kT}\right) \,, \tag{12.41}$$

wobei $f_n$ die Bindungsenergie (negative potentielle Energie) eines Aggregates aus $n$ Teilchen ist. Im einfachsten Fall (linearer Ansatz) sei die Bindungsenergie proportional zur Anzahl der gebundenen Teilchen

$$f_n = \mu_\infty n \,, \tag{12.42}$$

so daß in der Rate $w^-$ (12.42) keine zusätzliche $n$-Abhängigkeit entsteht. Ein verbesserter nichtlinearer Ansatz für die Clusterbindungsenergie ist durch (12.51) gegeben. Der Parameter $\mu_\infty < 0$ ist das chemische Potential (Energie pro Teilchen) eines Monomers, das in einem makroskopischen (unendlichen) Cluster (Phase) gebunden ist. Setzen wir die lineare Näherung (12.42) in (12.41) ein, so erhalten wir für die Abdampfrate in dieser Näherung den Ausdruck

$$w_d^-(n) = \alpha'_- \, n^{\gamma/d} \exp\left(\frac{\mu_\infty}{kT}\right) = \alpha_- \, n^{\gamma/d} \,. \tag{12.43}$$

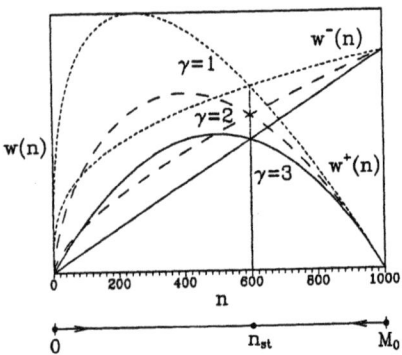

Abb. 12.7: Übergangsraten für die Evolution (Wachstum und Zerfall) eines Clusters in einer dreidimensionalen Box ($d = 3$) mit verschiedenen Geometrieparametern $\gamma = 1; 2; 3$. Der Zustandraum ist eindimensional (Clustergröße $n$) und besitzt den stabilen Fixpunkt $n_{st}$ als „Flüssigkeits–Dampf–Gleichgewicht" (Nobach, Mahnke, 1994).

Die Abbildung 12.7 zeigt die Übergangsraten $w^+$ (12.40) und $w^-$ (12.43) als Funktion der Clustergröße $n$. Es gibt zwei Schnittpunkte. $n_{st}$ repräsentiert die stabile Clustergröße, bei der sich ein Cluster dieser Größe im Gleichgewicht mit $N_1 = M_0 - n_{st}$ Monomeren befindet. Dieses „Flüssigkeits–Dampf–Gleichgewicht" ist der physikalisch relevante Endzustand. Die Nulllösung $n_0 = 0$ entspricht der Dampfphase (nur Monomere $N_1 = M_0$) und wird aufgrund der Stoßprozesse (zuerst Dimerbildung, dann Trimerentstehung und so weiter) sofort verlassen. Die Evolution eines Clusters erfolgt unmittelbar ohne Überwindung einer Potentialbarriere in den stabilen Gleichgewichtszustand. In der Realität (siehe nächste Aufgabe) existiert solch eine Barriere; sie entspricht der kritischen Clustergröße.

## 12.3 Nukleation und Wachstum eines Clusters

AUFGABE:

Untersuchen Sie die Bildung eines kleinen unterkritischen Keims (Nukleation) und sein Wachstum zu einer überkritischen Größe in einem übersättigten System. Betrachten Sie ein endlichen dreidimensionales Volumen $V$ mit

## 12.3 Nukleation und Wachstum eines Clusters

$M_0$ Teilchen. In diesem finiten System kann es durch reaktive Stöße zur Bildung und zum Wachstum (Kondensation) eines sphärischen Clusters (Aggragat aus $n$ Grundbausteinen) kommen; ebenso ist es möglich, daß ein Teilchen vom Tropfen abdampft und sich damit die Zahl der freien Teilchen (Monomere $N_1 = M_0 - n$) um eins erhöht. Konstruieren Sie realistische Übergangsraten für diesen Prozeß und ermitteln Sie aus der Mastergleichung das Wachstumsgesetz für die mittlere Keimgröße.

LÖSUNG:

Die stochastische Evolution eines Clusters in einem finiten System (der sogenannte Einkeimfall) stellt sowohl eine nichtlineare Erweiterung des zuvor behandelten linearen Clusterzerfalls als auch des zuletzt untersuchten Clusterwachstums dar und ist ein realistisches Modell für die Kondensation eines Tropfens (Flüssigkeit) aus seinem übersättigten Dampf (Gas). Der Flüssigkeitstropfen (Cluster, Keim) kann durch die Anlagerung eines Monomers wachsen (Wachstumsrate $w^+(n)$) oder durch Abdampfen ein Monomer abgeben und sich damit verkleinern (Zerfallsrate $w^-(n)$). Als stochastische Variable $n$ fungiert wiederum die Clustergröße, d.h. $n(t)$ ist die Zahl der zur Zeit $t$ im Cluster gebundenen Monomere. Die Gesamtanzahl aller im Volumen $V$ enthaltenen Monomere beträgt $M_0 = $ const, so daß für unser finites System (Abb. 12.8) Teilchenzahlerhaltung gilt. Da in dem einen Cluster der Größe $n$ ($N_n = 1$) genau $n$ Monomere gebunden sind, bleiben $N_1 = M_0 - n$ Teilchen frei, so daß

$$M_0 = \sum_{n=1}^{N} n N_n = N_1 + 1 \cdot n = \text{const} \tag{12.44}$$

gilt.

Die eindimensionale Einschrittmastergleichung lautet für diesen Prozeß der Anlagerung und Abspaltung eines Monomers an bzw. von einem Cluster entsprechend (12.10, 12.14)

$$\frac{\partial}{\partial t} P(n,t) = w^+(n-1)P(n-1,t) + w^-(n+1)P(n+1,t) \\ - \left[w^+(n) + w^-(n)\right] P(n,t). \tag{12.45}$$

Phänomenologisch führen wir nun die Übergangsraten $w^+(n)$ und $w^-(n)$ ein. Unter der Annahme, daß die Cluster sphärische Gestalt haben, sei

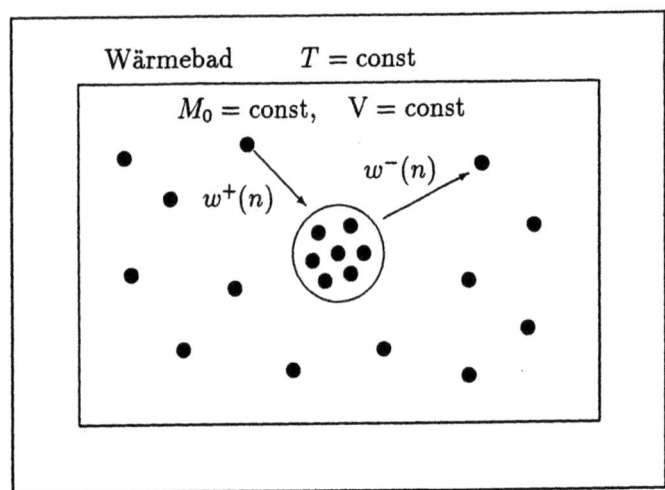

Abb. 12.8: Modell eines finiten isochor–isothermen Systems mit einen Cluster (Tropfen) der Größe $n$ und $N_1 = M_0 - n$ Monomeren (•) (Dampf).

die Wahrscheinlichkeit für die Anlagerung eines Monomers an einem $n$–Cluster proportional zur Clusteroberfläche $A(n)$ und zur Dichte der freien Monomere $N_1/V$. Dieser Stoßzahlansatz liefert für die Anlagerungswahrscheinlichkeit den Ausdruck (vgl. 12.40)

$$w^+(n) = \alpha A(n)(M_0 - n)/V ,\qquad (12.46)$$

wobei die bislang unbestimmte Konstante $\alpha$ als Einlagerungsgeschwindigkeit eines Monomers in einem Keim interpretiert werden kann. Für die Oberfläche eines kugelförmigen Keims gilt

$$A(n) = 4\pi r^2 = 4\pi \left(c_\alpha 4\pi/3\right)^{-2/3} n^{2/3} \sim n^{2/3} \qquad (12.47)$$

mit einer bekannten inkompressiblen Teilchendichte innerhalb des Clusters $c_\alpha =$ const. (z.B. Dichte einer Flüssigkeit).

Für den Rückprozeß, die Verdampfungsrate eines Monomers von einem $n$–Cluster, verwenden wir das aus der Theorie chemischer Reaktionen gut bekannte Arrhenius–Gesetz (vgl. 12.20, 12.21)

$$W_{a\to c}(T) = A_a \exp\left[-\frac{U(c) - U(a)}{kT}\right] \qquad (12.48)$$

## 12.3 Nukleation und Wachstum eines Clusters

in der Form

$$w^-(n) = \alpha A(n)\frac{1}{\lambda_1^3}\exp\left(\frac{f_n - f_{n-1}}{kT}\right). \tag{12.49}$$

Die Übergangsrate $w^-(n) \equiv w(n-1,n)$ (12.49, vgl. 12.41) ist wiederum proportional zur Keimoberfläche $A(n)$, d.h. zur Anzahl von Monomeren, die zum Ablösen zur Verfügung stehen, und weiterhin zur Differenz der Bindungsenergien $f_n - f_{n-1}$ (vgl. 12.42). Die Konstante $\lambda_1(T)$ ist die de Broglie – Wellenlänge eines Monomers (Teilchen der Masse $m$)

$$\lambda_1 = h/(2\pi m kT)^{1/2} \approx 10^{-10} \text{ m}, \tag{12.50}$$

sie entspricht der Wellenlänge eines quantenmechanischen freien Teilchens der Energie $E = p^2/2m = \hbar^2 k^2/2m$.

Cluster als Bindungszustände von Monomeren besitzen eine negative potentielle Energie, die sogenannte Bindungsenergie. Für diese Potentialfunktion $f_n(T)$ verwenden wir die aus der Atom- und Kerntheorie gut bekannte Bethe–Weizsäcker-Formel (Bethe, Morrison, 1966) in einer einfachen nichtlinearen Näherung (vgl. 12.42)

$$f_n = \mu_\infty n + \sigma A(n) \tag{12.51}$$

bestehend aus einem negativen Volumenterm ($\mu_\infty < 0$) und einem positiven Oberflächenbeitrag. Dabei ist $\mu_\infty(T)$ das chemische Potential eines Monomers bzw. mit anderen Worten, die Energie für die Herauslösung eines Teilchens (Monomers) aus einer ebenen Grenzfläche. Die näherungsweise temperaturunabhängige Größe $\sigma$ ist die Oberflächenspannung einer ebenen Grenzschicht. Wir verweisen darauf, daß die Energieformel (12.51) für kleine Cluster (Mikrocluster: Dimere, Trimere, ...) zu modifizieren ist, so daß für ein freies Teilchen (Monomer) die Normierung $f_1 = 0$ gilt.

Setzen wir den Ansatz für die Bindungsenergie (12.51) in die Übergangswahrscheinlichkeit (12.49) ein, so erhalten wir in guter Näherung

$$\begin{aligned}w^-(n) &= \alpha A(n)\frac{1}{\lambda_1^3}\exp\left\{\frac{\mu_\infty + \sigma[A(n) - A(n-1)]}{kT}\right\} \\ &\approx \alpha A(n)\frac{1}{\lambda_1^3}\exp\left(\frac{\mu_\infty}{kT}\right)\exp\left(\frac{2\sigma k(n)}{c_\alpha kT}\right).\end{aligned} \tag{12.52}$$

Dieses Resultat ist gültig für genügend große Cluster (etwa ab Clustergröße $n \approx 10$) und enthält die Krümmung $k(n)$ eines Keims aus $n$ Monomeren als

$$k(n) = 1/r = (c_\alpha 4\pi/3)^{1/3} n^{-1/3} \,. \tag{12.53}$$

Bei der Auswertung von (12.52) wurde zur Berechnung der Differenz der Keimoberflächen $A(n) - A(n-1)$ eine Reihenentwicklung vorgenommen und diese nach dem ersten Glied abgebrochen, d.h.

$$n^{2/3} - (n-1)^{2/3} \approx n^{2/3} - n^{2/3}\left(1 - \frac{2}{3n}\right) \sim n^{-1/3} \,. \tag{12.54}$$

In dem Modell eines idealen Gases ist das chemische Potential $\mu_\infty$ mit der Gleichgewichtsdampfdichte $c_{eq}(\infty)$ über einer ebenen Grenzfläche in einfacher Weise verknüpft durch

$$\mu_\infty(T) = kT \ln\left[\lambda_1^3 c_{eq}(\infty)\right] \,. \tag{12.55}$$

Die Dampfdruckkonzentration $c_{eq}(\infty)$ ist anschaulich gleich der Anzahl von Monomeren über einer ebenen Flüssigkeitsoberfläche, damit das Flüssigkeitsdampfgleichgewicht aufrechterhalten wird. Ist aber die Grenzfläche gekrümmt, so sind im Gleichgewicht mehr Teilchen erforderlich, wie bereits die Thermodynamik anhand der Kelvingleichung lehrt (Becker, 1961).

Bei Verknüpfung von (12.55) mit (12.52) erhalten wir für die Verdampfungsrate bei genügend großen Clustern den Ausdruck

$$w^-(n) = \alpha A(n) c_{eq}(\infty) \exp(\ell k(n)) \,, \tag{12.56}$$

wobei die eingeführte Länge $\ell = \ell(T)$ definiert ist als

$$\ell(T) = 2\sigma/(c_\alpha kT) \,. \tag{12.57}$$

Die bislang unbekannte Konstante $\alpha$ bestimmen wir aus dem Vergleich der Bewegungsgleichung für die mittlere Keimgröße $<n>(t)$ mit dem deterministischen reaktionslimitierten Wachstumsgesetz (Ulbricht et al., 1988)

$$\frac{dn}{dt} = v(n, c_1) = \frac{D}{\ell} A(n)(c_1 - c_{eq}(n)) \,, \tag{12.58}$$

wobei die Monomerkonzentration $c_1 = N_1/V$ über den Erhaltungssatz (12.44) mit der Clustergröße $n$ gekoppelt ist. Da für beliebige Einschrittprozesse stets gilt

$$\frac{d}{dt}<n> = \frac{d}{dt}\sum_n n P(n,t) = <w^+(n)> - <w^-(n)> \,, \tag{12.59}$$

## 12.3 Nukleation und Wachstum eines Clusters

folgt aus (12.45) mit den Raten (12.46) und (12.56) das Resultat

$$\frac{d}{dt}<n> = \alpha A(<n>)\left[\frac{M_0 - <n>}{V} - c_{eq}(\infty)e^{\ell k(<n>)}\right]. \qquad (12.60)$$

Ein Vergleich der beiden Gleichungen (12.58) und (12.60) läßt den Schluß zu, daß der Proportionalitätskoeffizient $\alpha$ durch die Diffusionskonstante $D$ und die Kapillarlänge $\ell$ (12.57) und eventuell weiteren dimensionslosen Parametern wie Trefferrate (sticking coefficient) bestimmt ist. Wir setzen

$$\alpha = D/\ell. \qquad (12.61)$$

Weiterhin folgt, daß die Monomerdichte über einem sphärischen Keim der Größe $n$ durch

$$c_{eq}(n) = c_{eq}(\infty)e^{\ell k(n)} \qquad (12.62)$$

bzw. näherungsweise durch

$$c_{eq}(n) = c_{eq}(\infty)(1 + \ell k(n)) \qquad (12.63)$$

gegeben ist. Damit ergibt sich aus (12.58) mit (12.63) die bekannte Keimkinetik (Ebeling, 1982; Ulbricht et al., 1988, Mahnke et al., 1992)

$$\frac{dn}{dt} = Dc_{eq}(\infty)A(n)(k(n_{cr}) - k(n)). \qquad (12.64)$$

Das Wachsen oder Schrumpfen des Clusters wird durch das Vorzeichen der Differenz der Krümmung eines Keimes mit der kritischen Größe $n_{cr}$ und der aktuellen Keimkrümmung determiniert. Für die kritische Keimgröße gilt

$$n_{cr} = (c_\alpha 4\pi/3)\left(\frac{\ell}{y(t)}\right)^3 \qquad (12.65)$$

mit

$$y(t) = \frac{c_1 - c_{eq}(\infty)}{c_{eq}(\infty)} \qquad (12.66)$$

als Übersättigung. Aus der deterministischen Dynamik (12.64) folgt, daß überkritische Keime ($n > n_{cr}$, d.h. $k(n) < k(n_{cr})$, somit $dn/dt > 0$) auf ihre stabile Endgröße wachsen und unterkritische Tropfen ($n < n_{cr}$, d.h. $k(n) > k(n_{cr})$, somit $dn/dt < 0$) auf die Monomergröße schrumpfen. In solch einem bistabilen System kann in einer streng deterministischen

Beschreibungsweise mit dynamischen Bewegungsgleichungen niemals das Wachstum von einem unterkritischen Keim zu einem überkritischen Cluster erklärt werden. Dieses Phänomen der rauschinduzierten Übergänge über einen kritischen Wert (Schwellwert) kann nur in einem stochastischen Beschreibungsniveau gehandelt werden. Dies bedeutet, entweder stochastische Kräfte zur deterministischen Bewegungsgleichung zu addieren (Langevin–Niveau), oder die Dynamik als Diffusionsprozeß zu betrachten (Fokker–Planck-Gleichung, vgl. (12.13)) oder die von uns schon ausführlich diskutierte Methode der Mastergleichung zu verwenden.

Fassen wir die zur stochastischen Evolution eines Keimes in einem finiten System unter isotherm–isochoren Randbedingungen (Wärmebad) erhaltene Mastergleichung noch einmal zusammen. Wir verwenden somit (12.45, 12.46, 12.56) als Grundgleichung

$$\frac{\partial}{\partial t} P(n,t) = w^+(n-1)P(n-1,t) + w^-(n+1)P(n+1,t)$$
$$- [w^+(n) + w^-(n)] P(n,t) \qquad (12.67)$$

mit der Kondensationsrate zur Anlagerung eines Monomers

$$w^+(n) = \frac{D}{\ell} A(n) \frac{M_0 - n}{V} \qquad (12.68)$$

und der Verdampfungsrate zur Abspaltung eines Monomers

$$w^-(n) = \frac{D}{\ell} A(n) c_{eq}(\infty) e^{\ell k(n)} . \qquad (12.69)$$

Betrachten wir jetzt ein konkretes Modell mit $M_0 = 1000$ Teilchen, die sich in einem Volumen $V = 2000$ nm$^3$ befinden. Die Stoffkonstanten (Kontrollparameter) seien wie folgt fixiert: $c_\alpha = 1000$ nm$^{-3}$, $c_{eq}(\infty) = 0.08$ nm$^{-3}$, $\alpha = 0.5$ und $\ell = 0.5$ nm.

Die Abbildung 12.9 zeigt jetzt die beiden Übergangsraten $w^+(n)$ und $w^-(n)$. Im Gegensatz zur vorherigen Aufgabe (siehe Abb. 12.7) existiert neben der bekannten stabilen Gleichgewichtsclustergröße $n_{st}$ ein weiterer Schnittpunkt, die (instabile) kritische Keimgröße $n_{cr}$. Somit finden wir ein typisches bistabiles System mit zwei Attraktoren (nur Monomere als Gasphase bzw. flüssiger Tropfen im Gleichgewicht mit dem Dampf) und einem Repeller (Sattelpunkt) vor. In einer stochastischen Beschreibung können unterkritische Keime durch Fluktuationen die Energiebarriere überwinden

### 12.3 Nukleation und Wachstum eines Clusters

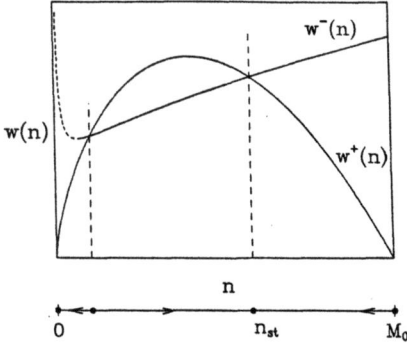

Abb. 12.9: Auftragung der Kondensationsrate $w^+(n)$ und der Verdampfungsrate $w^-(n)$ als Funktion der Clustergröße $n$. Neben den beiden stabilen Fixpunkten $n \approx 1$ und $n_{st} = 580$ existiert ein Sattelpunkt $n_{cr} = 102$ (Nobach, Mahnke, 1994).

und wachsen.

Die numerische Realisierung der stochastischen Clusterevolution auf Basis der Grundgleichungen (12.67–12.69) erfolgt entsprechend der bereits erläuterten Standardalgorithmen. Bei Generation eines stochastischen Zeitschritts (Verweilzeit) mittels (vgl. (12.32))

$$dt = \frac{1}{w^+(n) + w^-(n)} \ln \xi_1 \qquad (12.70)$$

wobei $\xi_1$ eine gleichverteilte Zufallszahl aus dem Intervall $[0, 1]$ ist, schreitet der Prozeß um $dt$ ($t \to t+dt$) voran. Die Entscheidung, ob Clustervergrößerung ($n \to n+1$) oder Clusterschrumpfung ($n \to n-1$), erfolgt durch eine zweite gleichverteilte $[0,1]$-Zufallszahl $\xi_2$ entsprechend der Bedingung

falls $\xi_2 < w^+(n)/[w^+(n) + w^-(n)]$, dann $n \to n+1$, (12.71)
andernfalls Verringerung $n \to n-1$.

Die Abbildung 12.10 zeigt Beispiele für stochastische Trajektorien der Nukleation eines Clusters. Während eine Realisierung den schnellen Zerfall

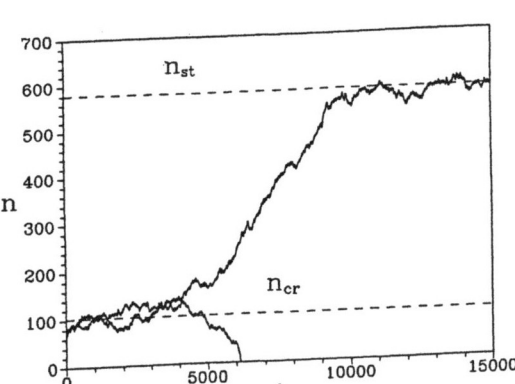

**Abb. 12.10:** Zwei Realisierungen stochastischer Trajektorien in einem bistabilen System. Ein unterkritischer Keim wächst über die kritische Größe hinaus auf die stabile Clustergröße und fluktuiert um den Wert $n_{st}$ (Nobach, Mahnke, 1994).

eines unterkritischen Keims (Startgröße $n(0) = 80 < n_{cr}$) zeigt, dokumentiert die andere Kurve, daß ein unterkritischer Keim derselben Größe durch Fluktuationen in der Lage ist, überkritisch zu werden und dann auf die stabile Clustergröße zu wachsen. Bei der kritischen Keimgröße $n_{cr}$ befindet sich eine Potentialbarriere, die vom System überwunden werden kann. Im Gegensatz zur deterministischen Betrachtungsweise stellt der Sattelpunkt $n_{cr}$ keine scharfe Grenze dar. Durch stochastische Ereignisse bedingt, existiert eine gewisse Wahrscheinlichkeit, daß unterkritische Keime ($n < n_{cr}$) überkritisch werden. Dieses bistabile System besitzt aber zwei sehr unterschiedlich tiefe Minima des Potentials, so daß nur ein spontaner Übergang (von der Gasphase ins Flüssigkeits–Dampf–Gleichgewicht) beobachtet wird (siehe Abb. 12.10), während der umgekehrte Prozeß sehr unwahrscheinlich ist und darum auch nicht zu beobachten ist.

Die Ergebnisse zur Ermittlung von normierten Häufigkeiten $P(n,t)$, zum Zeitpunkt $t$ (bzw. im Intervall $[t, t+dt]$) die Clustergröße $n$ anzutreffen, sind in der Abbildung 12.11 dargestellt. Bei 1000 Realisierungen wurden für drei Zeitpunkte (Abb. 12.11 oben, $t_1 = 80$; Abb. 12.11 Mitte, $t_2 = 1200$; Abb. 12.11 unten, $t_3 = 6000$) die Häufigkeitsverteilungen numerisch ermittelt.

## 12.3 Nukleation und Wachstum eines Clusters

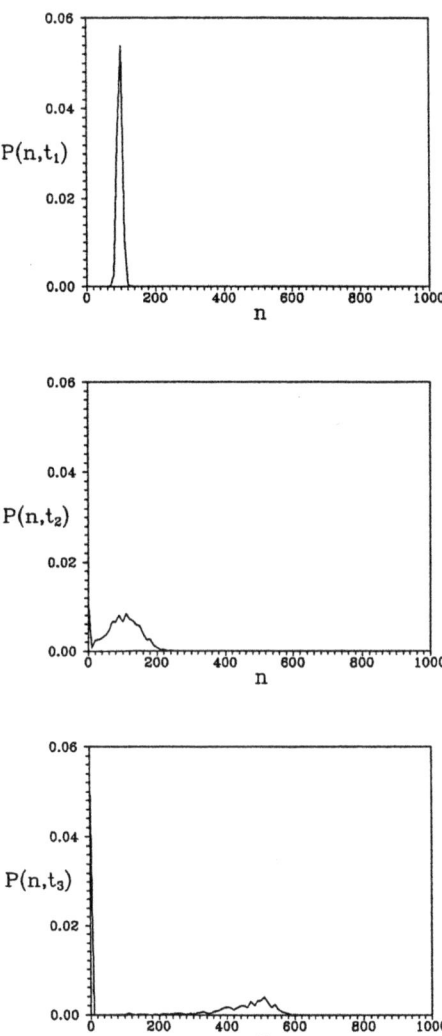

Abb. 12.11: Simulationsresultate für die Häufigkeitsverteilung $P(n,t)$ beim isothermen Einkeimfall zu drei unterschiedlichen Zeitpunkten $t_1 < t_2 < t_3$. Die Verteilung $P(n, t_3)$ entspricht dem stationären Gleichgewicht $P^{eq}(n) = P(n, t \to \infty)$ (Nobach, Mahnke, 1994).

## 12.4 Stochastischer Brüsselator

AUFGABE:

Betrachten Sie das folgende Reaktionsschema

$$R_1 \xrightarrow{k_1} X \; ; \; R_2 + X \xrightarrow{k_2} Y + F_1 \; ; \; 2X + Y \xrightarrow{k_3} 3X \; ; \; X \xrightarrow{k_4} F_2$$

für die Sorten $X$ und $Y$ (die übrigen Stoffe sind Rohstoffe bzw. Finalprodukte mit konstanten Konzentrationen). Stellen Sie zuerst die deterministischen Reaktionsgleichungen auf und analysieren Sie kurz das dynamische System. Formulieren Sie dann die stochastische Bewegungsgleichung (Mastergleichung) mit den, den vier Reaktionskanälen entsprechenden, Übergangswahrscheinlichkeiten. Geben Sie numerisch stochastische Trajektorien an und vergleichen Sie mit der deterministischen Lösung.

LÖSUNG:

Die deterministische Behandlung des gegebenen Reaktionsschemas konzentriert sich auf die Aufstellung der Ratengleichungen für die Konzentrationen $x$ und $y$. Entsprechend den Regeln für die chemische Reaktionskinetik erhalten wir

$$\dot{x} = k_1 r_1 - k_2 r_2 x + k_3 x^2 y - k_4 x \tag{12.72}$$
$$\dot{y} = k_2 r_2 x - k_3 x^2 y \, . \tag{12.73}$$

Dieses dynamische System entspricht dem der Aufgabe 6.3. Setzen wir $k_1 r_1 = A$, $k_2 r_2 = B$, $k_3 = 1$, $k_4 = 1$ und $x = x_1$, $y = y_1$, so erhalten wir genau die Gleichungen (6.58, 6.59). Der Fixpunkt (6.62) lautet

$$x_{st} = \frac{k_1 r_1}{k_4} \; ; \; y_{st} = \frac{k_2 r_2 k_4}{k_1 r_1 k_3} \, . \tag{12.74}$$

Definieren wir einen neuen Parameter (Honerkamp, 1990)

$$\alpha = \frac{2 k_4}{k_2 r_2} \, , \tag{12.75}$$

so gilt für die Stabilität bzw. Instabilität der stationären Lösung das Resultat

$$\alpha > \alpha_c \quad : \text{Stabiler Fixpunkt} \tag{12.76}$$
$$\alpha < \alpha_c \quad : \text{Instabiler Fixpunkt} \Longrightarrow \text{Grenzzyklusregime} \tag{12.77}$$

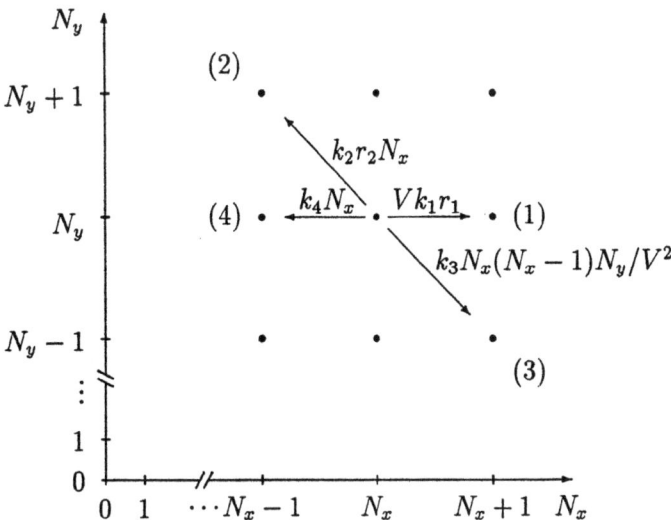

Abb. 12.12: Stochastische Übergänge beim Brüsselator mit den vier Reaktionskanälen.

mit dem kritischen Wert des $\alpha$-Parameters

$$\alpha_c = 2\left(1 - \frac{x_{st}}{y_{st}}\right) = 2\left(1 - \frac{k_1^2 r_1^2 k_3}{k_2 r_2 k_4^2}\right). \qquad (12.78)$$

Die Grenze $\alpha = \alpha_c$ entspricht genau dem Resultat $A^2 + 1 = B$ aus der Aufgabe 6.3.

Zur stochastischen Beschreibung im Mastergleichungsformalismus benötigen wir für die möglichen Einschrittübergänge (vier Reaktionskanäle, siehe Abb. 12.12) die entsprechenden Übergangswahrscheinlichkeiten, die in die Mastergleichung für die Wahrscheinlichkeit $P(N_x, N_y, t)$ eingehen.

Für die vier Übergangswahrscheinlichkeiten des stochastischen Brüsselators (vgl. Abb. 12.12 mit Abb. 12.2) gilt

(1) $N_x \longrightarrow N_x + 1, N_y$
$w(N_x + 1, N_y | N_x, N_y) \equiv w^{(1)}(N_x, N_y) = V k_1 r_1$

(2) $N_x \longrightarrow N_x - 1, N_y \longrightarrow N_y + 1$
$w(N_x - 1, N_y + 1 | N_x, N_y) \equiv w^{(2)}(N_x, N_y) = V k_2 r_2 N_x / V = k_2 r_2 N_x$

(3) $N_x \longrightarrow N_x + 1, N_y \longrightarrow N_y - 1$
$w(N_x + 1, N_y - 1 | N_x, N_y) \equiv w^{(3)}(N_x, N_y) = V k_3 N_x (N_x - 1) N_y / V^3 =$
$k_3 N_x (N_x - 1) N_y / V^2$

(4) $N_x \longrightarrow N_x - 1, N_y$
$w(N_x - 1, N_y | N_x, N_y) \equiv w^{(4)}(N_x, N_y) = V k_4 N_x / V = k_4 N_x$.

Die Mastergleichung (12.10) lautet für den Brüsselator

$$\begin{aligned}\frac{\partial}{\partial t} P(N_x, N_y, t) &= w^{(1)}(N_x, N_y | N_x - 1, N_y) P(N_x - 1, N_y, t) \\ &+ w^{(2)}(N_x, N_y | N_x + 1, N_y - 1) P(N_x + 1, N_y - 1, t) \\ &+ w^{(3)}(N_x, N_y | N_x - 1, N_y + 1) P(N_x - 1, N_y + 1, t) \\ &+ w^{(4)}(N_x, N_y | N_x + 1, N_y) P(N_x + 1, N_y, t) \\ &- \big[ w^{(1)}(N_x + 1, N_y | N_x, N_y) \\ &+ w^{(2)}(N_x - 1, N_y + 1 | N_x, N_y) \\ &+ w^{(3)}(N_x + 1, N_y - 1 | N_x, N_y) \\ &+ w^{(4)}(N_x - 1, N_y | N_x, N_y) \big] P(N_x, N_y, t) \, .\end{aligned} \quad (12.79)$$

Durch Mittelwertbildung

$$x(t) = \frac{<N_x>}{V} = \frac{1}{V} \sum_{\underline{N}} N_x P(\underline{N}, t) \quad (12.80)$$

$$y(t) = \frac{<N_y>}{V} = \frac{1}{V} \sum_{\underline{N}} N_y P(\underline{N}, t) \quad (12.81)$$

erhalten wir das, auch bereits aus Aufgabe 6.3 bekannte, dynamische Gleichungssystem (12.72, 12.73) für die Konzentrationen $x(t)$ und $y(t)$.

Numerische Resultate zum stochastischen Brüsselators sind als Beispiele zur Lösung von Mastergleichungen u.a. in (Honerkamp, 1990) zu finden. Dort ist der zeitliche Verlauf der Teilchenzahl der $X$-Moleküle für verschiedene Werte des Kontrollparameters $\alpha$ (12.75) dargestellt worden. Für den Parameterwert $\alpha = 2 > \alpha_c$ besitzt das System einen stabilen Fixpunkt mit den Teilchenzahlen $N_{xst} = x_{st} V = 100$, $N_{yst} = y_{st} V = 100$. Die Abbildung 12.13 zeigt eine stochastische Realisierung als Zeitgesetz $N_x(t), N_y(t)$ und als Darstellung im Zustandsraum $N_y(N_x)$. Die stationäre Wahrscheinlichkeitsverteilung besitzt beim anziehenden Fixpunkt (12.74) ein Maximum.

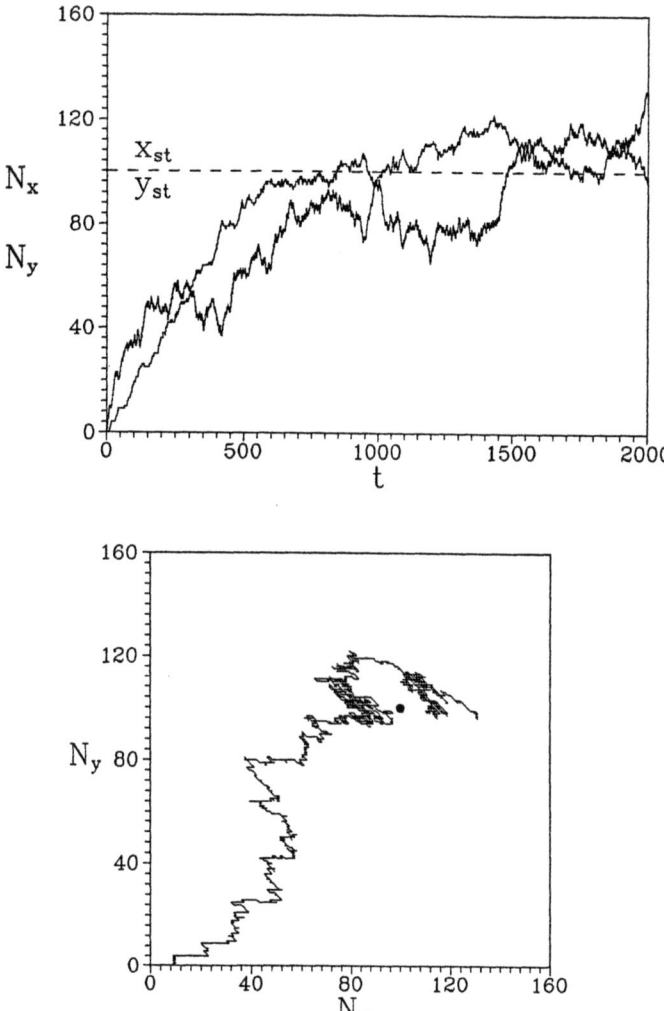

Abb. 12.13: Fixpunktregime des Brüsselators für die Parameterwerte $k_1 = 10, k_2 = 1, k_3 = 10^{-4}, k_4 = 1, r_1 = 10, r_2 = 1$ ($\alpha = 2, \alpha_c = 0$), $V = 1$ und die Anfangswerte $N_x(0) = 1, N_y(0) = 1$. Oben: Zeitentwicklung der stochastischen Variablen $N_x(t), N_y(t)$, unten: Trajektorie im Zustandsraum (Nobach, Mahnke, 1994).

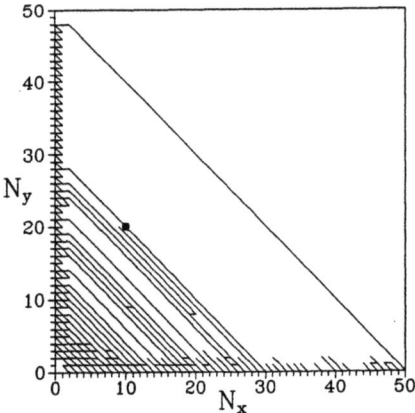

**Abb. 12.14:** Grenzzyklusregime des Brüsselators mit einer stochastischen Trajektorie im Zustandsraum. Parameterwerte: $k_1 = 1.225, k_2 = 1.0, k_3 = 0.005, k_4 = 0.15, r_1 = 1.225, r_2 = 1.0$ (damit $\alpha = 0.3$, $\alpha_c = 0.5$) und $V = 0.1$. Der instabile Fixpunkt ist markiert (Nobach, Mahnke, 1994).

Ist $\alpha$ genügend klein (12.77), so ist der Brüsselator im Grenzzyklusregime und wir erwarten eine stochastische Trajektorie, die um die instabile deterministische Lösung (12.74) herum fluktuiert.

Diese Situation ist in den den Abbildungen 12.14 und 12.15 dargestellt. Die instabile Gleichgewichtslösung $N_{xst} = x_{st}V = 10$, $N_{yst} = y_{st}V = 20$ ist in der Grafik 12.14 durch einen dicken Punkt markiert. Die stochastische Trajektorie bewegt sich im $N_x$–$N_y$-Zustandraum mit unterschiedlicher Geschwindigkeit. Die Diagonale, wobei die Teilchenzahlen der Sorte Y fallen und die der X–Sorte wachsen, wird sehr schnell durchlaufen, so daß die Aufenthaltswahrscheinlichkeit sehr klein ist. Im Gegensatz dazu hält sich das System sehr lange auf der oder in der Nähe der $N_x$-Achse auf. Ist die Teilchenzahl $N_x$ genügend klein, wächst so dann die andere Sorte Y. Die zur Trajektorie korrespondierende Abbildung 12.15 (oberes Bild) zeigt die Wahrscheinlichkeit $P(N_x, N_y,)$ für das Vorhandensein von $N_x$ Teilchen der Sorte X und $N_y$ Teilchen der Sorte Y im System. Das Wahrscheinlichkeitsgebirge besitzt Maxima über dem deterministischen Grenzzyklus, wobei die Maxima unterschiedlich hoch sind. Diese Situation ändert sich auch nicht bei der Wahl unterschiedlicher Parametersätze.

12.4 Stochastischer Brüsselator 275

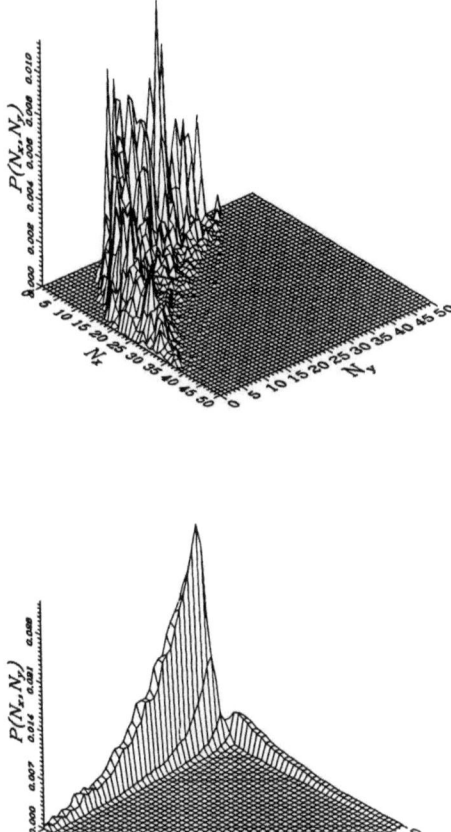

Abb. 12.15: Numerisch ermittelte Wahrscheinlichkeitsverteilungen für den stochastischen Brüsselator mit zwei verschiedenen Parametersätzen. Die Maxima der Verteilung über dem deterministischen Grenzzyklus sind deutlich unterschiedlich hoch (Nobach, Mahnke, 1994).

# Kapitel 13

# Die bistabile Schlögl–Reaktion

Nichtlineare Systeme zeigen eine Reihe von interessanten Phänomenen wie Multistabilität und rauschinduzierte Übergänge zwischen stabilen Zuständen. Eines der bekanntesten Beispiele für bistabiles Verhalten ist die berühmte Schlögl–Reaktion, die seit ihrer Veröffentlichung vor über 20 Jahren (Schlögl, 1972) zu einem Standardbeispiel für Bistabilität avanzierte. F. Schlögl untersuchte ein offenes eindimensionales chemisches Reaktionssystem (mit Hin– und Rückreaktionsschritten) für die Sorte X

$$A + 2X \underset{k_1'}{\overset{k_1}{\rightleftharpoons}} 3X \quad ; \quad X \underset{k_2'}{\overset{k_2}{\rightleftharpoons}} F, \tag{13.1}$$

wobei der Rohstoff A und das Finalprodukt F stets in konstanter Menge vorhanden seien.

Im bistabilen Regime existieren in Abhängigkeit von einem sogenannten Pumpparameter $\gamma$ drei stationäre Zustände, von denen zwei stabil sind und einer instabil ist. In der Abbildung 13.1 sind im bistabilen Gebiet ($\gamma_1 < \gamma < \gamma_2$) die Menge der stabilen Zustände (Kurven $x_{st}^{(1)}$ und $x_{st}^{(3)}$) und die instabile Situation (Kurve $x_{st}^{(2)}$) gekennzeichnet. Im monostabilen Regime existiert nur ein stationärer, stets stabiler Zustand ($x_{st}^{(1)}$ für $\gamma < \gamma_1$ oder $x_{st}^{(3)}$ für $\gamma > \gamma_2$). Der Pumpparameter $\gamma^*$ beschreibt den Spezialfall der „Maxwell–Konstruktion" (man denke an das Phasendiagramm eines van der Waals–Gases), wobei in diesem symmetrischen Fall die beiden Minima des zugehörigen Potentials gleich tief sind.

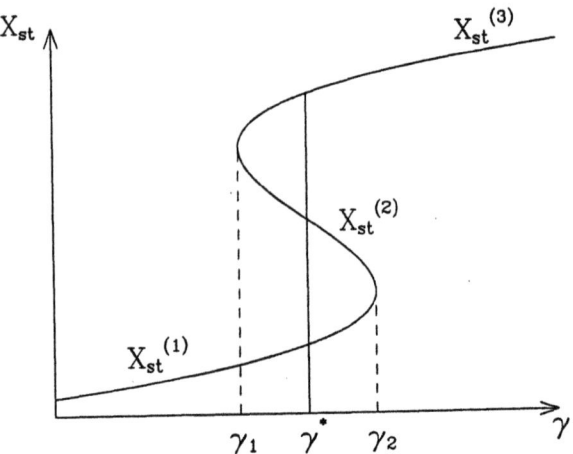

**Abb. 13.1:** Stationäre Zustände eines bistabilen Systems in Abhängigkeit des Kontrollparameters $\gamma$. Die „Maxwell–Konstruktion" ist für den symmetrischen Fall $\gamma^*$ dargestellt.

In den folgenden Aufgaben soll die Bistabilität, die sowohl für die Schaltung in Computern als auch für optisch bistabile Systeme von großer Bedeutung ist, anhand der Schlögl–Reaktion (13.1) im Vergleich

- in deterministischer Behandlung als dynamisches System,
- unter Einbeziehung der Diffusion als Boxen–Modell,
- als Reaktions–Diffusions–System und
- unter Einbeziehung von Fluktuationen als stochastisches Modell

studiert werden.

## 13.1 Homogenes Reaktionssystem

AUFGABE:

Untersuchen Sie in einem gut gerührten Reaktionsreaktor (Volumen $V$) die Dynamik des Schlögl–Reaktion (13.1). Stellen Sie die reaktionskinetische Gleichung für die Konzentration der Sorte X (möglichst in dimensionslosen

## 13.1 Homogenes Reaktionssystem

Variablen) auf und diskutieren Sie die stationären Lösungen in Abhängigkeit der Reaktionskonstanten (Kontrollparameter). Zeigen Sie Analogien zum van der Waals–Phasendiagramm auf.

LÖSUNG:

Unter der Voraussetzung, daß der Rohstoff A und das Finalprodukt F stets in konstanten Konzentrationen $A$ und $F$ im Volumen $V$ vorhanden sind, lautet die eine Reaktionsgleichung für die Konzentration $C$ der Sorte X entsprechend (13.1) wie folgt

$$\frac{dC}{dT} = k_1 A C^2 - k_1' C^3 - k_2 C + k_2' F . \tag{13.2}$$

Sowohl die Konzentration

$$C = \frac{N}{V} = \frac{\text{Teilchenzahl der Sorte X}}{\text{Systemvolumen}} \tag{13.3}$$

als auch die Zeit $T$ sind dimensionsbehaftet. Wir vereinfachen die kubische Gleichung (13.2) durch Einführung dimensionsloser Variablen. Die Basisgrößen des Volumens und der Zeit seien $V_0$ und $t_0 = V_0^2/k_1'$, die dimensionslose Konzentration $X$ der Sorte X und die dimensionslose Zeit $t$ lauten dann

$$X = \frac{C}{C_0} = \frac{N}{V/V_0} = V_0 C \quad ; \quad t = \frac{T}{t_0}, \tag{13.4}$$

so daß die Kinetik (13.2) in die übersichtliche Form

$$\dot{X} = -X^3 + aX^2 - bX + c \tag{13.5}$$

mit den Kontrollparametern

$$a = \frac{k_1 A V_0}{k_1'} \geq 0 \tag{13.6}$$

$$b = \frac{k_2 V_0^2}{k_1'} \geq 0 \tag{13.7}$$

$$c = \frac{k_2' F V_0^3}{k_1'} \geq 0 \tag{13.8}$$

gebracht werden kann. Aus der mathematischen Literatur ist bekannt, daß in der kubischen Gleichung (13.5) der quadratische Term durch eine lineare Transformation der Form

$$x = X - \frac{a}{3} \tag{13.9}$$

## 13 Die bistabile Schlögl-Reaktion

zum Verschwinden gebracht werden kann. Wenden wir die zuletzt genannte Variablentransformation auf die Bewegungsgleichung (13.5) an, so erhalten wir für die Schlögl-Reaktion eine kubische Kinetik in Normalform

$$\dot{x} = -x^3 + \beta x + \gamma \tag{13.10}$$

mit den beiden neuen Kontrollparametern

$$\beta = \frac{1}{3}a^2 - b \tag{13.11}$$

$$\gamma = \frac{2}{27}a^3 - \frac{1}{3}ab + c \,. \tag{13.12}$$

Die nichtlineare Bewegungsgleichung $\dot{x} = f(x)$ mit der Kraft $f(x) = -x^3 + \beta x + \gamma$ (13.10) läßt sich als Gradientensystem mit Hilfe eines skalaren Potentials schreiben. Es gilt in Analogie zur Mechanik

$$\dot{x} = f(x) = -\frac{dV}{dx} \quad \text{mit} \quad V(x) = \frac{1}{4}x^4 - \frac{\beta}{2} - \gamma x \,. \tag{13.13}$$

Zur Bestimmung der stationären Lösungen ($dx/dt = 0$ in (13.10)) sind die Nullstellen des kubischen Polynoms

$$0 = -x^3 + \beta x + \gamma \tag{13.14}$$

zu bestimmen. In Abhängigkeit der Kontrollparameter $\beta$ und $\gamma$ besitzt die Gleichung dritten Grades entweder drei Lösungen $x_{st}^{(1)}, x_{st}^{(2)}, x_{st}^{(3)}$ (bistabiles Regime) oder eine Lösung $x_{st}$ (monostabiles Regime). Die Abbildung 13.2 zeigt die Multistabilität mit dem S-förmigen Verlauf der stationären Lösungen, wobei $x_{st}^{(1)}$ und $x_{st}^{(3)}$ die stabilen Lösungszweige sind, und $x_{st}^{(2)}$ die instabilen Fixpunkte darstellen.

Die analytischen Lösungen der kubischen Gleichung (13.14) lauten

$$x_{st}^{(1)} = \frac{2^{1/3}\beta}{C} + \frac{C}{3 \cdot 2^{1/3}} \tag{13.15}$$

$$x_{st}^{(2)} = -\frac{(1 - i\sqrt{3})\beta}{2^{2/3} \cdot C} - \frac{(1 + i\sqrt{3})C}{6 \cdot 2^{1/3}} \tag{13.16}$$

$$x_{st}^{(3)} = -\frac{(1 + i\sqrt{3})\beta}{2^{2/3} \cdot C} - \frac{(1 - i\sqrt{3})C}{6 \cdot 2^{1/3}} \tag{13.17}$$

mit

$$C = \left[27\gamma + \sqrt{27(27\gamma^2 - 4\beta^3)}\right]^{1/3} \,. \tag{13.18}$$

## 13.1 Homogenes Reaktionssystem

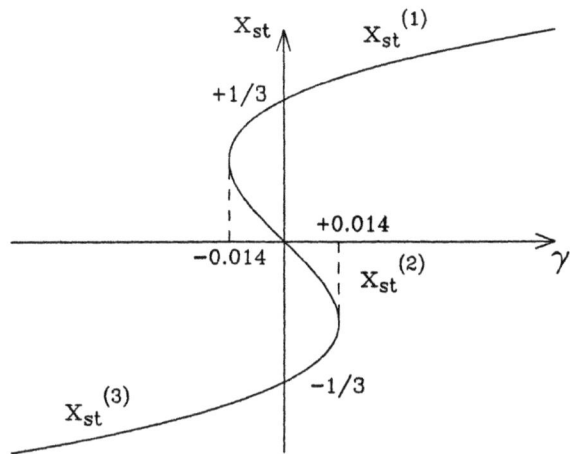

Abb. 13.2: Stationäre Lösungen $x_{st}$ der Schlögl–Reaktion über dem Parameterwert $\gamma$ bei Fixierung des Kontrollparameters $\beta = 1/9$ im Bistabilitätsbereich (Nobach, Mahnke, 1994).

Die Gleichung (13.14) hat einen kritischen Punkt im Fall $\beta = 0$ und $\gamma = 0$, an dem die drei stationären Lösungen zu einer identischen Nullösung entarten. In der von $\beta$ und $\gamma$ aufgespannten Parameterebene existiert ein relativ kleiner Bistabilitätsbereich (siehe Abbildung 13.3). Die Begrenzungskurven $\gamma = \pm \gamma_c$ in der rechten Halbebene $\beta > 0$ lassen sich analytisch berechnen, in dem wir den Wurzelausdruck in (13.18) gleich Null setzen. Ein interessanter Spezialfall, der auch in den folgenden Aufgaben untersucht wird, ist der Parametersatz $\beta = 1/9$ und $\gamma = 0$. Die stationären Lösungen (13.15 – 13.17) sind äquidistant und lauten $x_{st}^{(1)} = 1/3$, $x_{st}^{(2)} = 0$, $x_{st}^{(3)} = -1/3$.

Zusammenfassend zeigt die Fixpunktanalyse folgendes Resultat:

- Monostabilität   für $\beta < 0$
- Bistabilität   für $\beta > 0$ und
  $-\gamma_c \leq \gamma \leq \gamma_c$ mit $\gamma_c^2 = \frac{4}{27}\beta^3$ .

Die Abbildung 13.4 zeigt in Analogie zum van der Waals–Phasendiagramm die Gebiete mono– und bistabiler Phasen bei der Schlögl–Reaktion in der $X_{st} - c$ – Ebene bei unterschiedlichem $b$–Parameter und festem Wert des

282   13  Die bistabile Schlögl–Reaktion

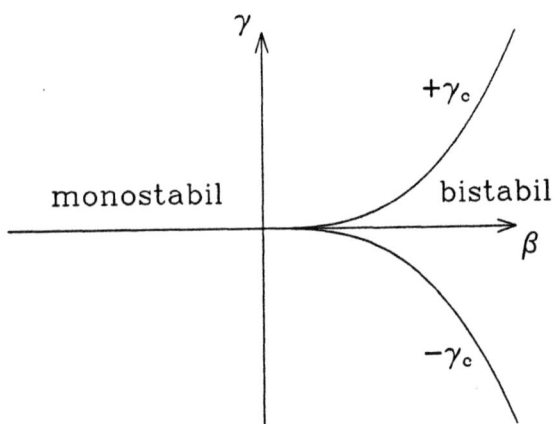

**Abb. 13.3:** Schlögl–Reaktion: Ebene der Kontrollparameter $\beta, \gamma$ mit der Faltenlinie $\gamma_c^2 = 4\beta^3/27$ zwischen monostabilem und bistabilem Systemverhalten (Nobach, Mahnke, 1994).

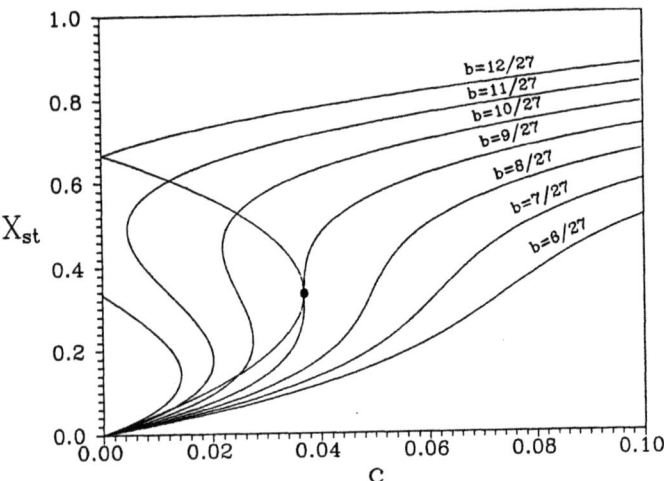

**Abb. 13.4:** Schlögl–Reaktion: Stationäre Lösungen $X_{st}$ für $a = 1$ und verschiedene Werte $b$ aufgetragen über dem Kontrollparameter $c$. Das Bistabilitätsgebiet mit seinen Grenzen ist markiert (Nobach, Mahnke, 1994).

Kontrollparameters $a = 1$. Die Phasengrenze des Bistabilitätsgebietes folgt aus der Bedingung

$$\left(\frac{a}{3}\right)^3 c - \frac{1}{3}\left(\frac{ab}{6}\right)^2 - \frac{abc}{6} + \left(\frac{c}{2}\right)^2 + \left(\frac{b}{3}\right)^3 = 0. \tag{13.19}$$

Im Vergleich zum Phasendiagramm eines van der Waals Gases entspricht der $b$-Parameter des Schlögl-Modells einer Temperatur. Unterhalb einer kritischen Isothermen ($b < b_c$) existiert ein Zwei-Phasen-Gebiet, in der die Flüssigkeit und der Dampf koexistieren. Genau wie beim van der Waals Gas finden wir einen kritischen Punkt, der in der Abbildung 13.4 eingezeichnet ist. Alle diese Analogien beruhen darauf, daß sowohl die stationäre Schlöglsche Reaktionsgleichung (vgl. 13.5) als auch die van der Waalssche Zustandsgleichung nichtlineare Gleichungen (Polynome) dritten Grades sind.

## 13.2 Zwei-Boxen-Schlögl-Modell

AUFGABE:

Betrachten Sie die Schlögl-Reaktion (13.1) in zwei Boxen (Kompartments) unter Berücksichtigung einer Diffusions-Austausch-Kopplung. Als neuer Parameter kommt nun die (dimensionslose) Diffusionskonstante $d$ hinzu. Unter welchen Bedingungen existieren inhomogene stationäre Lösungen? Untersuchen Sie den Spezialfall $k'_2 = 0$ bzw. $c = 0$ mit dem Parametersatz $a = 1, b = 2/9$ der Reaktionsfunktion bei veränderlicher Diffusion $d$ ($0 \leq d < \infty$) detailliert.

LÖSUNG:

Ausgehend von der kubischen Reaktionskinetik der homogenen Schlögl-Reaktion in reduzierter Form (13.10) gelten für das Zwei-Boxen-Modell die folgenden Bewegungsgleichungen

$$\dot{x}_1 = f(x_1) + d(x_2 - x_1) \tag{13.20}$$
$$\dot{x}_2 = f(x_2) + d(x_1 - x_2) \tag{13.21}$$

mit der Reaktionsfunktion

$$f(x_i) = -x_i^3 + \beta x_i + \gamma \quad \text{für} \quad i = 1, 2, \tag{13.22}$$

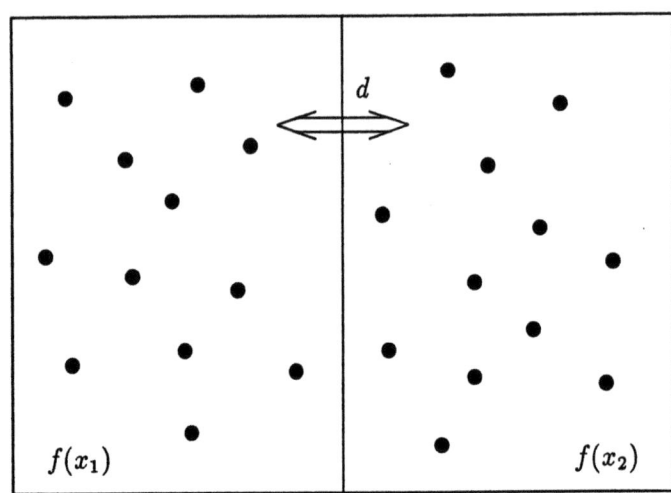

Abb. 13.5: Skizze zum Schlögl–Modell in zwei Kompartments mit Diffusion.

wobei $x_1, x_2$ die dimensionslosen (13.4) reduzierten (13.9) Konzentrationen $x_i$ in der ersten ($i = 1$) und zweiten ($i = 2$) Box sind; $d$ ist die dimensionslose Diffusionskonstante, die die Stärke des Austausches zwischen beiden Kompartments regelt (Abb. 13.5). In der Grenze $d \to \infty$ haben wir wieder ein homogenes System mit überall gleichen Konzentrationen $x_1 = x_2 = x$.

Die stationären Zustände $x_i^{(st)}$ folgen wegen

$$0 = f(x_i^{(st)}) + d(x_j^{(st)} - x_i^{(st)}) \tag{13.23}$$

aus dem Gleichungssystem

$$x_i^{(st)} = x_j^{(st)} - \frac{1}{d} f(x_j^{(st)}) \quad \text{für} \quad i,j = 1,2 \, ; \, i \neq j \, . \tag{13.24}$$

Aufgrund der räumlichen Symmetrie (beide Boxen sind gleichwertig) existieren inhomogene stationäre Lösungen $x_i^{(st)} \neq x_j^{(st)}$ stets in doppelter Anzahl; leicht zu erhalten durch Vertauschen der Box–Nummern. Die homogenen Lösungen $x_i^{(st)} = x_j^{(st)}$ folgen aus $f(x_i^{(st)}) = 0$ und sind schon aus der vorherigen Aufgabe (siehe 13.15 – 13.17) bekannt.

Der Parametersatz $a = 1, b = 2/9, c = 0$ bzw. umgerechnet nach (13.11,

## 13.2 Zwei-Boxen-Schlögl-Modell

13.12) auf die reduzierten Werte $\beta = 1/9, \gamma = 0$ liefert drei stationäre Lösungen hoher Symmetrie mit gleichen Abständen. Die Auswertung der Formeln (13.15 – 13.17) für $\gamma = 0$ liefert die drei homogenen Lösungen

$$x_1^{(1)} = x_2^{(1)} = -\sqrt{\beta} \tag{13.25}$$

$$x_1^{(2)} = x_2^{(2)} = 0 \tag{13.26}$$

$$x_1^{(3)} = x_2^{(3)} = +\sqrt{\beta} \,. \tag{13.27}$$

Weiterhin gibt es $2 \cdot 3 = 6$ heterogene stationäre Lösungen, die aus dem Gleichungssystem (13.24) zu bestimmen sind, und zwar gilt für $\gamma = 0$

$$x_1^{(4)} = +\sqrt{\beta - 2d} \;;\; x_2^{(4)} = -\sqrt{\beta - 2d} \tag{13.28}$$

$$x_1^{(5)} = -\sqrt{\beta - 2d} \;;\; x_2^{(5)} = +\sqrt{\beta - 2d} \tag{13.29}$$

$$x_1^{(6)} = +\frac{1}{\sqrt{2}}\sqrt{\beta - d + \sqrt{C}} \;;\; x_2^{(6)} = -\frac{1}{\sqrt{2}}\sqrt{\beta - d - \sqrt{C}} \tag{13.30}$$

$$x_1^{(7)} = -\frac{1}{\sqrt{2}}\sqrt{\beta - d + \sqrt{C}} \;;\; x_2^{(7)} = +\frac{1}{\sqrt{2}}\sqrt{\beta - d - \sqrt{C}} \tag{13.31}$$

$$x_1^{(8)} = +\frac{1}{\sqrt{2}}\sqrt{\beta - d - \sqrt{C}} \;;\; x_2^{(8)} = -\frac{1}{\sqrt{2}}\sqrt{\beta - d + \sqrt{C}} \tag{13.32}$$

$$x_1^{(9)} = -\frac{1}{\sqrt{2}}\sqrt{\beta - d - \sqrt{C}} \;;\; x_2^{(9)} = +\frac{1}{\sqrt{2}}\sqrt{\beta - d + \sqrt{C}} \tag{13.33}$$

mit der Abkürzung

$$C = \beta^2 - 2\beta d - 3d^2 = (\beta - d)^2 - 4d^2 \,. \tag{13.34}$$

Die Abbildung 13.6 zeigt alle Gleichgewichtslösungen (13.25 – 13.33), aufgetragen über der Diffusionskonstanten $d$. Interessant ist der Bereich geringer Diffusion ($0 < d < 1/27$), in dem heterogene Strukturen stabil existieren können (Ebeling, Malchow, 1979).

Die Stabilitätsanalyse nach der Methode der kleinen Störungen (siehe Kapitel 6) gibt Auskunft darüber, in welchem Parameterbereich die stationären Lösungen stabil bzw. instabil sind. Die Berechnung der kritischen Parameterwerte – in diesem Fall der kritischen Werte der Diffusion $d_c$ –, die den qualitativen Übergang des Stabilitätsverhaltens markieren, erfolgt aus den Ableitungen erster und zweiter Ordnung des Potentials. Das zum Zwei-Boxen-Modell korrespondierende Potential lautet

$$V(x_1, x_2) = V(x_1) + V(x_2) + \frac{d}{2}(x_1 - x_2)^2 \,, \tag{13.35}$$

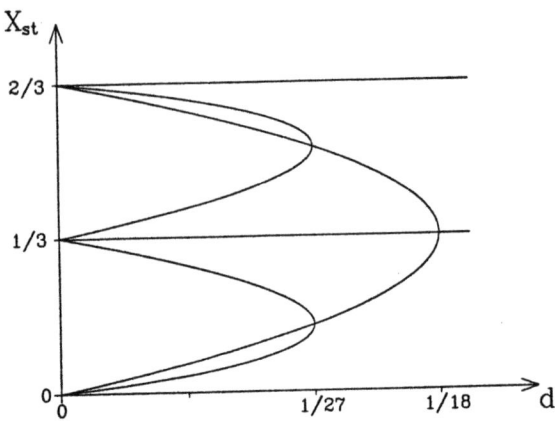

Abb. 13.6: Homogene und heterogene stationäre Lösungen $X_{st} = x_{st} + a/3$ der Zwei–Boxen–Schlögl–Reaktion als Funktion der Diffusionskonstanten $d$ für die Reaktionsparameter $a = 1, b = 2/9, c = 0$ (Nobach, Mahnke, 1994).

wobei für die beiden homogenen Terme $V(x_i)$ der Ausdruck (13.13) einzusetzen ist. Die Bedingungen für die Bifurkationswerte

$$\frac{\partial V}{\partial x_i} = 0 \quad \text{für} \quad i = 1, 2 \tag{13.36}$$

$$\left|\frac{\partial^2 V}{\partial x_i \partial x_j}\right| = 0 \quad \text{für} \quad i, j = 1, 2 \tag{13.37}$$

liefern nach etwas umfänglichen Rechnungen die kritischen Werte für die Diffusionskonstante $d$ im Fall $\gamma = 0$ zu

$$d_c^{(1)} = \frac{\beta}{3} \quad ; \quad d_c^{(2)} = \frac{\beta}{2} . \tag{13.38}$$

bzw. bei festem $\beta = 1/9$ (vergleiche Abbildung 13.6)

$$d_c^{(1)} = \frac{1}{27} \quad ; \quad d_c^{(2)} = \frac{1}{18} . \tag{13.39}$$

Die Abbildung 13.7 zeigt das Zustandsraumporträt mit allen Fixpunkten und den Separatrizen für drei qualitativ unterschiedliche Diffusionskonstanten. Für genügend starke Diffusion ($d > d_c^{(2)}$) sind ausschließlich

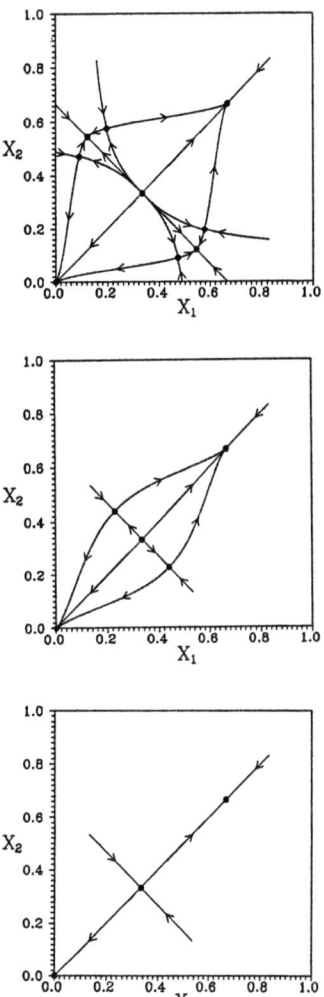

Abb. 13.7: Zustandraumporträts $X_1, X_2$ des Zwei–Boxen–Schlögl–Modells in Abhängigkeit der Diffusionsstärke $d$ für den Parametersatz $a = 1, b = 2/9, c = 0$ und den Werten $d = 1/30$ (oben), $d = 1/20$ (Mitte) und $d = 1/10$ (unten) (Nobach, Mahnke, 1994).

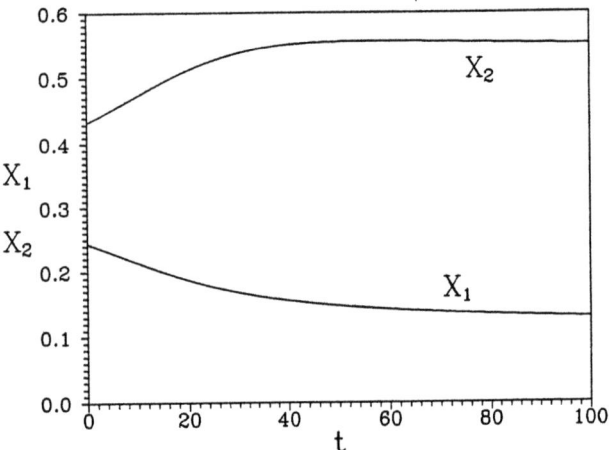

Abb. 13.8: Heterogene Lösungen $X_{1,2}(t) = x_{1,2}(t) + a/3$ des Zwei–Boxen–Schlögl–Modells als Funktion der Zeit für den Parametersatz $a = 1, b = 2/9, c = 0, d = 1/30$ und den Anfangswerten $x_1(0) = 0.245$, $x_2(0) = 0.435$ (Nobach, Mahnke, 1994).

homogene Lösungen stabil, während im Bereich schwacher Diffusion inhomogene Lösungen stabil existieren können. Beim Überschreiten der kritischen Werte (13.38) nimmt die Anzahl der stationären Zustände ab. Bei schwacher Diffusion ($0 < d < d_c^{(1)}$) existieren die zuvor berechneten drei homogenen und sechs (davon sind zwei stabile, siehe oberes Bild in Abb. 13.7) inhomogenen Fixpunkte (vier stabile Knoten, vier Sättel, ein instabiler Knoten), bei mittlerer Diffusion ($d_c^{(1)} < d < d_c^{(2)}$) gibt es zwei stabile Knoten, zwei Sättel und einen instabiler Knoten (Abb. 13.7 Mitte). Bei starker Diffusion ($d > d_c^{(2)}$) finden wir die gewöhnliche vom homogenen Modell bekannte Bistabilität (zwei stabile Knoten und ein Sattel, unteres Bild in Abb. 13.7).

Numerische Resultate der Zeitentwicklung $x_1(t), x_2(t)$ als Lösungen der Bewegungsgleichungen sind in der Abbildung 13.8 zu sehen.

Der Einfluß der Diffusionskopplung bei einer kubischen Nichtlinearität im Reaktionsterm kann wie folgt zusammengefaßt werden. Im Grenzfall starker Diffusion $d \to \infty$ ist der Austausch zwischen beiden Kompartments so intensiv, so daß Inhomogenitäten sofort „ausgewaschen" werden und somit nur die bekannten homogenen Lösungen existieren können. Diese Multistabilität der Teilsysteme (Bistabilität bei der Schlögl-Reaktion) überträgt sich auf das Zwei-Boxen-Modell. Nur bei genügend schwacher Kopplung ($d < d_c$) zwischen den Kompartments existieren räumlich inhomogenen stabile stationäre Zustände. Diese allgemeinen Aussagen bleiben auch gültig für andere eindimensionale nichtlineare Reaktionsfunktionen und können auch auf den N-Boxen-Fall erweitert werden.

## 13.3 Schlögl-Modell mit Diffusion

AUFGABE:

Eine kontinuierliche Erweiterung der Boxenanzahl führt beim $N$-Boxen-Schlögl-Modell mit diffusiver Kopplung nächster Nachbarn in der Grenze $N \to \infty$ zu einem kontinuierlichen eindimensionalen Schlögl-Reaktions-Diffusions-System. Bezeichnen wir die Ortskoordinate (kartesisch, dimensionslos) mit $r$, so ist die (dimensionslose) Konzentration $x(r,t)$ aus einer partiellen Differentialgleichung des Typs

$$\frac{\partial x}{\partial t} = f(x) + D \frac{\partial^2 x}{\partial r^2} \tag{13.40}$$

zu bestimmen.

LÖSUNG:

Aus einem Satz gewöhnlicher gekoppelter Differentialgleichungen läßt sich im Grenzfall unendlich vieler Teilsysteme eine Reaktions-Diffusions-Gleichung begründen. Sie enthält sowohl die chemischen Reaktionen am Orte $r$ (Reaktionsfunktion $x(r,t)$) als auch die Austauschwechselwirkung zwischen benachbarten Orten mittels Diffusion (üblicher Diffusionsterm des Typs $\partial^2 x(r,t)/\partial r^2$). Die allgemeine Form der Reaktions-Diffusions-Grundgleichung

$$\frac{\partial x(r,t)}{\partial t} = f[x(r,t)] + D \frac{\partial^2 x(r,t)}{\partial r^2} \tag{13.41}$$

ist durch die Angabe des im allgemeinen nichtlinearen Reaktionsterms zu konkretisieren. Zusätzlich sind Rand- und Anfangswerte zu formulieren, so daß die Lösung der partiellen Differentialgleichung (13.41) als Rand- und Anfangswertproblem keine leichte Aufgabe ist.

## 13.4 Stochastische Beschreibung

AUFGABE:

Konstruieren Sie eine Einschritt–Mastergleichung für das Schlögl–Modell mit empirisch begründeten Übergangswahrscheinlichkeiten. Überprüfen Sie durch Mittelwertbildung nach der Teilchenzahl $<N>$ einschließlich entsprechender Näherungen die Konsistenz mit der deterministischen Beschreibung. Bestimmen Sie numerisch die Aufenthaltswahrscheinlichkeit $P(N,t)$ für verschiedene Zeitpunkte und ermitteln Sie des Langzeitverhalten $P^{eq}(N)$ für $t \to \infty$ sowohl numerisch als auch analytisch.

LÖSUNG:

Zur stochastischen Beschreibung auf Basis einer Mastergleichung für Einschrittprozesse benötigen wir zuerst die Übergangswahrscheinlichkeiten für die beiden möglichen Übergänge $N \to N \pm 1$. Die Zunahme der Teilchenzahl $N$ der Sorte X um eins resultiert sowohl aus der bimolekularen Hinreaktion (Reaktionskonstante $k_1$) als auch aus der monomolekularen Rückreaktion (Rate $k'_2$). Die Wachstumswahrscheinlichkeit $W_N^+$ (Übergangswahrscheinlichkeit vom Zustand $N$ in den Nachbarzustand $N' = N+1$) setzt sich somit additiv aus zwei Termen zusammen. Der Ansatz dafür lautet entsprechend den Regeln der chemischen Kinetik

$$W(N+1, N) \equiv W_N^+ = k_1 AV \frac{N(N-1)}{V^2} + k'_2 FV \ . \tag{13.42}$$

Für den umgekehrten Prozeß (Übergangswahrscheinlichkeit vom Zustand $N$ nach $N-1$) gilt in analoger Weise

$$W(N-1, N) \equiv W_N^- = k'_1 V \frac{N(N-1)(N-2)}{V^3} + k_2 V \frac{N}{V} \ . \tag{13.43}$$

Die Mastergleichung lautet somit

$$\frac{\partial P(N,T)}{\partial T} = W_{N-1}^+ P(N-1, T) + W_{N+1}^- P(N+1, T) \\ - \left(W_N^+ + W_N^-\right) P(N, T) \ . \tag{13.44}$$

Überführen wir zuerst diese Grundgleichung mithilfe von (13.4) in eine dimensionslose Form. Unter Verwendung von $v = V/V_0$ und $t_0^{-1} = k'_1/V_0^2$

## 13.4 Stochastische Beschreibung

läßt sich die Übergangsrate (13.42) wie folgt umschreiben:

$$\begin{aligned}
W_N^+ &= k_1 A V_0 \frac{V}{V_0} \frac{N(N-1)}{V^2} + k_2' F V_0 \frac{V}{V_0} \\
&= \frac{V}{V_0} \left[ k_1 A V_0 \frac{1}{V_0^2} \frac{N(N-1)}{V^2/V_0^2} + k_2' F V_0 \right] \\
&= \frac{V}{V_0} \frac{k_1'}{V_0^2} \left[ k_1 A \frac{1}{V_0} \frac{V_0^2}{k_1'} \frac{N(N-1)}{V^2/V_0^2} + k_2' F V_0 \frac{V_0^2}{k_1'} \right] \\
&= t_0^{-1} v \left[ \frac{k_1 A V_0}{k_1'} \frac{N(N-1)}{v^2} + \frac{k_2' F V_0^3}{k_1'} \right] \\
&= t_0^{-1} v \left[ \frac{k_1 A V_0}{k_1'} \frac{N(N-1)}{v^2} + \frac{k_2' F V_0^3}{k_1'} \right] \\
&= t_0^{-1} v \left[ a \frac{N(N-1)}{v^2} + c \right] .
\end{aligned} \qquad (13.45)$$

Die Konstanten $a$ und $c$ ebenso wie das folgende $b$ wurden bereits bei der deterministischen Beschreibung eingeführt, siehe (13.6 – 13.8). Die Rücksprungwahrscheinlichkeit (13.43) läßt sich wie folgt vereinfachen:

$$\begin{aligned}
W_N^- &= N \left[ k_1' \frac{(N-1)(N-2)}{V^2} + k_2 \right] \\
&= \frac{k_1'}{V_0^2} \left[ \frac{(N-1)(N-2)}{V^2/V_0^2} + k_2 \frac{V_0^2}{k_1'} \right] \\
&= t_0^{-1} N \left[ \frac{(N-1)(N-2)}{v^2} + \frac{k_2 V_0^2}{k_1'} \right] \\
&= t_0^{-1} N \left[ \frac{(N-1)(N-2)}{v^2} + b \right] .
\end{aligned} \qquad (13.46)$$

Ersetzen wir nun die Wahrscheinlichkeit $P(N,T)$ dafür, daß das System zum Zeitpunkt $T$ genau $N$ Teilchen der Sorte X hat, durch die Aufenthaltswahrscheinlichkeit $P(N,t)$ mit der dimensionslosen Zeit $t = t_0 T$. Die Mastergleichung (13.44) hat wegen $\partial P(N,T)/\partial T = t_0^{-1} \partial P(N,t)/\partial t$ die Form

$$\begin{aligned}
\frac{\partial P(N,t)}{\partial t} &= v \left[ a \frac{(N-1)(N-2)}{v^2} + c \right] P(N-1,t) \\
&+ (N+1) \left[ \frac{N(N-1)}{v^2} + b \right] P(N+1,t)
\end{aligned}$$

## 13 Die bistabile Schlögl-Reaktion

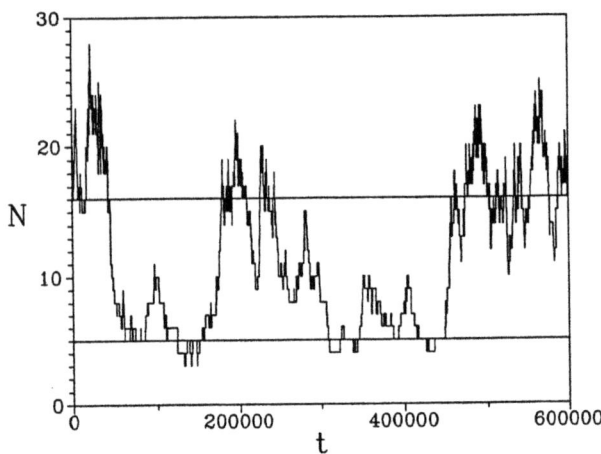

**Abb. 13.9:** Zeitentwicklung der Teilchenzahl $N$ der Sorte X als Lösung der Mastergleichung. Im bistabilen Regime sind Übergänge zwischen beiden Gleichgewichtszuständen zu beobachten (Nobach, Mahnke, 1994).

$$- v \left[ a \frac{N(N-1)}{v^2} + c \right] P(N,t)$$
$$- N \left[ \frac{(N-1)(N-2)}{v^2} + b \right] P(N,t). \qquad (13.47)$$

Diese dimensionslose Mastergleichung ist die Grundgleichung für die stochastische Beschreibung des Schlögl-Modells.

Eine stochastische Realisierung auf Basis der Mastergleichung (13.47) zeigt die Abbildung 13.9. Im bistabilen Regime (Parameterwerte: $a = 1$, $b = 7/27$, $c = 0.05$, $v = 20$) schwankt die Teilchenzahl zwischen den beiden Attraktoren $N_{st} = 5$ und $N_{st} = 16$. Während des Zeitintervall $0 \leq t \leq 600000$ oszilliert die stochastische Variable mehrmals zwischen beiden Gleichgewichtszuständen, wobei die Aufenthaltswahrscheinlichkeit $P(N)$ (siehe Abbildung 13.10) zwei deutliche Maxima aufweist. Diese Exstrema korrespondieren zu den stabilen Gleichgewichtszuständen des Systems.

Bevor wir die stationäre Lösung diskutieren, überzeugen wir uns davon, daß sich die Mastergleichung auf die deterministische Kinetik reduzieren

13.4 Stochastische Beschreibung 293

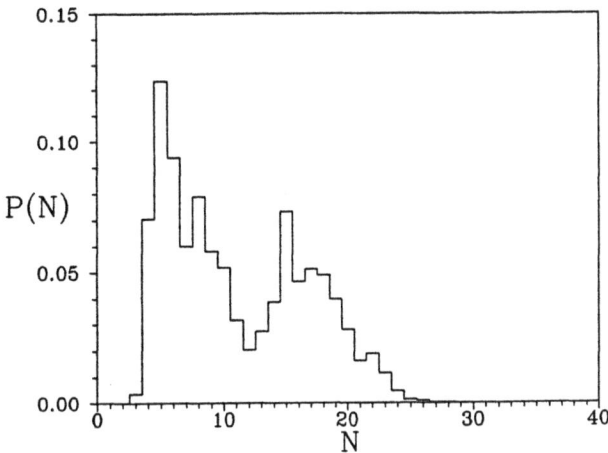

Abb. 13.10: Aufenthaltswahrscheinlichkeit als Funktion der Teilchenzahl $N$ für die bistabile Schlögl–Reaktion. Die Maxima der Verteilung korrespondieren zu den Gleichgewichtsteilchenzahlen $N_{st} = 5$ und $N_{st} = 16$ (Nobach, Mahnke, 1994).

läßt. Die Reduktionsprozedur ist die Mittelwertbildung

$$<N>(t) = \sum_N N P(N,t),  \qquad (13.48)$$

die auf die Mastergleichung (13.47) anzuwenden ist. Wir erhalten dann eine Gleichung für die Zeitentwicklung der mittleren Teilchenzahl $<N>$, die entsprechend (13.3) mit der (mittleren) Konzentration

$$C = \frac{<N>}{V} \qquad (13.49)$$

der Sorte X im Volumen $V$ übereinstimmt.

Dazu multiplizieren wir die Mastergleichung (13.47) mit $N$ und summieren dann über $N$. Wir erhalten

$$\frac{\partial}{\partial t} \sum_N N P(N,t) = \sum_N vN \left[ a(N-1)(N-2)/v^2 + c \right] P(N-1,t)$$
$$+ \sum_N N(N+1) \left[ N(N-1)/v^2 + b \right] P(N+1,t)$$

$$- \sum_N vN \left[aN(N-1)/v^2 + c\right] P(N,t)$$

$$- \sum_N N^2 \left[(N-1)(N-2)/v^2 + b\right] P(N,t) \quad (13.50)$$

Durch Indexverschiebung (im ersten Summanden $N-1 \to N$, im zweiten Summanden $N+1 \to N$) ergibt sich

$$\frac{d}{dt} <N> = \sum_N v(N+1)\left[aN(N-1)/v^2 + c\right] P(N,t)$$

$$+ \sum_N (N-1)N \left[(N-1)(N-2)/v^2 + b\right] P(N,t)$$

$$- \sum_N vN \left[aN(N-1)/v^2 + c\right] P(N,t)$$

$$- \sum_N N^2 \left[(N-1)(N-2)/v^2 + b\right] P(N,t) . \quad (13.51)$$

Die Auswertung führt auf die folgende Mittelwertgleichung

$$\frac{d}{dt} <N> = \frac{a}{v} <N(N-1)> + acv$$

$$- \frac{1}{v^2} <N(N-1)(N-2)> - b<N>, \quad (13.52)$$

die bei Vernachlässigung aller höheren Momente (beispielsweise der Streuung $<N(N-1)> \approx <N^2> \approx <N>^2$) auf die bekannte deterministische Bewegungsgleichung mit skalierter Zeit (vergleiche 13.5)

$$\frac{d}{dt}\frac{<N>}{v} = a\frac{<N>^2}{v^2} + ac - \frac{<N>^3}{v^3} - b\frac{<N>}{v} \quad (13.53)$$

führt.

Die stationäre Mastergleichung ($\partial P(N,T)/\partial T = 0$ in (13.44) oder $\partial P(N,t)/\partial t = 0$ in (13.47)) führt wegen

$$0 = W_{N-1}^+ P^{eq}(N-1) - W_N^- P^{eq}(N)$$
$$+ W_{N+1}^- P^{eq}(N+1) - W_N^+ P^{eq}(N) \quad (13.54)$$

auf die allgemeine zeitunabhängige Lösung (Gleichgewicht)

$$P^{eq}(N) = P^{eq}(0) \prod_{n=1}^{N} \frac{W_{n-1}^+}{W_n^-}, \quad (13.55)$$

die speziell für die Schlögl-Reaktion

$$P^{eq}(N) = P^{eq}(2) \frac{W_{N-1}^+ \cdot \ldots \cdot W_2^+}{W_N^- \cdot \ldots \cdot W_3^-} \quad \text{für } N \geq 3 \tag{13.56}$$

lautet. Das Einsetzen der Übergangswahrscheinlichkeiten (13.45, 13.46) liefert

$$\frac{P^{eq}(N)}{P^{eq}(2)} = \frac{v\left[a(N-1)(N-2)/v^2 + c\right] \cdot \ldots \cdot v\left[a \cdot 2 \cdot 1/v^2\right]}{N\left[(N-1)(N-2)/v^2 + b\right] \cdot \ldots \cdot 3\left[2 \cdot 1/v^2 + b\right]}. \tag{13.57}$$

Wir werten diese Formel für den Spezialfall $c \equiv k_2' F V_0^3 / k_1' = 0$ und $b \equiv k_2 V_0^2 / k_1' = 0$ aus. Dies entspricht der Situation, daß wir die monomolekulare Reaktionen (linearer Zerfall $k_2 = 0$ als auch Erzeugung $k_2' = 0$) in (13.1) vernachlässigen. In diesem Fall folgt aus (13.57) wegen

$$\begin{aligned}
\frac{P^{eq}(N)}{P^{eq}(2)} &= \frac{(va/v^2)^{N-2}(N-1)(N-2) \cdot \ldots \cdot 2 \cdot 1}{(1/v^2)^{N-2} N(N-1)(N-2) \cdot \ldots \cdot 3 \cdot 2 \cdot 1} \\
&= (av)^{N-2} \frac{(N-1)(N-2)^2(N-3)^2 \cdot \ldots \cdot 2^2 \cdot 1}{N(N-1)^2(N-2)^3 \cdot \ldots \cdot 3^3 \cdot 2^2 \cdot 1} \cdot \frac{2}{2} \\
&= (av)^{N-2} \frac{2 \cdot 1}{N(N-1)(N-2) \cdot \ldots \cdot 3 \cdot 2 \cdot 1} \tag{13.58}
\end{aligned}$$

das Zwischenresultat

$$P^{eq}(N) = P^{eq}(2)(av)^{N-2} \frac{2}{N!} \quad \text{für } N > 2. \tag{13.59}$$

Definieren wir einen neuen Parameter, proportional zum Volumen

$$k = av = \frac{k_1 A V_0}{k_1'} \frac{V}{V_0} = V \frac{k_1 A}{k_1'} \sim V, \tag{13.60}$$

so läßt sich (13.59) schreiben als

$$P^{eq}(N) = \frac{2k^{N-2}}{N!} P^{eq}(2), \tag{13.61}$$

wobei die unbekannte Größe $P^{eq}(2)$ aus der Normierungsbedingung $1 = \sum_{N=2}^{\infty} P^{eq}(N)$ zu bestimmen ist. Wir erhalten nach kurzer Rechnung

$$\sum_{N=2}^{\infty} P^{eq}(N) = P^{eq}(2) \sum_{N=2}^{\infty} \frac{2k^{N-2}}{N!}$$

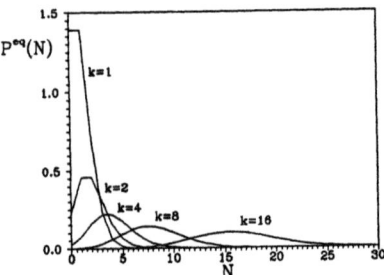

Abb. 13.11: Analytische Lösungen der stationären Wahrscheinlichkeitsverteilung $P^{eq}(N)$ der Schlögl–Reaktion bei unterschiedlichem Kontrollparameter $k$, proportional zum Systemvolumen. (Nobach, Mahnke, 1994).

$$\begin{aligned}
&= P^{eq}(2)\left(\sum_{N=0}^{\infty}\frac{2k^{N-2}}{N!}\right) - 2k^{-1} - 2k^{-2} \\
&= \frac{2P^{eq}(2)}{k^2}\left[\underbrace{\left(\sum_{N=0}^{\infty}\frac{k^N}{N!}\right)}_{e^k} - k - 1\right] \\
1 &= \frac{2}{k^2}P^{eq}(2)\left(e^k - k - 1\right),
\end{aligned} \qquad (13.62)$$

so daß

$$P^{eq}(2) = \frac{k^2}{2(e^k - k - 1)} \qquad (13.63)$$

eingesetzt in das Zwischenresulatat (13.59) die stationäre Wahrscheinlichkeitsverteilung als modifizierte Poisson–Verteilung

$$P^{eq}(N) = \frac{k^N}{N!}e^{-k}\frac{1}{1 - e^{-k}(1+k)} \qquad (13.64)$$

liefert. In der Gleichgewichtslösung (13.64) dominiert der Poisson–Term

$$P^{eq}_{Poisson}(N) = \frac{k^N}{N!}e^{-k} \qquad (13.65)$$

insbesondere für den Grenzfall $k \sim V \to \infty$.

# Kapitel 14

# Simulationsstrategien

Prinzipiell lassen sich bei der Simulation zwei allgemeine Klassen unterscheiden, die deterministische und die stochastische Simulation. Die erstgenannte Methode verwendet deterministische mathematische Modelle, die den zu simulierenden Vorgang beschreiben. Bei Kenntnis der Bewegungsgleichungen als nichtlineares dynamisches System, Fixierung aller Kontrollparameter und Initialisierung der Anfangswerte werden in einem bestimmten Zeitraster (periodenorientierte oder ereignisorientierte Schrittweite) die Werte der Variablen ständig neu berechnet (Stump, 1986; Koonin, Meredith, 1990). Der Computer löst somit die Bewegungsgleichungen, bewährt hat sich die Runge–Kutta–Iterationsmethode. Angewandt beispielsweise auf ein einfaches nichtlineares dynamisches Gleichungssystem des Typs

$$\dot{x}_1 = f_1(x_1, x_2, x_3) = x_1 + x_2 + x_3 - 7 \tag{14.1}$$
$$\dot{x}_2 = f_2(x_1, x_2, x_3) = x_1^2 + x_2^2 - x_3^2 - 5 \tag{14.2}$$
$$\dot{x}_3 = f_3(x_1, x_2, x_3) = x_1^3 - x_2^3 - x_3^3 - 8 \tag{14.3}$$

bedeutet dies, die Lösung der deterministischen Gleichungen mit Hilfe des Rechners zu finden. Interessieren wir uns ausschließlich für den stationären Prozeß, so können wir ausgehend von frei gewählten Anfangswerten $\{x_1(0), x_2(0), x_3(0)\}$ die stationäre Lösung $\{x_1^{st}, x_2^{st}, x_3^{st}\}$ suchen. Sie lautet $x_1^{st} = 2.5279$, $x_2^{st} = 1.6546$, $x_3^{st} = 0.8773$.

Der Suchalgorithmus nach der besten (optimalen, richtigen) Lösung (Approximation) enthält häufig ein Zufallslement. Bei der stochastischen Simulation spricht man in Anlehnung an ein berühmtes Casino am Mittelmeer, wo der Zufall unter Umständen große Gewinne bringen kann, von

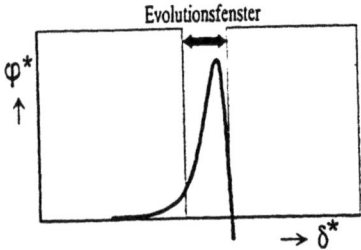

**Abb. 14.1:** Schematische Darstellung der Iterationsgeschwindigkeit $\varphi$ (Fortschritt) als Funktion der Schrittweite $\delta$. Nur innerhalb eines begrenzten Evolutionsfensters (optimale Schrittweite) gibt es einen entsprechenden Fortschritt in die richtige Richtung (nach Brand, 1994).

der Monte–Carlo–Simulation (Heermann, 1990; Koonin, Meredith, 1990; Ruelle, 1993). Das Problem enthält in der Regel so viele Variable (Teilchen), so daß nicht alle Möglichkeiten durch eine erschöpfende Suche (auch nicht vom größten Supercomputer) durchgerechnet werden können. Diese sogenannten NP–Probleme (nichtpolynominal, die Größe des Lösungsraums wächst exponentiell mit der Anzahl der Variablen) mit ihrer großen Komplexität spielen in der Physik eine große Rolle.

Das zentrale Problem einer Simulation ist die richtige Wahl der Schrittweite. Ist die Schrittweite zu klein, ist auch der Fortschritt beim Finden der richtigen Lösung gering, und die Suche dauert „ewig" (sehr lange). Ist andererseits die Schrittweite zu groß gewählt, so kann die richtige Lösung überlaufen werden und die Suche führt auch zu keinem Ergebnis. Eine optimal eingestellte Schrittweite ist für die Simulationsstrategie von entscheidender Bedeutung (siehe Abb. 14.1), so daß aus diesem Grunde die Schrittweite von Iteration („Generation") zu Iteration „vererbt" wird. Diese Evolutionsstrategie, wie der Variablenvektor $x = (x_1, \ldots, x_n)$ mittels der Schrittweite $\delta$ von einer Generation zur nächsten verändert wird, lautet häufig

$$x_{g+1} = x_g + \delta \cdot z . \qquad (14.4)$$

Der Variablenvektor $x$ in der $(g+1)$–ten Generation geht aus demjenigen der Generation $g$ hervor, indem die zuvor mit dem Zufallsvektor $z$ multiplizierte Schrittweite addiert wird (Brand, 1994; Rechenberg, 1994).

Interessante Probleme für verschiedene Evolutionsstrategien sind die Optimierung einer Zwei-Phasen-Überschalldüse für einen magnetohydrodynamischen Generator auf maximalen spezifischen Schub (Strukturoptimierung), das Linsendesign mit dem Ziel, daß sich möglichst alle Strahlen in einem Bildpunkt (Brennpunkt) treffen, die Bestimmung von Extrema thermodynamischer Funktionen vieler Variablen bei vorgegebenen Randbedingungen, die Belehrung neuronaler Netze und vieles andere mehr.

## 14.1 Zufallswanderer

AUFGABE:

In der Mitte des vorigen Jahrhunderts beobachtete der Biologe Robert Brown Flüssigkeitstropfen unter dem Mikroskop und sah, wie sich winzige Staubteilchen darin umherbewegten, als seien sie lebendig. Sie torkelten mal in die eine Richtung, mal in die andere Richtung, scheinbar ohne feste Regeln. Simulieren Sie diesen Prozeß der Brownschen Molekularbewegung an Hand eines mehrdimensionalen Zufallswanderes (random walker). In der eindimensionalen Version ($x$-Koordinate mit einer festen Gitterkonstanten $a$) kann das Teilchen pro Zeiteinheit einen zufälligen Schritt nach links (von $x$ nach $x - a$) oder einen nach rechts (von $x$ nach $x + a$) machen, wobei die Wahrscheinlichkeit für beide Richtungen gleich groß ist. Vergleichen Sie Ihre Simulationsresultate mit den exakten Lösungen aus der Theorie der Diffusion (siehe Kapitel 7).

LÖSUNG:

Entsprechend der Einsteinschen Annahme, daß die Staubteilchen zufällige Stöße (Sprünge) machen, erfolgt die Simulation eines (zweidimensionalen) Zufallswanderes durch die Wahl eines Winkels als Zufallszahl zwischen 0 und 359. Ausgehend vom Koordinatenursprung macht das Teilchen somit zufällige Schritte unter dem Winkel $\alpha$ (Winkel zur positiven $x$-Achse) mit einer festen Schrittweite $\ell$. Für die beiden Koordinaten gilt somit

$$x_{n+1} = x_n + \ell \cos \alpha \qquad (14.5)$$
$$y_{n+1} = y_n + \ell \sin \alpha \, . \qquad (14.6)$$

Eine typische Trajektorie ist im Bild 14.2 dargestellt. Die Simulationsergebnisse für einen festen Zeitpunkt (100 Schritte) bei genügend vielen Versuchen (10000 Realisierungen) zeigt die Abbildung 14.3, linke Seite. Hier

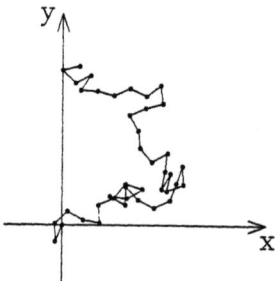

Abb. 14.2: Typische Bahnkurve eines zweidimensionalen Zufallswanderes mit fester Schrittlänge $\ell$ (Nobach, Mahnke, 1994

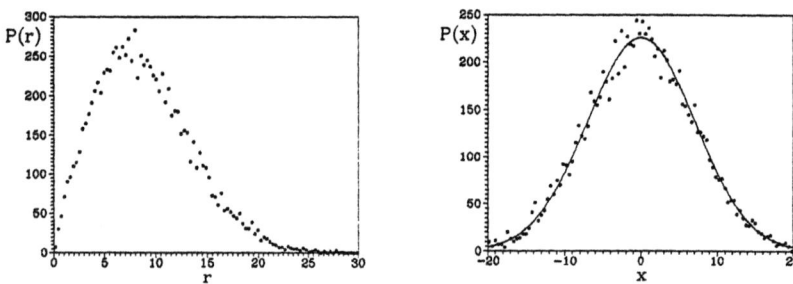

Abb. 14.3: Simulationsergebnisse für einen zweidimensionalen (links) und einen eindimensionalen Zufallswanderer (rechts) nach jeweils 100 Schritten (Nobach, Mahnke, 1994).

ist die Häufigkeit (unnormierte Wahrscheinlichkeit $P(r)$) als Funktion des Abstandes $r = \sqrt{x^2 + y^2}$ aufgetragen und gibt an, wie oft das Teilchen nach Start vom Koordinatenursprung im Abstand $r$ endete. Im eindimensionalen Fall (Abb. 14.3, rechtes Bild) erhalten wir aus einer Simulation (ebenfalls 10000 Versuche mit je 100 Schritten) näherungsweise eine Gaußverteilung, wie sie aus der Theorie der Diffusion bekannt ist. Wie Albert Einstein 1905 zeigte, handelt es sich bei der Brownschen Molekularbewegung um einen reinen Diffusionsprozeß (Diffusionskonstante $D_0$), der bereits im Kapitel 7 (eindimensionaler Fall) behandelt wurde.

Bei der numerischen Realisierung des Diffusionsproblems wird die Trajekto-

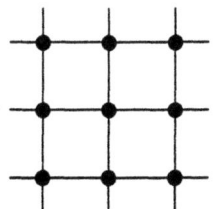 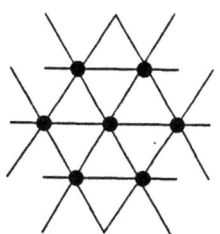

Abb. 14.4: Darstellung des diskreten Zustandraumes mit einem quadratischen Gitter (links) und einer Sechseckstruktur (rechts).

rie des Teilchens in der Regel auf dem Computerbildschirm dargestellt. Die Körnigkeit der Unterlage (Pixeldarstellung) kommt damit ins Spiel, so daß nur noch diskrete Werte für die Koordinaten möglich sind. In Abhängigkeit von der Geometrie des dem Zustandsraum unterliegenden Gitters werden die Eigenschaften der Diffusionsbewegung beeinflußt. Da die Teilchen nun nicht mehr jeden beliebigen Ort sondern nur noch Gitterpunkte erreichen können, modifiziert sich beispielsweise die mittlere quadratische Abweichung $\sqrt{<r^2>}$. Die Abbildung 14.5 verdeutlicht den Einfluß der Unterlage. Neben dem Kontinuum (exaktes Resultat $\sim \sqrt{t}$) sind Ergebnisse für ein 90°-Gitter (quadratische Unterlage, Abb. 14.4, links) mit der Gitterkonstanten $a$ und ein 60°-Gitter (Wabenstruktur, 14.4, rechts) eingezeichnet. Das obere Bild der Abbildung 14.5 wurde für die Werte $\ell = a = 1$, also $\ell/a = 1$, berechnet.

Das Verhältnis Schrittlänge $\ell$ zu Gitterkonstante $a$ ist von entscheidender Bedeutung, in welcher Art und Weise die Simulationsergebnisse von der Theorie abweichen. Beim Vergleich der drei Darstellungen mit unterschiedlichen Verhältnissen $\ell/a$ (siehe Abb. 14.5) fällt auf, daß die Resultate für das Rechteckgitter mal oberhalb der theoretischen Kurve liegen ($\ell/a = 1$), mal genau mit der Theorie übereinstimmen ($\ell/a = 1.2$) oder unterhalb dieser Kurve liegen ($\ell/a = \sqrt{2}$).

Der Einfluß der Unterlage (die Körnigkeit des Zustandsraumes) ist somit bei der Diskussion der Ergebnisse zu berücksichtigen.

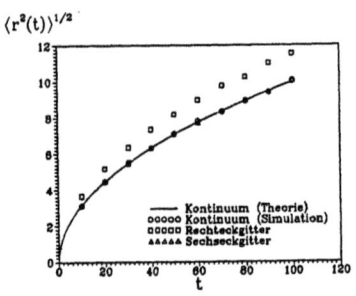

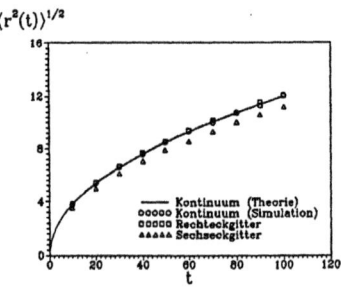

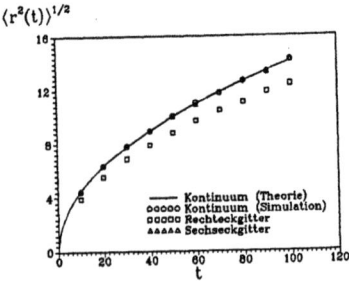

Abb. 14.5: Mittlere quadratische Abweichung eines zweidimensionalen Zufallswanderers als Funktion der Zeit. Exaktes Resultat (durchgezogene Kurve) im Vergleich mit Simulationsrechnungen für verschiedene Gittersymmetrien und Verhältnisse Schrittlänge $\ell$ zu Gitterkonstanten $a$. Oben: $\ell/a = 1$, Mitte: $\ell/a = 1.2$, unten: $\ell/a = 1.4$ (Nobach, Mahnke, 1994).

## 14.2 Reisender Handelsmann

AUFGABE:

Bearbeiten Sie numerisch das Problem des reisenden Handelsmanns (Traveling Salesman Problem TSP). Verwenden Sie für die Simulation $n$ Städte mit einer gegebenen Abstandsmatrix $d(i,j)$. Diese im allgemeinen auch als Kostenmatrix bezeichnete Größe ist in diesem Fall symmetrisch $d(i,j) = d(j,i)$. Gesucht ist der kürzeste Weg $L$, der alle Städte berührt, so daß die zurückzulegende Strecke und damit der Aufwand (die Kosten) minimal werden.

LÖSUNG:

Die Aufgabenstellung des reisenden Handelsmanns (TSP) ist ein typisches NP-Problem. Der Aufwand zur erschöpfenden Lösung des Problems wächst mit steigender Städtezahl überpolynominal, der Aufwand (Rechenzeit, Speicherplatz u.ä.) ist proportional $\exp(n)$. Somit ist es unmöglich, alle Wegvarianten (Touren) durchzuprobieren. Bei $n$ Städten gibt es $(n-1)!/2$ mögliche Touren, beispielsweise existieren bei $n = 100$ Orten etwa $10^{156}$ Touren. Diese Zahl ist zu riesig (überastronomisch), so daß niemals von irgendeinem Supercomputer alle Wegvarianten geprüft werden können, um so das absolute Minimum der Länge

$$L = \sum_{i=1}^{n-1} d(s(i), s(i+1)) + d(s(n), s(1)) \longrightarrow \text{Min} \qquad (14.7)$$

zu ermitteln, wobei $s(i)$ die Stadtnummer ist, die im Verlaufe der Tour zum Zeitpunkt $i$ besucht wird.

Die Suche nach der kürzesten Strecke, beschrieben durch ein $n$-Tupel $s(i)$, $i = 1, \ldots, n$, das angibt, in welcher Reihenfolge die Städte anzufahren sind, kann nur heuristisch erfolgen. Zur Lösung dieser Problem wurden eine Reihe von Evolutionsstrategien verglichen (Boseniuk, Ebeling, 1988). Eines dieser Näherungsverfahren beruht auf der Anwendung neuronaler Netze.

Ein neuronales Netz besteht aus $n$ Neuronen, die untereinander und mit der Außenwelt in Verbindung stehen. Ziel solcher Netze ist die Nachbildung menschlicher Gehirnstrukturen, wobei beim hier verwendeten Kohonen–Modell (siehe u.a. Kohonen, 1989; Hertz, Krogh, Palmer, 1991) das Hauptaugenmerk auf den Fähigkeiten der Mustererkennung und des selbstorganisierten Lernens liegt. Ein Neuron ist hierbei als ein aktives Element mit einer gewissen Anzahl von Eingaben, einer Ausgabe und einer Übertragungsfunktion gekennzeichnet. Eine Aktivierung der Zelle erfolgt, sobald an den Eingängen eine der Übertragungsfunktion nahekommende Information anliegt. Entscheidend für die Aktivierung ist hierbei der Abstand der Information zu den von der Nervenzelle repräsentierten Merkmalen (Übertragungsfunktion). In der Sprache der neuronalen Netze werden diese Merkmale als Gewichte bezeichnet.

Für die Lösung unseres Problems ist das Lernverhalten des Netzes von größter Bedeutung. Hierbei erfolgt eine Anpassung der Gewichte der Neuronen an eine von Außen eingegebene Menge von Mustern. Das Lernen erfolgt beim Kohonen-Netz nach folgender Lernregel:

1. Wähle ein zufälliges Muster.

2. Suche das 'Gewinner-Neuron', d.h. das Neuron mit dem geringsten Abstand zwischen Gewicht und Muster.

3. Verbessere die Gewichte des Gewinners, so daß der Abstand zum Muster geringer wird.

4. Verbessere in geringerem Maße auch die Gewichte der im Netz benachbarten Neuronen in Richtung des Musters.

5. Führe die Schritte 1 bis 4 sehr oft aus, wobei das Maß der Änderung der Gewichte und die Anzahl der Nachbarn mit der Zeit abnehmend ist.

Das Bild 14.6 zeigt einen solchen Lernschritt (1 bis 4) für eine eindimensionale Kohonen-Kette.

In der Praxis wird zur Bestimmung des Abstandes zwischen den Gewichten (Vektor $W$) und den Mustern (Vektor $M$) oftmals nur die Betragsnorm

$$\text{Abstand} = \sum_{i=1}^{n} |W_i - M_i| \qquad (14.8)$$

benutzt, wodurch sich eine erhebliche Erhöhung der Berechnungsgeschwindigkeit gegenüber der euklidischen Norm ergibt. Die Verbesserung der Ge-

## 14.2 Reisender Handelsmann

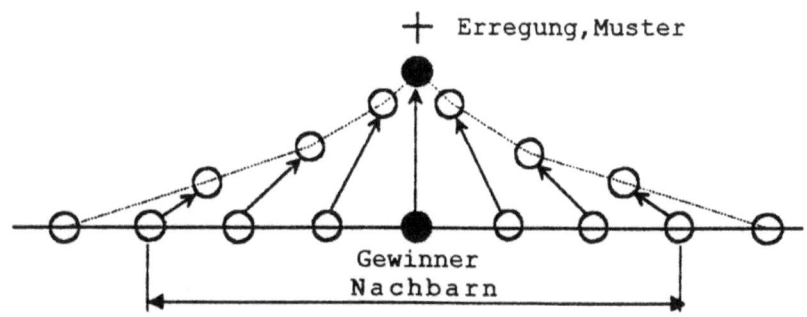

Abb. 14.6: Schematische Darstellung eines Lernschritts für eine eindimensionale Neuronen-Kette.

wichte erfolgt durch die Addition eines Vielfachen des Differenzvektors von Gewicht und Muster zum alten Gewichtsvektor

$$W_{neu} = W_{alt} + a\,r(M - W_{alt}) \quad \text{mit} \quad 0 < a, r < 1\,. \tag{14.9}$$

Der Parameter $a$ wird als Lernrate und der Parameter $r$ als Rückkopplungskoeffizient bezeichnet. Die Lernrate gibt an, wie stark sich ein Lernschritt auf die Gewichte auswirkt, während der Rückkopplungskoeffizient festlegt, welche Neuronen noch zur Nachbarschaft des Gewinnerneurons gehören. Beide Parameter streben zeitabhängig gegen Null, wodurch sich ein mit der Laufzeit rückgängiger Lerneffekt ergibt.

Anschaulich läßt sich ein solchen Lernschritt als eine geometrische Deformation des Netzes in Richtung der Erregung kennzeichnen, wodurch er für die Lösung des Problems des Handelsreisenden interessant wird. Durch eine Vielzahl solcher Verformungen ist es mögliche, eine ideale Grundform für eine Reiseroute (einen Ausgangskreis) so anzupassen, daß sich letztendlich eine annähernd ideale Problemlösung ergibt. Ausgangspunkt ist somit die Darstellung eines Kreises mittels eines neuronalen Netzes, welches im einfachsten Fall aus einer geschlossenen eindimensionalen Kette besteht. Jedes Neuron besteht in diesem Fall aus einer $x$- und einer $y$-Koordinate. In der Praxis hat es sich als günstig erwiesen, drei- bis viermal so viele Neuronen wie Städte zu verwenden. Die Gewichte der Neuronen werden nun so initialisiert, daß sie ein $n$-Eck (= idealisierter Kreis) um den Mittelpunkt der Städte bilden. Durch die mehrmalige Anwendung der Lernregel erfolgt

## 14 Simulationsstrategien

nun die Anpassung der idealen Ausgangsroute an die Städte. Das Lernen kann beendet werden, sobald über mehrere Schritte (beispielsweise 100) die Zuordnung der Städte zu ihren Gewinner-Neuronen konstant bleibt. Weitere Schritte würden jetzt nur noch zu einer Verringerung des Abstandes zwischen Neuron und Stadt führen, jedoch das Resultat nicht qualitativ verbessern. Die Reiseroute, d.h. die Reihenfolge der Städte, läßt sich jetzt direkt aus der Reihenfolge der zugeordneten Gewinnerneuronen innerhalb des Netzes ermitteln.

Die Abbildungen 14.7 und 14.8 zeigen eine Serie von Momentaufnahmen zum Problem des reisenden Handelsmanns. Ausgangspunkt ist eine Landkarte mit 20 darin zufällig positionierten Städten und eine kreisförmig angeordnete Neuronen-Kette. Diese Startsituation (Schritt 0, Abb. 14.7, oben links) wird nun ständig verbessert, in dem die Neuronen lernen, ihren Abstand zu den Städten zu verkleinern. Wie ein Gummiband deformiert sich die Neuronen-Kette und verbindet somit immer weitere Städte miteinander. Das Resultat mit der kürzesten Wegstrecke zeigt das letzte Bild der Abbildung 14.8 ohne Neuronen, während in allen anderen Darstellungen die Neuronen (dünne schwarze Punkte im Vergleich zu den Städten) mitgezeichnet wurden. Das absolute Minimum (die optimale Lösung) liegt in der Regel noch ca. 5% niedriger als das hier erhaltene Resultat.

Eine weitere bekannte Simulationsmethode ist das simulierte Abkühlen (simulated annealing, SA). Der SA-Algorithmus zur Minimierung einer Größe, in unserer Aufgabe die Weglänge, basiert auf dem Metropolis-Algorithmus der statistischen Mechanik (Heermann, 1990). Zusätzlich wird wie bei der Temperung von Materialien (insbesondere Gläsern) die Temperatur abgesenkt. Das Hauptproblem beim simulierten Abkühlen ist das Finden eines günstigen Temperaturregimes.

Der Algorithmus zum simulierten Abkühlen (SA-Algorithmus zur Minimierung) lautet:

wähle eine Anfangskonfiguration;

wähle eine Anfangstemperatur $T > 0$;

WIEDERHOLE

    WIEDERHOLE

        verändere die Konfiguration geringfügig;

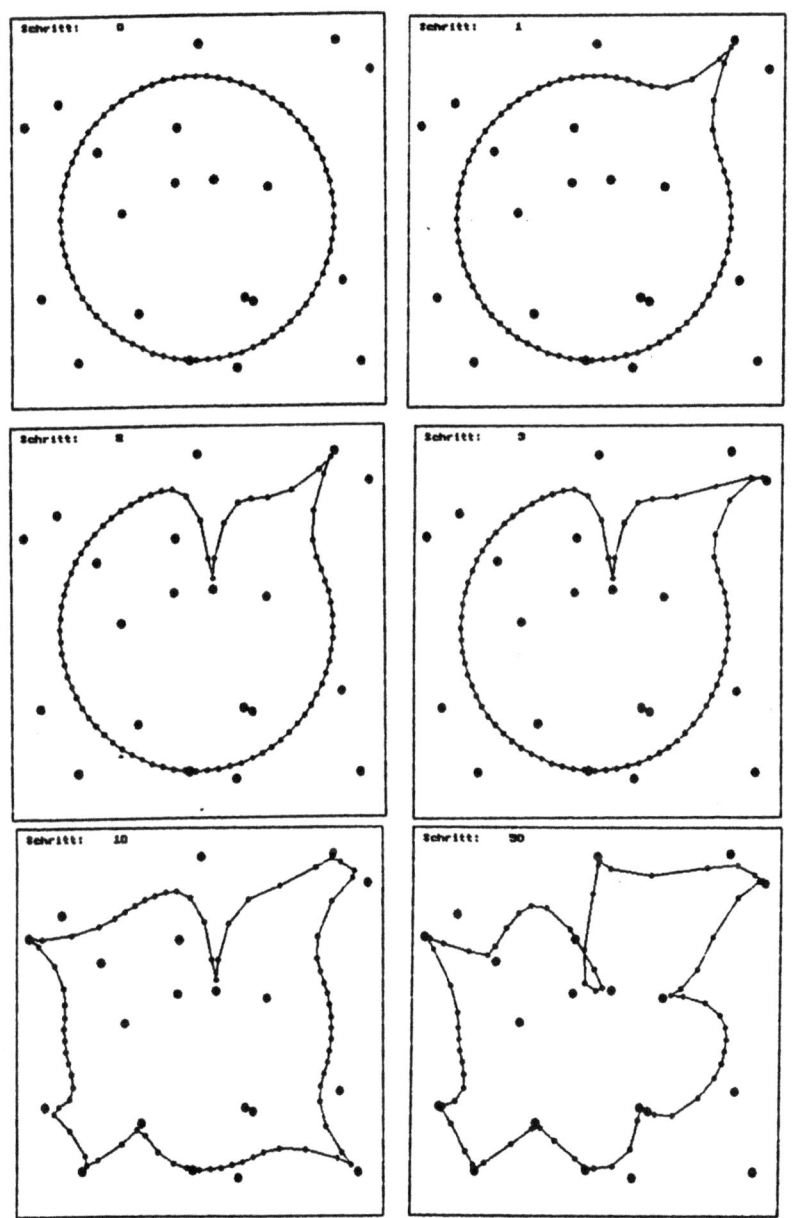

Abb. 14.7: Simulationsrechnungen zum Problem des Handelsreisenden mit 20 Städten auf der Basis des Kohonen–Modells (Degen, Mahnke, 1994).

## 308  14  Simulationsstrategien

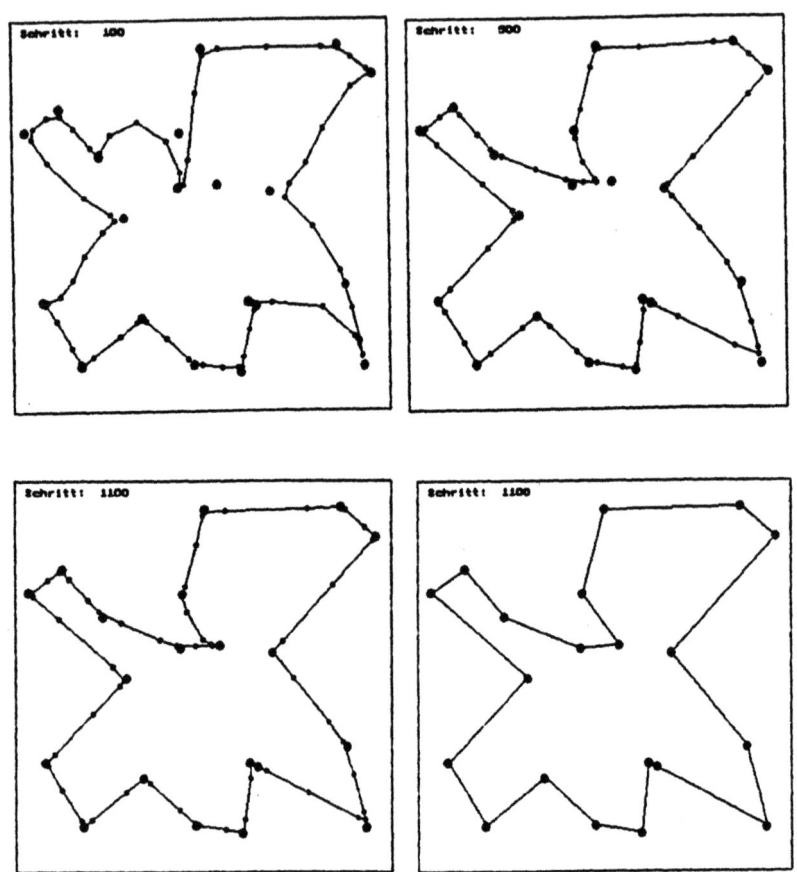

Abb. 14.8: Fortsetzung der vorherigen Abbildung (Degen, Mahnke, 1994).

## 14.2 Reisender Handelsmann

berechne die Qualitätsfunktion der neuen Konfiguration;

$Delta := Q_{neu} - Q_{alt}$;

WENN $Delta < 0$
DANN alte Konfiguration := neue Konfiguration
SONST     WENN $Zufallszahl < \exp\{-Delta/(kT)\}$
                DANN alte Konfiguration := neue Konfiguration

BIS lange keine Veränderung der Qualität;

verringere $T$;

BIS überhaupt keine Verringerung der Qualität;

ENDE.

Eine Testrechnung zum Handelsreisenden auf der Basis des SA–Algorithmus zeigt die Abbildung 14.9. Gezeigt sind drei Situationen einer Simulation. Beim linken Bild ist die Temperatur relativ hoch ($T = 1.1421$) und die Weglänge noch sehr lang ($L = 16.6368$). Hohe Temperaturen zum Beginn der Rechnung bewahren das System davor, bereits frühzeitig in falschen lokalen Minima festzusitzen. Nach einer gewissen Anzahl von Versuchen wird dann die Temperatur abgesenkt. Das mittlere Bild zeigt die Situation mit $T = 0.1543$ und $L = 4.8106$. Die Grobstruktur für die optimale Tour wurde bereits gefunden. Liegen mehrere Städte dicht nebeneinander, so ist dort noch ein Fortschritt bei der Streckenverkürzung zu erreichen. Das rechte Bild ($T = 0.0100$) zeigt nun das Ergebnis mit einer Streckenlänge von $L = 3.6066$. Diese Rundreise ist sicherlich schon optimal, ob sie aber das absolute Minimum verkörpert, kann nicht geklärt werden.

Die Suche in hochdimensionalen Potentialgebirgen steht auch in den weiteren Aufgaben im Mittelpunkt, wobei in diesen Fällen eine physikalisch begründete Energiefunktion zugrunde liegt. Wir studieren im folgenden Gleichgewichtsphasenübergänge in finiten Systemen. Diese Endlichkeit des Systems bedeutet ein abgeschlossenes Volumen, in dem Monomerzahlerhaltung (Massenerhaltung) wirkt.

310  14  Simulationsstrategien

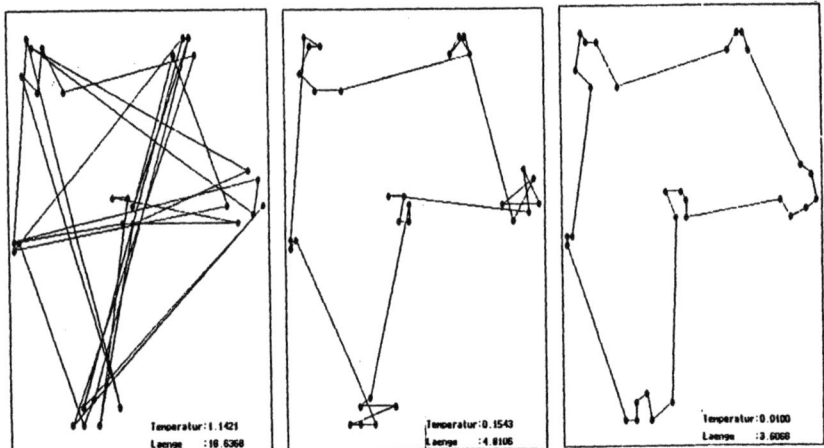

Abb. 14.9: Drei Situationen einer Simulationsrechnung zum Problem des Handelsreisenden auf der Basis des simulierten Abkühlens (Degen, Mahnke, 1994).

## 14.3  Reaktions–Diffusions–Automat

AUFGABE:

Beschreiben Sie in Analogie zur Bildung flüssiger Tropfen in einem übersättigtem Dampf die Nukleation, das Wachstum und die Kondensation von Clustern in einem Monte–Carlo–Simulations–Experiment. Verwenden Sie ein zweidimensionales Gitter mit periodischen Randbedingungen (Torus), auf dem Monomere stochastisch wandern können (Diffusion) und bei unmittelbarer Nachbarschaft chemisch reagieren können (Clusterbildung).

LÖSUNG:

Zur Beschreibung von Diffusion und chemischen Reaktionen (Kondensations- und Verdampfungsprozesse) in übersättigten Systemen verwenden wir ein binäres stochastischen Gitter-Modell (Mahnke, Urbschat, Budde, 1991). Dieses Modell besteht aus einem quadratischem Gitter von Zellen. Wenn eine Zelle $a_{ij}$ durch ein Molekül besetzt ist, dann hat sie den Wert 1 (schwarz); andernfalls hat sie den Wert 0 (weiß). Jedes Molekül hat die Möglichkeit, in einem Einschrittprozeß eine Ortsveränderung in eine der

## 14.3 Reaktions–Diffusions–Automat

acht Nachbarzellen vorzunehmen, falls diese Zelle leer ist. Die Nachbarschaftssphäre des Platzes $a_{ij}$ umfaßt also alle waagerecht, senkrecht und diagonal unmittelbar angrenzenden Zellen $a_{kl}$ mit $k = i-1, i, i+1$ und $l = j-1, j, j+1$. Isolierte Moleküle heißen Monomere und haben die Größe $n = 1$. Eine Ansammlung von $n$ (mit $n \geq 2$) benachbarten Monomeren ist ein Cluster dieser Größe. Dieses Aggregat ist durch seine Randlänge $r$ und durch die Anzahl der chemischen Bindungen $b$ im Innern charakterisiert. Diese Größen entsprechen der Oberfläche und dem Volumen eines Clusters in einer normalen drei–dimensionalen Situation. Jeder Cluster $i$ besitzt somit drei Kenngrößen zur Charakterisierung, und zwar die Clustergröße $n_i$, die Bindungszahl $b_i$ und die Randlänge $r_i$.

Neben der geometrischen Beschreibung ist weiterhin eine energetische Charakterisierung der Keime vorzunehmen. Wir verweisen da auf bekannte Resultate zur Bindungsenergie von sphärischen Clustern (siehe Kapitel 12) und wählen in Analogie zur Bethe–Weizsäcker–Formel (vgl. 12.51) wiederum den Ansatz

$$f_i \equiv \frac{F_i}{kT} = \frac{-\beta b_i + (1-\beta) r_i}{\alpha} \qquad (14.10)$$

als Energie eines Clusters $i$ mit $b_i$ Bindungen und einer Randlänge $r_i$. Während der Parameter $\alpha$ proportional zur Temperatur ($\alpha \sim kT$) ist, beschreibt $\beta$ das Verhältnis von Volumen– und Oberflächenbeitrag. Wir setzen die beiden Kontrollparameter ($\alpha > 0, 0 \leq \beta \leq 1$) im folgenden zu $\alpha = 0.15$ (System nicht zu heiß) und $\beta = 0.5$ (Volumen– und Oberflächenbeitrag gleichwertig).

Da im System eine Clusterverteilung (Cluster unterschiedlicher Größe) existiert, definieren wir die Gesamtenergie des Clusterensembles als

$$F = \sum_i f_i = \frac{-\beta B + (1-\beta) R}{\alpha} \qquad (14.11)$$

mit den Summengrößen $B = \sum b_i$ und $R = \sum r_i$. Während der Evolution des Systems ändert sich die Clusterverteilung und damit auch die Gesamtenergie (14.11). Gesucht ist die Konfiguration, die die minimale Energie besitzt.

Die räumlich–zeitliche Entwicklung der Zellen ist durch eine Umklappdynamik einschließlich einer physikalisch motivierten Energiefunktion gegeben. Der sogenannte Reaktions–Diffusions–Automat arbeitet wie folgt.

## 312  14 Simulationsstrategien

Zu Beginn der Simulation wird das Gitter mit den Monomeren zufällig gefüllt. Dann wird für diese Anfangskonfiguration (hauptsächlich Monomere) die Anzahl der Bindungen und die Randlänge bestimmt. Nun erfolgt die zufällige Auswahl einer Zelle des Gitters. Wir haben zur Einsparung von Rechenzeit dies derart modifiziert, daß nur besetzte Zellen angesprochen werden. Dazu werden die Koordinaten aller Monomere in einer Liste gespeichert und mit Hilfe eines Zufallszahlengenerators ein Monomer ausgewählt. Dann wird, ebenfalls zufällig, eine der acht Nachbarzellen ausgewählt, zu der verschoben werden soll. Nun wird getestet, ob die Zielzelle frei ist, ansonsten kann die diffusive Ortsveränderung nicht stattfinden. Anschließend wird die Energieänderung berechnet und entsprechend des Metropolis–Algorithmus bei Energieverminderung sofort das Monomer neu positioniert. Andernfalls (bei Energieerhöhung) wird eine Zufallszahl im Intervall $[0, 1]$ generiert und nur dann verschoben, wenn diese Zufallszahl kleiner als gefundene Wahrscheinlichkeit ist.

Die Abbildungen 14.10 und 14.11 zeigen ein Langzeit–Monte–Carlo–Experiment. Für die Simulation wurde ein quadratisches Gitter der Kantenlänge $L = 256$ benutzt. Die Anfangssituation ist eine Zufallsverteilung von 4096 Monomeren auf die 65536 Gitterplätze. Somit sind ca. 6% aller Zellen mit Monomerteilchen belegt, dies entspricht dem Grad der Übersättigung. Das Bild a in Abbildung 14.10 zeigt die zufällige räumliche Startkonfiguration. Die weiteren Bilder b – f demonstrieren die Evolution des Systems in Richtung auf seinen Gleichgewichtszustand. Periodische Randbedingungen (oder auch reflektierende Ränder wären denkbar) garantieren die Monomerzahlerhaltung. Jede Bewegung eines Moleküls (besetzte Zelle) von einem Gitterplatz zu einem anderen kann entweder als gewöhnliche Diffusion aufgefaßt werden, wenn das Monomer isoliert ist, oder Diffusion mit chemischer Reaktion, wenn das Teilchen gebunden ist.

Die Evolution der Clusterverteilung zeigt das typische Verhalten für einen Nucleationsprozeß. Zuerst kondensieren die Monomere zu kleinen Clustern (Bild b in Abb. 14.11). Nach dieser Nukleationsetappe wachsen die Cluster auf Kosten der freien Teilchen (Bild c). Nachdem die Anzahl der freien Monomere drastisch gesunken ist, beginnt eine sogenannte Ostwald–Reifung (Bild d in Abb. 14.10 und Bild e in Abb. 14.11). Sowohl die Gesamtclusteranzahl als auch die Energie des Clusterensembles und die Gesamtrandlänge sinken; nur ein Tropfen wächst auf seine Endgröße. Die Gleichgewichtssituation, die das System nach sehr langer Zeit erreicht, ist

14.3 Reaktions–Diffusions–Automat 313

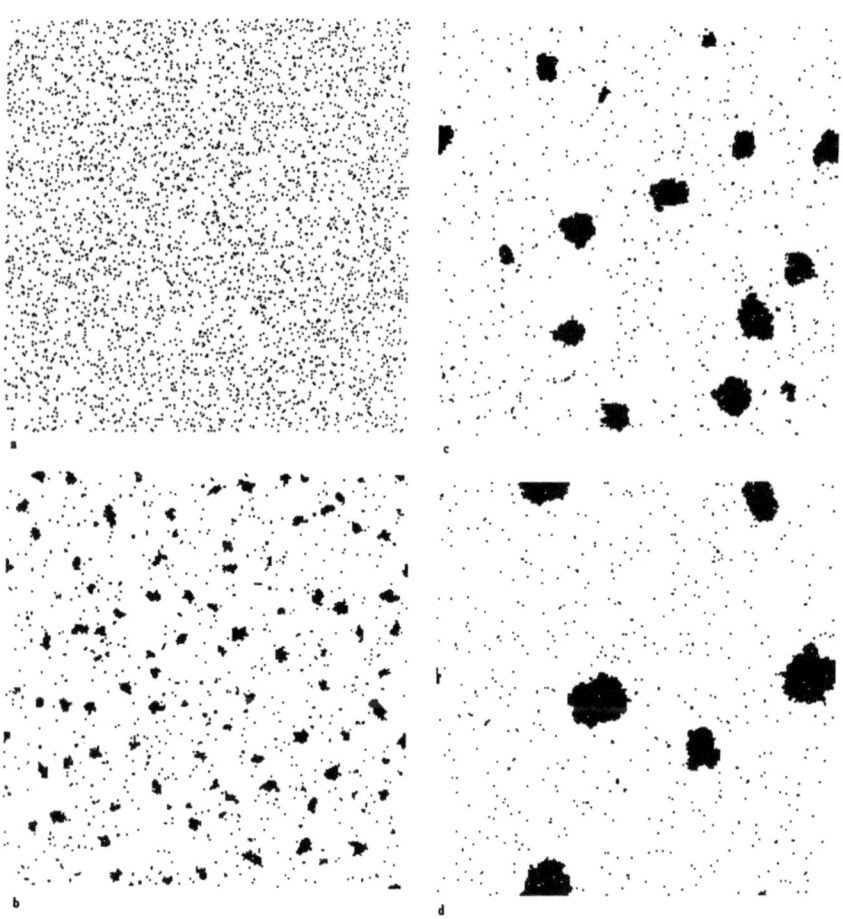

Abb. 14.10: Vier Schnappschüsse der Monte–Carlo–Simulationsrechnung zur Kondensation in einem übersättigtem System (nach Mahnke, Urbschat, Budde, 1991).

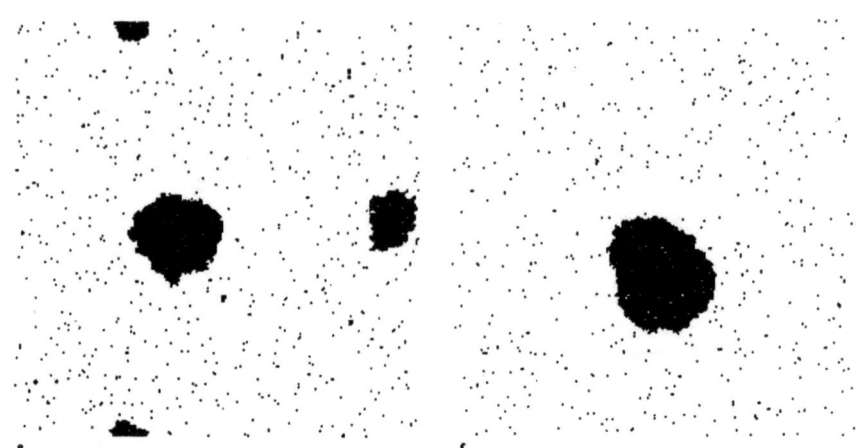

Abb. 14.11: Fortsetzung der vorherigen Abbildung mit zwei Momentaufnahmen zum Spätstadium der Entwicklung (nach Mahnke, Urbschat, Budde, 1991).

eine Konfiguration bestehend aus einem großen Tropfen (flüssige Phase) und einer Anzahl von Monomeren, Dimeren und Trimeren (Gasphase). Eine typische Endsituation zeigt das Bild f in Abb. 14.11.

Das Monte–Carlo–Experiment zeigt sehr deutlich die Relaxation von einem Nichtgleichgewichtszustand (übersättigte Gasphase, hauptsächlich freie Monomere) in einen Zustand, wo die Flüssigkeit (großen flüssiger Tropfen) im Gleichgewicht mit dem umgebenden Dampf (Gas) ist. Die Übersättigung ist abgebaut worden. Gibt es bei der diffusiven Bewegung eine Vorzugsrichtung (Drift), so kann mit diesem Modell die Tröpfchenbildung in strömenden Gasen untersucht werden.

# Literaturverzeichnis

[1] H. D. I. Abarbanel, A. Rouhi: Hamiltonian Structures for Smooth Vector Fields, Phys. Lett. A **124** (1987) 281

[2] A. A. Andronov, A. A. Witt, S. E. Chaikin: Theorie der Schwingungen (Teil I und II), Akademie–Verlag, Berlin, 1965, 1969

[3] V. S. Anishchenko: Dynamical Chaos – Basic Concepts, B.G. Teubner, Leipzig, 1987

[4] V. I. Arnold: Gewöhnliche Differentialgleichungen, Deutscher Verlag der Wissenschaften, Berlin, 1979

[5] V. I. Arnold: Mathematical Methods of Classical Mechanics, Springer–Verlag, New York, 1980; deutschsprachige Ausgabe: Mathematische Methoden der klassischen Mechanik, Deutscher Verlag der Wissenschaften, Berlin, 1980

[6] U. Backhaus, H. J. Schlichting: Ein Karussel mit chaotischen Möglichkeiten, Praxis der Naturwissenschaften – Physik **36** (1987) H.7, S. 14

[7] R. Becker: Theorie der Wärme, Springer–Verlag, Berlin, Göttingen, Heidelberg, 1961

[8] G. Benettin, L. Galgani, J. M. Strelcyn: Kolmogorov Entropy and Numerical Experiments, Phys. Rev. A **14** (1976) 2338

[9] H. A. Bethe, P. Morrison: Elementary Nuclear Theory, 2nd Ed., Wiley, New York, 1966

[10] D. Blaschke, J. Sonnenburg, G. Röpke: Mechanik nichtlinearer Systeme – Die Pendelkette, Lehrbrief, Universität Rostock, 1986

[11] T. Boseniuk; W. Ebeling: Evolution Strategies in Complex Optimization. The Travelling Salesman Problem, Syst. Anal. Model. Simul. **5** (1988) 413

[12] F. Brand: Optimieren mit Evolutionsstrategien, Phys. Bl. **50** (1994) 344

[13] W. Brenig: Statistische Theorie der Wärme. Gleichgewichsphänomene, 3. Aufl., Springer–Verlag, Berlin, Heidelberg, New York, 1992

[14] W. Brenig: Statistical Theory of Heat. Nonequilibrium Phenomena, Springer–Verlag, Berlin, Heidelberg, New York, 1989

[15] G. Briggs: Simple Experiments in Chaotic Dynamics, Am. J. Phys. **55** (1987) 1083

[16] A. Budde, R. Mahnke: Computerprogramme und Vorlesungskript zum Kurs „Nichtlineare Phänomene und Selbstorganisation", Universität Rostock, 1994

[17] J. Casasayas, A. Nunes, N. Tufillaro: Swinging Atwood's Machine: Integrability and Dynamics, J. Phys. France **51** (1990) 1693

[18] B. V. Chirikov: A Universal Instability of Many Oscillator Systems, Phys. Rep. **52** (1979) 265

[19] P. Collet, J.–P. Eckmann: Iterated Maps on the Intervall as Dynamical Systems, Progress on Physics, Vol. 1, Birkhäuser, Basel, 1980

[20] T. Degen, R. Mahnke: Computerprogramme und Vorlesungskript zum Kurs „Nichtlineare Phänomene und Selbstorganisation", Universität Rostock, 1994

[21] P. Deus, W. Stolz: Physik in Übungsaufgaben, B.G. Teubner, Stuttgart, Leipzig, 1994

[22] W. Ebeling, A. Engel, R. Feistel: Physik der Evolutionsprozesse, Akademie–Verlag, Berlin, 1990

[23] W. Ebeling, H. Engel, H. Herzel: Selbstorganisation in der Zeit, Akademie–Verlag, Berlin, 1990

[24] W. Ebeling, R. Feistel: Physik der Selbstorganisation und Evolution, Akademie–Verlag, Berlin, 1982

[25] W. Ebeling, M. Jenssen: Soliton Dynamics and Energy Trapping in Enzyme Catalysis, Z. phys. Chemie (Leipzig) **269** (1988) 1

[26] W. Ebeling, H. Malchow: Bifurcations in a Bistable Reaktion-Diffusion System, Annalen der Physik **36** (1979) 121

[27] W. Ebeling, Yu. M. Romanovsky: Energy Transfer and Chaotic Oszillations in Enzyme Catalysis, Z. phys. Chemie (Leipzig) **266** (1985) 836

[28] A. V. Gaponov–Grekhov, M. I. Rabinovich: Nonlinearities in Action, Springer–Verlag, Berlin, Heidelberg, New York, 1992

[29] C. W. Gardiner: Handbook of Stochastic Methods, Springer–Verlag, Berlin, Heidelberg, New York, 1983 (1st ed.), 1985

[30] K. Geist, W. Lauterborn: Chaos Upon Soliton Decay in a Perturbed Periodic Toda Chain, Physica **23D** (1986) 374

[31] W. Greiner: Theoretische Physik, Bd. 1: Mechanik I, Verlag Harri Deutsch, Thun u. Frankfurt/M., 4. Aufl., 1984

[32] S. Großmann: Selbstähnlichkeit. Das Strukturgesetz in und vor dem Chaos. In: Ordnung und Chaos in der unbelebten und belebten Natur (Hrsg.: W. Gerok), S. Hirzel Wiss. Verlagsgesellschaft, Stuttgart, 1990

[33] J. Guggenheimer, Ph. Holmes: Nonlinear Oszillations, Dynamical Systems, and Bifurcations of Vector Fields, Springer–Verlag, New York, 1983

[34] H. Haken: Synergetics. An Introduction, Springer–Verlag, Berlin, Heidelberg, New York, 1978

[35] A. Hastings, Th. Powell: Chaos in a Three–Species Food Chain, Ecology **72** (1991) 896

[36] D. O. Heeb: The Organization of Behavior, Wiley, New York, 1949

[37] D. W. Heermann: Computersimulation Methods in Theoretical Physics, Springer–Verlag, Berlin, Heidelberg, New York, 1990

[38] M. Henon: A Two–Dimensional Mapping with a Strange Attractor, Comm. Math. Phys. **50** (1976) 69

[39] M. Henon, F. Heiles: The Applicability of the Third Integral of Motion. Some Numerical Experiments, Astron. J. **69** (1964) 73

[40] J. Hertz, A. Krogh, R. G. Palmer: Introduction to the Theory of Neural Computation, Addison–Wesley, Reading, New York, 1991

[41] J. Honerkamp: Stochastische Dynamische Systeme, VCH Verlagsgesellschaft, Weinheim, 1990

[42] J. Honerkamp, H. Römer: Klassische Theoretische Physik, Springer–Verlag, Berlin, 1986

[43] Hopfield: Neural Networks and Physical Systems with Emergent Collective Computational Abilities, Proc. Nat. Acad. Sc. USA **79** (1982) 2554

[44] H. Horner: Spingläser und Hirngespinste, Phys. Bl **44** (1988) Nr. 2, S. 29

[45] G. Jetschke: Multiple Stable Steady States and Chemical Hysteresis in a Two–Box Model of the Brusselator, J. Non–Equilib. Thermodyn. **4** (1979) 93

[46] G. Jetschke: Mathematik der Selbstorganisation, Verlag Harri Deutsch, Thun und Frankfurt/M., 1989

[47] E. Kamke: Differentialgleichungen, Band 1, 10. Aufl., B.G. Teubner, Stuttgart, 1983

[48] B. H. Kaye: A Random Walk Through Fractal Dimensions, VCH Verlagsgesellschaft, Weinheim, 1989

[49] J. S. Kirkaldy, D. J. Young: Diffusion in the Condensed State, The Institute of Metals, London, 1987

[50] H. von Koch: Sur une courbe continue sans tangente, obtenue par une construction géometrique élémentaire, Arkiv för Matematik **1** (1904) 681; Une méthode géométrique élémentaire pour l' étude de certaines questions de la théorie des courbes planes, Acta Mathematica **30** (1906) 145

[51] Kohonen: Self-Organization and Associative Memory, 3rd Ed., Springer–Verlag, Berlin, 1989

[52] S. E. Koonin, D. C. Meredith: Physik auf dem Computer (Lernprogramme für den IBM PC, FORTRAN–Version), Oldenbourg Verlag, München, Wien, 1990

[53] H. J. Korsch, B. Mirbach, H.-J. Jodl: Chaos und Determinismus in der klassischen Dynamik: Billard–Systeme als Modell, Praxis der Naturwissenschaften – Physik **36** (1987) H.7, S. 2

[54] A. Kunik, W.-H. Steeb: Chaos in dynamischen Systemen, Bibliographisches Institut, Mannheim, 1986

[55] L. D. Landau, E. M. Lifschitz: Mechanik (Lehrbuch der theoretischen Physik, Bd. 1), Akademie–Verlag, Berlin, 10. Aufl., 1981

[56] R. Lefever, G. Nicolis: Chemical Instabilities and Sustained Oscillations, J. Theor. Biol. **30** (1971) 267

[57] R. W. Leven, B.-P. Koch, B. Pompe: Chaos in dissipativen Systemen, Akademie–Verlag, Berlin, 1989

[58] A. J. Lichtenberg, M. A. Lieberman: Regular and Stochastic Motion, Springer–Verlag, New York, First Edition, 1983; Regular and Chaotic Dynamics, Springer–Verlag, New York, Second Edition, 1992

[59] W. Liebert: Chaos und Herzdynamik. Rekonstruktion und Charakterisierung seltsamer Attraktoren aus skalaren chaotischen Zeitreihen, Verlag Harri Deutsch, Thun und Frankfurt/M., 1991

[60] A. Lindner: Grundkurs Theoretische Physik, Teubner Studienbücher Physik, B.G. Teubner, Stuttgart, 1994

[61] E. N. Lorenz: Deterministic Nonperiodic Flow, J. Atmos. Sc. **20** (1963) 130

[62] A. Lotka: Zur Theorie der periodischen Reaktionen, Z. phys. Chemie **72** (1910) 508

[63] R. Mahnke, A. Budde, G. Röpke: Lehrmaterial zur Einführung in die Theorie dynamischer Systeme, Universität Rostock, 1988

[64] R. Mahnke, J. Schmelzer, G. Röpke: Nichtlineare Phänomene und Selbstorganisation, Teubner Studienbücher Physik, B.G. Teubner, Stuttgart, 1992

[65] R. Mahnke, H. Urbschat, A. Budde: Nucleation and Condensation to a Single Equilibrium Cluster Regime in a Monte Carlo Experiment, Z. Phys. D **20** (1991) 399

[66] H. Malchow, L. Schimansky–Geier: Noise and Diffusion in Bistable Nonequilibrium Systems, B.G. Teubner, Leipzig, 1985

[67] B. B. Mandelbrot: The Fractal Geometry of Nature, Freeman, New York, 1982 (deutschsprachige Ausgabe 1987)

[68] R. Männer, R. Lange: Rechnen mit Neuronalen Netzen, Phys. Bl. **50** (1994) 445

[69] M. Martin: The Source Solution for Diffusion with a Linearly Position Dependent Diffusion Coefficient, Z. Phys. Chemie NF **162** (1989) 245

[70] R. May: Simple Mathematical Models with Very Complicated Dynamics, Nature **261** (1976) 459

[71] R. Meinel, G. Neugebauer, H. Steudel: Solitonen, Akademie–Verlag, Berlin, 1991

[72] M. Mezard, G. Parisi, M. A. Virasoro: Spin Glass Theory and Beyond, World Scientific, Singapure, 1987

[73] A. Milchev: Solitary Waves in a Frenkel–Kontorova–Model with Non-Convex Interactions, Physica **41D** (1990) 262

[74] J. M. Nese: Quantifying Local Predictability in Phase Space, Physica **35D** (1989) 237

[75] H. Nobach, R. Mahnke: Computerprogramme und Vorlesungsskript zum Kurs „Nichtlineare Phänomene und Selbstorganisation", Universität Rostock, 1994

[76] H.-O. Peitgen, H. Jürgens, D. Saupe: Bausteine des Chaos. Fraktale, Springer-Verlag, Berlin, 1992

[77] M. I. Rabinovich, D. I. Trubetskov: Oscillations and Waves in Linear and Nonlinear Systems, Kluwer Acad. Publ., Dordrecht, 1989

[78] I. Rechenberg: Evolutionsstrategie. Optimierung technischer Systeme nach Prinzipien der biologischen Evolution, Frommann-Holzboog, Stuttgart, 1973, überarb. Neuauflage, 1994

[79] H. Risken: The Fokker-Planck-Equation, Springer-Verlag, Berlin, Heidelberg, New York, 1984 (2. Aufl. 1989)

[80] G. Röpke: Statistische Mechanik für das Nichtgleichgewicht, Deutscher Verlag der Wissenschaften, Berlin, 1987

[81] O. E. Rössler: Chaotic Behaviour in Simple Reaction Systems, Zeitschr. f. Naturforsch. **31a** (1976) 259

[82] D. Ruelle: Zufall und Chaos, Springer-Verlag, Berlin, Heidelberg, New York, 1993

[83] D. Ruelle, F. Takens: On Turbulence, Commun. Math. Phys. **20** (1971) 167; **23** (1971) 343

[84] R. Z. Sagdeev, D. A. Usikov, G. M. Zaslavsky: Nonlinear Physics. From the Pendulum to Turbulence and Chaos, Harwood Academic Publishers, Chur, 1988

[85] F. Scheck: Mechanik. Von den Newtonschen Gesetzen zum deterministischen Chaos, Springer-Verlag, Berlin, 1988

[86] F. Scheck, R. Schöpf: Mechanik Manual. Aufgaben mit Lösungen, Springer-Verlag, Berlin, 1989

[87] F. Schlögl: Chemical Reaction Models for Non-Equilibrium Phase Transitions, Z. Physik **253** (1972) 147

[88] J. Schmelzer, H. Ulbricht, R. Mahnke: Aufgabensammlung zur klassischen theoretischen Physik, Aula-Verlag, Wiesbaden, 1994

[89] H. G. Schuster: Deterministic Chaos. An Introduction, VCH Verlagsgesellschaft, Weinheim, 1989

## 322 Literaturverzeichnis

[90] A. Selchow, R. Mahnke: Computerprogramme und Vorlesungskript zum Kurs „Nichtlineare Phänomene und Selbstorganisation", Universität Rostock, 1994

[91] R. M. Sperandeo-Mineo, A. Falsone: Computer simulation of ergodicity and mixing in dynamical systems, Am. J. Phys. **58** (1990) 1073

[92] D. Stauffer, H. E. Stanlay: From Newton to Mandelbrot. A Primer in Theoretical Physics, Springer-Verlag, Berlin, Heidelberg, New York, 1990

[93] W.-H. Steeb: Chaos und Quantenchaos in dynamischen Systemen, BI Wissenschaftsverlag, Mannheim, Leipzig, 1994

[94] R. L. Stratonovich: Topics in the Theory of Random Noise, Vol.I & II, Gordon and Breach, New York, London, 1963, 1967

[95] D. R. Stump: Solving Classical Mechanics Problems by Numerical Integration of Hamilton's Equations, Am. J. Phys. **54** (1986) 1096

[96] J. M. T. Thompson, H. B. Stewart: Nonlinear Dynamics and Chaos, Wiley, New York, 1986

[97] H. Tietze: Fraktale Aggregationsprozesse, Diss., Universität Rostock, 1992

[98] N. B. Tufillaro, T. A. Abbott, D. J. Griffiths: Swinging Atwood's Machine, Am. J. Phys. **52** (1984) 895

[99] H. Ulbricht, J. Schmelzer, R. Mahnke, F. Schweitzer: Thermodynamics of Finite Systems and the Kinetics of First-Order Phase Transitions, Teubner-Texte zur Physik, Bd. 17, B.G. Teubner, Leipzig, 1988

[100] N. G. van Kampen: Stochastic Processes in Physics and Chemistry, North-Holland, Amsterdam, 1981

[101] B. Walter, R. Mahnke: Computerprogramme und Vorlesungskript zum Kurs „Nichtlineare Phänomene und Selbstorganisation", Universität Rostock, 1994

[102] E. T. Whittaker: A Treatise on the Analytical Dynamics of Particles and Rigid Bodies, Cambridge University Press, Cambridge, 1944

[103] C. Wissel: Theoretische Ökologie. Eine Einführung, Springer-Verlag, Berlin, 1989

[104] H. Yoshida: A criterion for the non existence of an additional integral in Hamiltonian systems with homogeneous potential, Physica **29D** (1987) 128

# Sachwortverzeichnis

Ähnlichkeitsgesetz, 216
Ähnlichkeitsprinzip, 101
Ähnlichkeitsregime, 215
Überdeckungsmethode, 191, 209, 218
Übergangsrate, 247, 248, 251, 259, 261
Übergangswahrscheinlichkeit, 247, 249, 263, 271, 290, 295
Überlagerungsprinzip, 207
Übersättigung, 265
Übertragungsfunktion, 304
übersättigter Dampf, 261
übersättigtes System, 260
2–dim. dynamisches System, 117
3–dim. dynamisches System, 131

Additionsprinzip, 207
affine Abbildung, 221
Aggregat, 210
Aggregation, 259
  diffusionslimitiert, 223
Aggregationsprozeß, 209, 223
Aktivierungsenergie, 5
Allometrie, 208
Anfangs-Randwert-Aufgabe, 142
Anfangsbedingung, 145
Anfangsverteilung, 142
angeregtes Pendel, 2
Anlagerungsprozeß, 257
Anlagerungswahrscheinlichkeit, 259

Antikink, 243
Antisoliton, 243
Apfelmännchen, 6, 12
Arrhenius–Gesetz, 262
assoziativer Speicher, 19
Attraktor, 12, 266, 292
Atwoodsche Fallmaschine, 71
Aufenthaltswahrscheinlichkeit, 290, 292
Ausbreitungsgeschwindigkeit, 241
Austauschwechselwirkung, 289

Bahnkurve, 4, 8, 25
bedingte Wahrscheinlichkeit, 246
Belousov–Zhabotinsky–Reaktion, 3, 127
Benard–Zelle, 3
Benettin–Algorithmus, 163
Bernoulli–Verschiebung, 179
Besetzungszahl, 249
Bessel–Differentialgleichung, 146
Besselfunktion, 146
  modifizierte, 147, 150
Bethe–Weizsäcker–Formel, 263, 311
Bifurkation, 6
Bifurkationstheorie, 1
Bifurkationswert, 286
Bilanzgleichung, 248
Billard, 194, 195
bimolekulare Reaktion, 290
Bindungsenergie, 259, 263

## Sachwortverzeichnis

Bindungszustand, 193, 263
bistabiles Regime, 280
bistabiles System, 154, 266, 268
bistabiles Verhalten, 277
Bistabilität, 277, 278, 281
Bistabilitätsbereich, 281
Blätterteigstruktur, 91
Blatt, 221
Box-Counting-Dimension, 218
Box-Counting-Methode, 218
Brüsselator, 126
  2-Boxen, 155
  Fixpunkt, 156
  Grenzzyklus, 127
  instabiler Knoten, 127
  instabiler Strudel, 127
  Multistabilität, 159
  Multistationarität, 158
  Punktattraktor, 127
  Reaktionsfunktion, 155
  stabiler Knoten, 126
  stabiler Strudel, 127
  Stabilitätsanalyse, 126
Breather-Soliton, 244
Brownsche Bewegung, 226
Brownsche Molekularbewegung, 299, 300

Chaos, 1
chaotische Streuung, 194, 196
chaotische Zeitreihe, 15
chaotischer Attraktor, 4, 162
chaotisches Billard, 195
Chapman-Kolmogorov-Gleichung, 246-248
charakteristische Gleichung, 117
chemiche Reaktionskinetik, 270
chemische Kinetik, 290

chemische Oszillation, 127
chemische Reaktion, 2
chemische Umwandlung, 141
chemisches Potential, 263
Chirikov-Abbildung, 182
Cluster, 4, 210, 223, 251, 252, 257, 261
Cluster-Cluster-Aggregation, 210
Clusterbindungsenergie, 259
Clustergröße, 252, 255, 257, 261
Clusteroberfläche, 262
Clusterradius, 226
Clusterwachstum, 227
Coulomb-Potential, 193

Dampfphase, 260
Davydov-Soliton, 233
de Broglie-Wellenlänge, 263
Dendriten, 229
Dendritenwachstum, 211
detaillierte Bilanz, 250, 258
detailliertes Gleichgewicht, 251
deterministische Kinetik, 292
deterministisches Chaos, 6, 12, 139, 162
Dichtefunktion, 245
Dichtewelle, 233
Differential-Differenzen-Gleichung, 253
Differenzengleichung, 12, 161
Differenzvektor, 305
Diffusion, 141, 289, 310
Diffusions-Austausch-Kopplung, 283
Diffusionsbewegung, 301
Diffusionsgesetz, 141
Diffusionsgleichung, 211
Diffusionskoeffizient
  Gradient, 144

Sachwortverzeichnis 327

ortsabhängig, 144
Diffusionskonstante, 283, 285
Diffusionskopplung, 288
Diffusionsprozeß, 211, 227, 248, 253
   reiner, 141
Diffusionsstrom, 142, 144
Diffusionsterm, 141, 248
Dimension, 16
Dimensionalität, 16
diskrete Abbildung, 140, 161
Dispersion, 231, 232
Dispersionsrelation, 232
dispersive Struktur, 231
Dissipation, 143
dissipative Struktur, 1, 231
dissipativer Prozeß, 212
DLA-Cluster, 210
Doppel-Toda-Pendel, 40
Doppelpendel, 38, 57
   Hamilton-Funktion, 38, 39
Drift, 143
Drift-Diffusions-Gleichung, 143, 144
Driftgeschwindigkeit, 150
Driftterm, 248
Durchmischung, 91
dynamisches System, 7, 8, 115, 270

ebene Welle, 241
Ein-Soliton-Lösung, 244
Einkeimfall, 259, 261
Einlagerungsgeschwindigkeit, 262
Einschrittmastergleichung, 261
Einschrittodesprozeß, 251
Einschrittprozeß, 249, 257, 264
Einstein-Relation, 143, 149
elastisches Pendel, 64
   Äquipotentiallinie, 64, 67
   elliptischer Fixpunkt, 67

   Fixpunkt, 67
   Hamilton-Funktion, 66
   hyperbolischer Fixpunkt, 67
   Phasenraumfluß, 64
   Potential, 66
   Separatrix, 69
   stationäre Lösung, 65
   stationärer Zustand, 67
   Trajektorien, 67
   Weg-Zeit-Gesetz, 67
elektrischer Durchbruch, 211
elektromagnetische Welle, 232
Elementarwelle, 232
Ellipsengleichung, 77
elliptisches Integral, 33, 95
Energiebarriere, 266
Energieerhaltung, 153
Energietransfer, 5
Entkopplung, 120, 139, 238
Erhaltungsgröße, 95
euklidische Dimension, 209, 218
Euler-Rekursionsformel, 236
Evolutionsgleichung, 8, 13
Evolutionsstrategie, 303
Exponentialansatz, 117
Exponentialform, 249
exponentielles Zerfallsgesetz, 253
Exzentrizität, 75

Führungszentrum, 3
Farn, 221
Feder-Pendel-System, 26
Federschwinger, 65
Feigenbaum-Diagramm, 56, 161
Feigenbaum-Iteration, 140
Feigenbaum-Konstante, 53, 56
Feigenbaum-Szenario, 4, 52
fester Zeitschritt, 255

Ficksches Gesetz, 142
Fixpunkt, 8, 13, 115, 168, 270, 286
Fixpunktanalyse, 117
Flüssigkeits–Dampf–Gleichgewicht, 260
Fluktuation, 143
Fluktuationsterm, 248
Fokker–Planck–Gleichung, 245, 248, 249, 266
Fraktal, 1, 208
  zweidimensional, 221
fraktale Dimension, 209, 216, 218, 223, 227
fraktale Geometrie, 211
fraktale Struktur, 211
freier Fall, 80
Freiheitsgrad, 25
Frenkel–Kontorova–Modell, 240, 241
Frenkel–Kontorova–System, 233
Fullerene, 5

Gammafunktion, 146
Gaußprofil, 142
Gaußverteilung
  Momente, 142
gekickter Rotator, 181
gekreuzte Federn, 57
  Doppelmuldenpotential, 59
  dreidimensional, 64
  Dreifachlösung, 61
  Gleichgewichtslage, 59
  Stabilitätsanalyse, 60
Gleichgewicht, 245, 249
Gleichgewichtsbedingung, 258
Gleichgewichtscluster, 266
Gleichgewichtsdampfdichte, 264
Gleichgewichtslösung, 285, 296
Gleichgewichtsverteilung, 250

Gleichgewichtszustand, 116, 250, 260
Gradientensystem, 116, 280
Gravitationspotential, 112
Grenzzyklus, 53, 115, 124, 270, 274

Häufigkeitsverteilung, 255, 268
Hamilton–Funktion, 14, 26
Hamilton–Jacobi–Formalismus, 94
Hamilton–Jacobi–Gleichung, 95
Hamilton–Mechanik, 124
Hamiltonsche Bewegungsgleichung, 13
Hamiltonsches System, 13
harmonische Näherung, 26
harmonischer Oszillator, 26
harmonisches Potential, 58
Hausdorff–Dimension, 16, 209
Hebb–Lernregel, 21
Henon–Abbildung, 184
  Attraktor, 188
  Bifurkationskaskade, 186
  Fixpunkt, 186
  fraktale Dimension, 191
  Funktionaldeterminante, 185
  Periodenverdopplung, 184, 187
  Spezialfall, 185
  Transformation, 186
Henon–Heiles–Modell, 6
Herzdynamik, 15
hierarchischer Prozeß, 218
hierarchisches Prinzip, 207
Holling–Sättigungsfunktion, 137
Holographie, 207
homogene Funktion, 101
Hopfield–Modell, 19, 20, 23
Hurwitz–Kriterium, 117, 133

Indexverschiebung, 294

Informationsverarbeitung, 5
inhomogene Lösung, 283, 284
Initialisierung, 213
instabiler Fixpunkt, 270
instabiler Knoten, 118, 119
instabiler Strudel, 118, 119
Instabilität, 116, 270
Integrabilität, 79
Intermittenz, 178
Ising-Modell, 19, 21
isotherm-isochore Randbedingung, 266
Iteration, 161

KAM-Torus, 104
kanonische Gleichung, 25, 84
Kapazität, 16
Kapazitätsgrenze, 139
Kausalbeziehung, 246
Kegelschnittsgleichung, 75
Keimgröße, 261
Keimkinetik, 265
Keimkrümmung, 264
Keimoberfläche, 263
Kelvingleichung, 264
Kettenkarussell, 26, 41, 57
   äußere Anregung, 49
   Anregungsamplitude, 50
   Bifurkationsdiagramm, 44
   bistabiles Potential, 44
   Bistabilität, 43
   Bistabilitätsgebiet, 46
   Corioliskraft, 41, 42
   Doppelmuldenpotential, 41
   Faltenlinie, 44, 46
   gepumptes, 48
   Grenzkurve, 46
   Hamilton-Funktion, 47
   Heugabelbifurkation, 44
   Monostabilität, 43
   Potential, 42
   Reibungskraft, 49
   Spitzenpunkt, 46
   transzendente Gleichung, 44, 46
Kink, 235, 243
Klassifikation dynamischer Systeme, 7, 8
kleine Störung, 116
Koch-Kurve, 216, 221
   Algorithmus, 221
   Box-Counting-Dimension, 220
   fraktale Dimension, 218
   Konstruktionsvorschrift, 216
   Zufallselement, 220
Koch-Schneeflocke, 216
Kohonen-Netz, 304
Kommunikationstechnik, 5
Kompartment, 155, 283
Kondensation, 257, 261
Kondensationsrate, 266
Konfiguration, 306
konservatives System, 13
Kontinuumsnäherung, 233
Konvektionsterm, 248
Konzentrationsprofil, 141, 147, 152
   Maximum, 149
   Momente, 149
kooperativer Effekt, 1
korrelierter Prozeß, 246
Korteweg-de Vries-Gleichung, 232
Kramers-Moyal-Entwicklung, 248
Kreisbillard, 194, 195
kritische Clustergröße, 260
kritische Keimgröße, 265, 266, 268
kritischer Exponent, 208

kritischer Punkt, 281, 283
kubische Gleichung, 279, 280
kubische Nichtlinearität, 288

Lagrange–Funktion, 26
Langevin–Gleichung, 11, 266
Langzeitresultat, 253
Langzeitverhalten, 249
Laplace–Gleichung, 211
Laser, 3
Lichtreflexion, 196
linear–affine Abbildung, 221
linearer Clusterzerfall, 251, 253
Liouville–Theorem, 14
Ljapunov–Exponent, 162
Ljapunov–Koeffizient, 91
logarithmische Spirale, 121
logistische Abbildung, 12, 53, 85
logistische Gleichung, 2, 161, 164, 165
  2er–Zyklus, 170
  chaotisches Regime, 175
  Computerexperiment, 166
  Feigenbaum–Diagramm, 164
  Feigenbaum–Konstante, 174
  Fixpunkt, 168
  inverse Kaskade, 175
  iterative Lösung, 166
  Lösungsfunktion, 176
  Langzeitverhalten, 164
  Ljapunov–Exponent, 177
  Periodenverdopplung, 173
  periodische Lösung, 170
  periodisches Regime, 174
  Stabilität, 168
  stationäres Regime, 174
  Zeitverhalten, 164
lokale Anregung, 233

lokalisierte Anregung, 232
Lorenz–Modell, 4, 6, 131, 135, 162
  3-dim. stabiler Torus, 133
  Blätterteigstruktur, 133
  Dämpfungsrate, 132
  Grenzzyklus, 133
  Hopf–Bifurkation, 133
  Konvektionszelle, 132
  Lorenz–Attraktor, 134
  Stabilitätsanalyse, 132
  Strömungsregime, 133
Lotka–Modell, 123
Lotka–Volterra–Gleichung, 123, 124
Lotka–Volterra–Modell, 124

Maßstabsabhängigkeit, 211
Markov–Eigenschaft, 246
Markov–Prozeß, 245, 246
Mastergleichung, 11, 245, 248–253, 257, 261, 266, 270–272, 290, 291
mathematisches Pendel, 26, 41, 57, 65, 74, 234
  Bindungszustand, 30
  Energieerhaltung, 28
  Erhaltungsgröße, 28
  Gleichgewichtslage, 29
  Hamilton–Funktion, 28
  Kink–Lösung, 32
  Kopplung, 238
  Lagrange–Funktion, 28
  Librationsregime, 31, 34, 35
  lineare Näherung, 36
  Phasenraumporträt, 27
  Reihenentwicklung, 33
  Rotationsregime, 30, 34
  Schwingungsdauer, 35, 36
  Schwingungsregime, 30, 32, 33

Separatrix, 30, 32, 34, 235
Störungsrechnung, 37
Streuzustand, 30
Trajektorie, 28
unendliche Reihe, 37
Wirkungsintegral, 33–35
Maxwell–Gleichung, 232
Maxwell–Konstruktion, 277
Mehrschrittverfahren, 236
Metropolis–Algorithmus, 306, 312
Mittelwert, 253
Mittelwertbildung, 272, 293
Mittelwertgleichung, 294
Molekülcluster, 5
Molekulardynamik, 3
Monomer, 252, 253, 257, 260
Monomerdichte, 265
Monomerkonzentration, 264
Monomerzahlerhaltung, 309
monomolekulare Reaktion, 290, 295
monostabiles Regime, 280
Monostabilität, 281
Monte–Carlo–Simulation, 310
Multilayer–Percepton, 19
Multistabilität, 277, 280, 289
Mustererkennung, 1

Näherungsverfahren, 303
Nahrungskette, 137, 138, 140
Navier–Stokes–Gleichung, 131
Neuron, 19, 23, 304
neuronales Netz, 5, 19, 23
Neuronen–Kette, 306
Newton–Gleichung, 152, 153
Nichtgleichgewicht, 5, 245
nichtlineare Dynamik, 21
nichtlineare Physik, 207
nichtlineare Welle, 2

nichtlinearer Vorgang, 245
nichtlineares dynamisches System, 6, 25
Nichtlinearität, 212, 231
Potenzfunktion, 212
Normalmode, 27
Normalmodenanalyse, 207
Normierungsbedingung, 145, 247, 249, 259, 295
Nukleation, 260, 267

Oberflächenspannung, 263
Optimierungsproblem, 23
Ordnungsstruktur, 207

parabolische Koordinate, 92
Pendel mit Reibung, 121
Pendelkette, 40, 240
periodenverdoppelnde Bifurkation, 140
Periodenverdopplung, 6, 53
periodische Lösung, 115, 195
Phasenübergang, 208
Phasenfront, 233
Phasengeschwindigkeit, 232
Phasenraum, 13, 14, 25, 66
Phasenraumporträt, 74
Plasma, 233
Poincaré–Abbildung, 4, 137
Poisson–Klammer, 14
Poisson–Verteilung, 296
Populationsdynamik, 124, 165
Potential, 285
Potentialbarriere, 260, 268
Potentialfunktion, 250
Potenzgesetz, 208, 209, 213
Potenzreihenentwicklung, 246
Pro–Kopf–Freßrate, 137
Pumpparameter, 277

Punktattraktor, 50

quadratische Abbildung, 185
Quantenchaos, 4

Räube–Beute–Gleichung, 138
Räuber–Beute–Dynamik, 137
Räuber–Beute–Modell, 125
Räuber–Beute–System, 2, 123, 124
   elliptischer Fixpunkt, 124
   hyperbolischer Fixpunkt, 124
   Sattelpunkt, 124
   stabiler Strudelpunkt, 125
   Wirbelpunkt, 124
räumliche Symmetrie, 284
Rössler–Modell, 4, 135, 137, 140
   chaotische Dynamik, 135
   Frequenzsprektrum, 136
   instabiler Oszillator, 136
   Periodenverdopplung, 135
   Rössler–Attraktor, 135, 136
   Rössler–Gleichungen, 135
   Rössler–Grenzzyklus, 135
Rückkopplungskoeffizient, 305
radioaktiver Zerfall, 252
Randbedingung, 145, 154, 253
Ratengleichung, 270
rauschinduzierter Übergang, 266, 277
Rauschquelle, 11
Rauschunterdrückung, 229
Rayleigh–Benard–Konvektion, 131
Reaktions–Diffusions–Gleichung, 141, 152, 153, 289
Reaktions–Diffusions–System, 3, 9, 141, 289
Reaktionsfunktion, 283, 289
Reaktionsgleichung, 279
Reaktionskanal, 271

reaktionskinetische Gleichung, 278
reaktionslimitiertes Wachstum, 264
Reaktionspotential, 153
Reaktionsreaktor, 278
Reaktionsschema, 270
Reaktionsterm, 141
reaktiver Stoß, 261
Reflexionsgesetz, 193
Rekonstruktion, 19
Renormierung, 164
Repeller, 13, 266
Reynoldszahl, 212, 214
Rotationsregime, 32
Runge–Kutta–Formel, 84
Runge–Kutta–Integration, 39, 235
Runge–Kutta–Iterationsmethode, 2
Runge–Kutta–Verfahren, 50, 84, 23(
Rutherford–Streuung, 193

Sättigungsfunktion, 139
SA–Algorithmus, 306
Sattel, 118, 119, 266, 268
Schlögl–Modell, 283
   $N$–Boxen, 289
   2–Boxen, 283
   Mastergleichung, 290
   mit Diffusion, 289
Schlögl–Reaktion, 277, 278, 280, 281, 295
Schrittweite, 84, 236
   fester Zeitschritt, 254
   stochastischer Zeitschritt, 255
schwache Diffusion, 288
Schwingende Atwood–Maschine, 39, 66, 71
   Ähnlichkeitstransformation, 10:
   Äquipotentiallinie, 74, 75
   chaotische Bewegung, 85

# Sachwortverzeichnis

chaotisches Regime, 105
Drehimpuls, 112
effektives Potential, 112
Energieerhaltungssatz, 110
Erhaltungsgröße, 79, 101, 111
Hamilton-Formalismus, 72
Hamilton-Funktion, 73, 93, 98
heterokliner Orbit, 109, 111
Integrabilität, 75, 92
Integrabilitätskoeffizient, 107, 108
Invariante, 79, 92, 95, 101
Jacobi-Matrix, 91
Kegelschnittsgleichung, 75, 77
Kontrollparameter, 85
Koordinatentransformation, 92
Lagrange-Funktion, 73, 99
Ljapunov-Exponent, 85
Massenverhältnis, 71, 102
Nullgeschwindigkeitskurve, 92
periodische Bahnkurve, 104
periodische Bewegung, 84
Phasenraumdynamik, 85
Phasenraumfluß, 83
Phasenraumporträt, 85
Poincaré-Schnitt, 75, 102, 104, 105, 111
Potentialgebirge, 77
radialsymmetrisches Potential, 111
reguläre Bewegung, 85
Rotationsbewegung, 113
Separationsansatz, 94
Theorem von Ziglin, 107, 109
Transformation, 79
Umkehrpunkt, 111, 112
Winkelgeschwindigkeit, 113
Wurfparabel, 83

Zentralfeldnäherung, 111, 112
Schwingungen, 207
Schwingungsdauer, 36
selbstähnliche Struktur, 208
Selbstähnlichkeit, 12, 207, 209
  begrenzte, 212, 214
Selbstähnlichkeitsrelation, 208
selbsterregte Schwingung, 126
Selbstorganisation, 1, 3, 127
Selkov-Modell, 129
  Bifurkationsdiagramm, 129
  Fixpunktanalyse, 129
  Grenzzyklus, 129
  seltsamer Attraktor, 129
  Zustandsraumporträt, 129
seltsamer Attraktor, 6, 15
Separationsansatz, 145
Separatrix, 286
Sierpinski-Dreieck, 221
Simulation, 23, 254, 297, 303
Simulationsresultat, 255
Sinai-Billard, 4
singulärer Punkt, 115
singulärer Zustand, 8
Singularität, 74, 84
Sinus-Gordon-Gleichung, 233, 242, 243
skalare Zeitreihe, 15, 16
Skalenähnlichkeit, 208
Skalenexponent, 208, 209
Skaleninvarianz, 208
Skalenprinzip, 212
Skalenverhalten, 207, 208, 227
Skalierung, 208
Soliton, 3, 231, 235, 243
Solitonengleichung, 233
Solitonentheorie, 232
Spinglas, 1

Spiralwelle, 3
Spitzdach–Abbildung, 177, 178
   Intermittenz, 179
   Ljapunov–Exponent, 179
   Transformation, 178
stabiler Fixpunkt, 270, 272
stabiler Knoten, 117, 119
stabiler Strudel, 118, 119
Stabilität, 116, 270
Stabilitätsanalyse, 115, 116, 285
Stadionbillard, 202
Standard–Abbildung, 181
starke Diffusion, 286
starke Kausalität, 3
stationäre Lösung, 115, 292
stationäre Mastergleichung, 294
stationäre Wahrscheinlichkeit, 249
Stationarität, 250, 258
stehende Welle, 154
Stoßparameter, 259
Stoßprozeß, 260
Stoßzahlansatz, 259, 262
Stoßparameter, 193, 194
stochastische Clusterevolution, 267
stochastische Evolution, 266
stochastische Realisierung, 292
stochastische Suche, 23
stochastische Trajektorie, 251, 274
stochastische Variable, 247, 249, 292
stochastischer Brüsselator, 270, 271
stochastischer Prozeß, 5, 245, 251
stochastisches Ereignis, 255
Streckung, 208
Streuung, 294
Streuwinkel, 193
Streuzustand, 193
Strukturbildung, 1, 3, 115

strukturell instabiles System, 124
Strukturoptimierung, 299
Superposition, 207, 212, 232
Superpositionsprinzip, 9
Superpositionsregime, 215
Symbolfolge, 194
symbolische Dynamik, 194
Synapse, 19
synaptisches Potential, 20
Synergetik, 1

Taylorentwicklung, 116, 168, 248
Teilchen–Cluster–Aggregation, 210, 223, 226
Teilchenzahlerhaltung, 142, 145
Theorem von Ziglin, 102, 106
Tischbillard, 194
Toda–Potential, 40
Todesprozeß, 252
Torus, 310
Torus–Attraktor, 50
Trägheitsradius, 227
Trajektorie, 8, 25, 299
Transformation, 120
Transientregime, 215
Tropfen, 257

unkorrelierter Prozeß, 246

van der Pol–Oszillator, 120, 123
   Gleichgewichtslage, 121
   Grenzzyklus, 123
   stabiler Strudel, 121, 123
van der Waals Zustandsgleichung, 283
van der Waals–Gas, 208
van der Waals–Phasendiagramm, 279, 281
Varianz, 253

Verdampfen, 257
Verdampfungsrate, 259, 262, 266
Verteilungsfunktion, 248, 249
Verweilzeit, 267

Wärmeleitung, 211
Wachstumsgesetz, 261
Wachstumsrate, 261
Wahrscheinlichkeitsdichte, 245
Wahrscheinlichkeitsgebirge, 274
Wahrscheinlichkeitsverteilung, 255
Wartezeitverteilung, 251, 255
Wellenfront, 154
Wellengleichung, 232, 243
Wellenpaket, 232
wellenpaket, 231
Wirbel, 118, 119
Witten–Sander–Algorithmus, 223
Witten–Sander–Cluster, 227
Witten–Sander–Modell, 210, 226, 227, 229
Wurf, 80

Zeitreihenanalyse, 2
zeitunabhängige Lösung, 294
Zerfallsgesetz, 214
Zerfallsproblem, 251
Zerfallsrate, 261
Zufallsprozeß, 5, 245, 246
Zufallstrajektorie, 227
Zufallsvariable, 245, 252
Zufallswanderer, 245, 300
Zufallszahl, 255, 267
Zustandsporträt, 286
Zustandsraum, 7, 154
Zustandsraumdynamik, 115
Zwei–Boxen–Modell, 285
Zwei–Phasen–Überschalldüse, 299
Zwei–Soliton–Lösung, 244

# Mahnke/Schmelzer/Röpke
## Nichtlineare Phänomene und Selbstorganisation

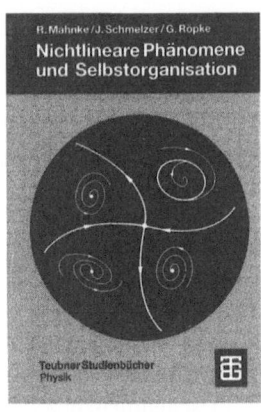

Das vorliegende Buch basiert auf einem Vorlesungszyklus, der von den Autoren im Studienjahr 1991/92 für Hörer aller Fachbereiche der Mathematisch-Naturwissenschaftlichen Fakultät der Universität Rostock gehalten wurde. Ziel dieser Veranstaltung war es, die grundlegenden Begriffe und Methoden einzuführen, die für das Studium nichtlinearer Prozesse notwendig sind, die resultierenden faszinierenden Effekte zunächst an einfachen Modellbeispielen zu erläutern und darauf aufbauend zu zeigen, wie derartige Nichtlinearitäten die Eigenschaften verschiedenster Systeme ob in der Physik, Chemie, Biologie oder der Gesellschaft beeinflussen. Stichwörter, die die Breite der behandelten Probleme reflektieren, sind: Diskrete und kontinuierliche dynamische Systeme, Fraktale, Juliamengen, KAM-Theorem und die Stabilität des Planetensystems, Thermodynamik und Evolution, Stochastische Prozesse und Strukturbildung, Reversibilität-Irreversibilität, Entstehung der chemischen Elemente und Entwicklung des Weltalls, Evolution in Chemie und Biologie, Aggregation, Zelluläre Automaten, Solitonen.

Von Dr. **Reinhard Mahnke**, Dr. **Jürn Schmelzer** und Prof. Dr. **Gerd Röpke**, Universität Rostock

1992. IX, 222 Seiten.
13,7 x 20,5 cm.
Kart. DM 27,80
ÖS 217,– / SFr 27,80
ISBN 3-519-03089-6

(Teubner Studienbücher)

Preisänderungen vorbehalten.

# B. G. Teubner Stuttgart

MIX
Papier aus verantwortungsvollen Quellen
Paper from responsible sources
FSC® C105338

If you have any concerns about our products,
you can contact us on
**ProductSafety@springernature.com**

In case Publisher is established outside the EU,
the EU authorized representative is:
**Springer Nature Customer Service Center GmbH
Europaplatz 3, 69115 Heidelberg, Germany**

Printed by Libri Plureos GmbH
in Hamburg, Germany